相移动态数字全息成像与测量技术

孟浩然　刘欣悦　薛　莉　编著

科学出版社

北　京

内 容 简 介

本书系统介绍数字全息技术的基本原理，详细阐述数字全息技术与其他技术的交叉结合，如数字显微全息技术、相移数字全息技术、水下光纤耦合技术、定量相位成像技术、非相干数字全息成像技术和深度学习在数字全息技术中的应用等。同时本书介绍数字全息技术在不同领域的应用，如水下微生物探测、生物医疗样品显示与测量、微颗粒检测与定位、表面三维形貌测量、地外行星生命探测等。

本书可作为数字全息成像等相关领域研究人员或工程师的参考书。

图书在版编目（CIP）数据

相移动态数字全息成像与测量技术 / 孟浩然，刘欣悦，薛莉编著. —北京：科学出版社，2023.6

ISBN 978-7-03-070870-0

Ⅰ. ①相… Ⅱ. ①孟… ②刘… ③薛… Ⅲ. ①全息成像－应用－测量技术 Ⅳ. ①TP72 ②TB22

中国版本图书馆 CIP 数据核字（2021）第 256115 号

责任编辑：赵艳春 霍明亮 / 责任校对：胡小洁

责任印制：吴兆东 / 封面设计：蓝正设计

科 学 出 版 社 出版

北京东黄城根北街 16 号

邮政编码：100717

http://www.sciencep.com

北京中石油彩色印刷有限责任公司 印刷

科学出版社发行 各地新华书店经销

*

2023 年 6 月第 一 版 开本：720×1 000 B5

2023 年 6 月第一次印刷 印张：12 1/4

字数：247 000

定价：98.00 元

（如有印装质量问题，我社负责调换）

前　言

相移动态数字全息成像与测量技术是将经典的相移技术、全息技术和新颖的光电器件及计算机技术相结合，从而实现对待测目标信息多参数三维空间高精度测量的综合技术。相移动态数字全息成像与测量技术可以广泛地应用于水下微生物探测、生物医疗样品显示与测量、微颗粒检测与定位、表面三维形貌测量及未来的地外生命行星探测等领域。

本书以数字全息、相移技术、光纤传导及电磁场理论为基础，全面介绍相移动态数字全息成像与测量技术。本书共分 8 章。第 1 章为绪论，主要介绍数字全息成像技术的发展现状、主要研究方向及主要应用领域；第 2 章为数字全息成像技术基本原理，阐述数字全息成像技术的基本原理，同时介绍直流项、孪生像抑制和全息图数值重建方法。第 3 章为相移数字全息成像技术，系统地介绍相移算法分类、相移实现方法及装置和并行四步相移数字全息成像系统示例，详细介绍相移数字全息系统的搭建；第 4 章为水下光纤耦合动态全息系统实现与应用，全面介绍光纤耦合传输特性分析、水下光学特性分析、水下动态全息系统的实现方法及水下动态全息的应用；第 5 章为数字显微全息技术，介绍数字显微全息技术实现方法、物镜预放大式全息显微相位畸变与校正及物镜预放大式全息显微系统实现与测试；第 6 章为数字全息定量相位成像技术，系统地介绍相位测量技术、相位展开（解包裹算法）、激光调频数字全息系统实现与测试及激光调频显微数字全息系统应用示例；第 7 章为非相干数字全息成像技术，全面地介绍非相干数字全息基本原理、非相干数字全息系统实现方式及荧光数字全息显微成像；第 8 章为深度学习在数字全息技术中的应用，介绍数字全息频谱卷积神经网络降噪方法和原理、数字全息频谱卷积神经网络降噪实验及深度学习在数字全息技术中的应用趋势。全书理论分析严谨，示例新颖丰富，汇集作者十几年科研成果及科研教学经验。

本书由中国科学院长春光学精密机械与物理研究所孟浩然副研究员、刘欣悦研究员、北京跟踪与通信技术研究所薛莉助理研究员等编撰。博士生王越、刘欣然、崔旭等和硕士生谈琪、杨萱、张光炜、刘佳豪等参与资料的收集、整理及编撰的相关工作。以上各位为专著的顺利完稿做出贡献，在此表示衷心的感谢。

由于作者水平有限，书中难免存在不足之处，诚请各位专家和读者批评指正。

孟浩然

2022 年 4 月

于长春　中国科学院长春光学精密机械与物理研究所

目　录

第 1 章 绪　　论

1.1 数字全息成像技术发展现状概述

1.1.1 数字全息成像技术发展历史

全息技术是近代光信息处理领域中的一个重要组成部分，经历了多年的发展越发成熟。全息图(hologram)最早是 1948 年 Gabor 在 Bragg 和 Zernike 工作的基础上提出的，具体方法是完全撇开电子显微镜物镜，用胶片记录经物体衍射未聚焦的电子波，得到全息图，其意义是完整地记录被测物的全部信息[1]。为了检验理论的正确性，1948 年 Gabor 利用水银灯发出的可见光代替电子波，获得了第一张全息图及其再现像。Gabor 的实验解决了全息术发明中的基本问题，即波前的记录和再现，但由于当时缺乏明亮的相干光源(激光器)，全息图的成像质量很差。直到 1960 年，Maiman 成功研制了红宝石激光器，1961 年，Javan 等制成了氦氖激光器，从此一种前所未有的相干光源诞生了。随着激光器的问世，1962 年，Leith 和 Upatnieks 在 Gabor 全息术的基础上引入载频的概念，发明了离轴全息术，有效地克服了当时全息图成像质量差的主要问题——孪生像。这在之前研究的基础上跨出了较大的一步，三维物体显然成为当时全息术研究的热点，全息术的研究进入了一个新的阶段[2]。全息图再现物体三维像的能力是其他技术无法比拟的，但是全息图的记录通常涉及曝光、显影、定影等一系列比较烦琐的处理过程，难以做到实时记录和再现，这种成像科学远远超过了当时经济的发展，制作和观察这种全息图的成本是很昂贵的，全息术基本成了以高昂的经费来维持不切实际幻想的代名词。

1967 年，Goodman 和 Lawrence[3]提出数字全息，它是一种光电混合系统，其记录光路和普通全息基本相同，不同的是用 CCD(charge coupled device)摄像机等光敏电子元件代替普通照相干板来拍摄全息图，并将所记录的数字全息图存入计算机，然后用数字计算的方法对此全息图进行数字再现，实现了最早的数字全息图记录和再现。同传统全息相比，数字全息具有突出的优点：首先，它采用光敏电子元件作为记录介质，大大缩短了曝光时间，没有了烦琐的湿处理过程，很适合记录运动物体的各个瞬时状态；其次，它采用数字再现，不需要光学元件聚焦，方便、灵活，并且对于记录过程中引入的如像差、噪声等不利因素可以通过编程来消除其影响，使得再现像的质量大大提高。而且更为重要的是数字全息可定量地得到被记录物体再现像的振幅和相位信息，而不只是光强信息，这也是它较普通全息最为优越的一点，由此可得到被记录物体的表面亮度和形貌分布等信息，因此可方便地用来进行多种测量，具有较广泛的应用前景。但是由于当时计算机技术和光敏电子成像器件的限制，数字全息技术一直没能得到很大的发展。随着高分辨率光敏电子成像器件的出现和计算机技术的不断提高，尤其是加入了计算机的模拟，激光全息技术得到了飞跃性的发展，数字激光全息技术在近几年才有了长足的进步。

数字全息(digital holography)是一种全新的全息图记录和再现方式。与传统全息相比，数字激光全息技术摒弃了传统全息图麻烦的前处理过程，将数码相机或摄像机记录的图像输入到计算机中。成像的目标可以是实际样本，也可以是在计算机控制下通过空间光调制器生成的目标图像，因此数字激光全息技术不仅摆脱了实验室实物拍摄的束缚，而且在仿真显示和虚拟景物显示方面有了新的突破。数字全息技术的发展使原有技术的复杂性和局限性得到克服，充分地发挥了其在目标真实记录与三维动态再现显示等领域的优势，并且能够进行自动记录，制作成本也大幅下降，为数字激光全息技术的广泛应用打下了良好基础。

1999 年美国 Zebra Imaging 公司推出了真彩色数字化大面积大视场大景深光聚合物反射全息图，推动了三维显示全息图的进一步发展和市场化。Zebra 全息图将全息技术和计算机技术结合起来，形成了新的数字化自动化像素全息图技术，全息图颜色鲜艳逼真度不变，水平和垂直动态视场可达 100 度，全息图面积可以任意大，使全息三维显示技术在空间显示、广告宣传、文物、人像、标本、模型、实物图像、抽象图像、工业数据、工业设计等方面的三维逼真空间显示前进了一大步，显示了全息图应用光辉灿烂的前景。2001 年，曹汉强等[4]研究出一种基于超复数系的数字全息图像生成方法。制作过程是先在计算机上采用 Visual C5.0 设计分形数字图像序列生成系统，生成模拟物体运动的数字图像序列，并经过滤波变换和动感测试，将分形数字图像按生成顺序输出到透明片上，然后对透明片进行全息照相，就能得到一张浮雕型的白光再现彩虹全息图。该全息图再现时可看到不同层次的图案，产生运动的效果，色彩艳丽的图像给人以艺术的享受。由于分形数字全息图像生成过程具有较好的参数可控制性和不可逆转性，以及采用了多层曝光，所以合成的防伪标志难以仿制。在计算机技术、激光全息技术、数字图像处理技术、精密光学控制技术、衍射光学制造技术和工艺发展的基础上，激光无油墨印刷技术有了突破性的发展，产生了激光防伪包装印刷这一新技术，在包装、印刷和防伪行业有巨大的发展空间。

相信随着科技的不断进步，会有更多更好的数字全息技术得到开发和应用，从而可以更加充分地发掘全息技术的优势，更好地推广运用到其他领域，给人们带来更大的便利。

1.1.2 数字全息成像技术主要研究机构

截至2021年，全国开展数字全息相关的研究机构有120多所，如图1.1所示，其中主要研究机构有清华大学、中山大学、北京工业大学、电子科技大学、哈尔滨工程大学、哈尔滨工业大学、合肥工业大学、昆明理工大学、山东大学、山东师范大学、苏州大学、天津大学、南京理工大学、西北工业大学、长春理工大学、浙江大学、浙江师范大学、郑州大学、中国海洋大学、中国石油大学(华东)、北京理工大学、中国科学院西安光学精密机械研究所等20余所。

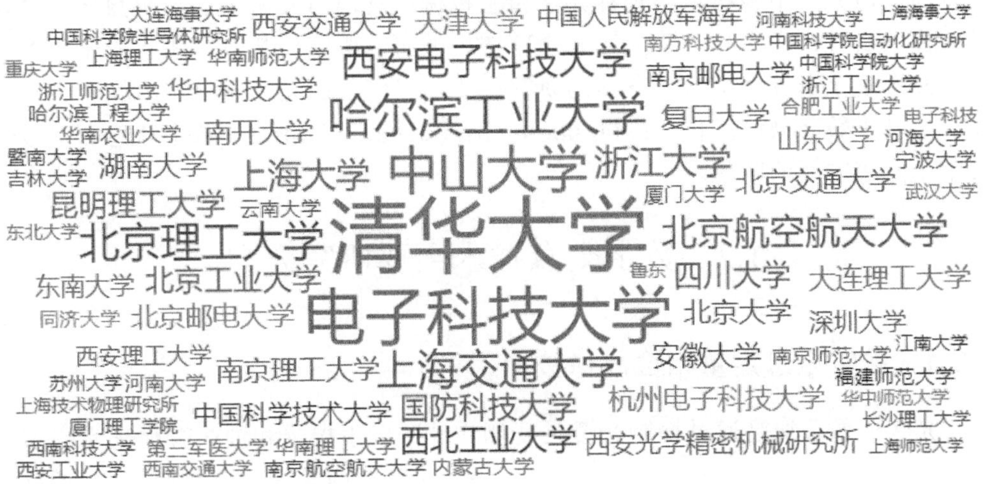

图1.1　基于数字全息方向国家自然科学基金委员会的词云图

北京工业大学和山东师范大学主要从事提升数字全息显微分辨率方向的研究；大连海事大学主要从事基于无透镜的微粒成像系统设计方向的研究；电子科技大学主要从事数字全息光学扫描成像方向的研究；哈尔滨工程大学和重庆理工大学主要从事基于图形处理器(graphics processing unit，GPU)的数字全息技术研究；哈尔滨工业大学主要从事基于太赫兹数字全息技术的研究；合肥工业大学主要从事对颗粒和水下微生物的数字全息探测技术研究；华北理工大学主要从事基于分布式孔径或多波长数字全息成像技术的研究；华中科技大学主要从事数字全息成像的去噪和相位解包裹的研究；暨南大学主要从事基于发光二极管(light-emitting diode，LED)的数字全息显微成像技术的研究；苏州大学主要从事生物细胞数字全息显微技术的研究；昆明理工大学主要从事数字全息干涉和数字全息超分辨技术等方向的研究；辽宁师范大学主要从事移相数字全息技术的研究；南京理工大学主要从事数字全息显微成像的相位像差补偿和粗糙表面微观数字全息成像等方向的研究；南京师范大学主要从事基于特殊光束数字全息成像技术的研究；南京邮电大学主要从事红外数字全息技术的研究；山东大学主要从事数字全息的应用和广义相移数字全息相移提取等方向的研究；天津大学主要从事数字全息应用、零级衍射斑的消除和数字全息超分辨等方面的研究；西安工业大学主要从事数字全息检测技术应用的研究；西北工业大学主要从事数字全息近场成像、光学扫描全息和数字全息应用等方向的研究；长春理工大学、郑州大学和中国海洋大学主要从事数字全息图像增强的研究；浙江大学主要从事数字全息应用的研究；浙江师范大学主要从事数字全息再现像噪声消除、数字全息应用和三维重构等方面的研究；中国科学院长春光学精密机械与物理研究所主要从事数字全息显微成像的研究；中国科学院上海光学精密机械研究所主要从事多焦点光子的数字全息和数字全息深度学习等方面的研究；中国科学院西安光学精密机械研究所主要从事基于数字微镜元件(digital micromirror device，DMD)的数字全息和多波长数字全息等方面的研究。

1.2　数字全息技术主要研究方向

1.2.1　数字全息定量相位成像技术

光学成像普遍是通过探测光透过观测物体时发生振幅和波长变化来实现的。由于生物细胞具有无色透明特性，通过生物细胞及其介质的光的振幅和波长几乎没有变化，从而导致一般光学成像技术无法进行生物细胞成像。为实现对细胞的清晰成像及对细胞微观结构特征和动力学行为的观察研究，需要借助细胞对光的其他透过特性。由于细胞及其环境介质对光的折射率不同，通过细胞的光相对于通过环境介质的光在相位上将会改变，这种相位改变在术语中称为相移。不同形状的细胞有不同的相移特性。如图 1.2 所示，两个细胞的相移情况是有所差别的。

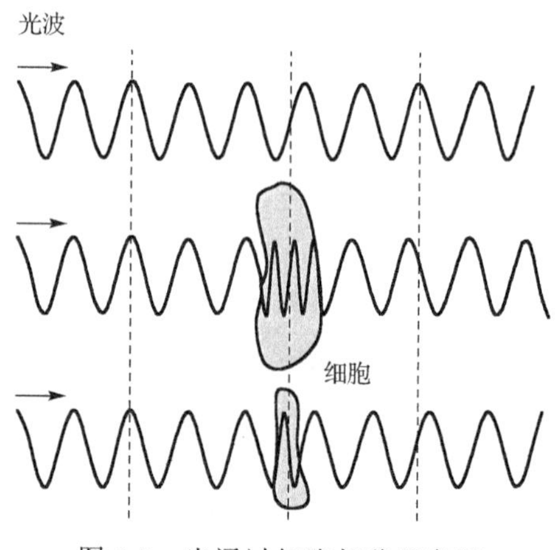

图 1.2　光通过细胞相移示意图

细胞的相移信息与细胞的大小、形态和结构特征信息有关，可以用来实现细胞的清晰成像，从而实现细胞结构形貌特征及其动力学行为的研究。由于探测器只能感应光强变化，所以探测细胞的相移特性需要将相移信息转换为探测器可感知的振幅信号，因此发展出了相位成像技术。

相差显微技术首先由 Zernike 提出，他把相位信号转化为可感知的强度信号，实现了无色透明样品的清晰成像[5]。此后，随着对生物细胞研究的需求越来越广泛，相位成像技术受到重点关注并得到了发展。由于传统的相差成像技术如微分干涉差显微技术都只能实现定性研究，无法定量地描述细胞形状，随后又发展了定量相位成像用于细胞观测。

定量相位显微成像解决的就是光学成像中的相位问题。作为一种光学显微成像技术，它能够使包括振幅和相位信息在内的光场图像定量可视化。当入射光波通过样品时，其内部折射率的不同使得光波的相位发生改变，通过将定量相位测量技术及数字全息技术相结合，可以测量这种由于光通过样品引起的光波相位变化。使用已知的参考光与物光发生干涉形成干涉图样，可以将不可探测的相位信息转换成可被图像传感器记录的干涉图样，称为全息图。对全息图使用数字计算机结合适当的重建算法可以恢复出样本的振幅和相位信息，这种技术称为数字全息定量相位测量技术。

相位测量技术，特别是定量相位测量技术有无接触、实时性和可定量等优点，成为生物细胞的微观结构特征及动力学行为研究中的一种强有力的工具，在生物学、遗传学、病理学及医学的发展中都具有重要的意义。目前，在相位成像技术领域开展的工作主要集中在成像系统的开发和生物细胞的成像研究两个方面。关于数字全息定量相位测量的具体发展及应用将在第 5 章详细介绍，此处不再赘述。

1.2.2 数字全息自动聚焦技术

在全息图进行重建的过程中，只有当再现衍射距离等于记录全息图的物距时，才能通过衍射计算获得准确的重建像。如果全息再现距离与记录全息图的物距不相等，衍射重建像的边缘处信息会产生振荡使得重建像变模糊，所以为了实现清晰准确的全息重建需要进行聚焦。

在传统的菲涅耳重建方法及卷积重建方法中，无法快速地找到合适的重建距离。通常情况下，重建距离可以通过一定的测量工具得到或者在重建时通过连续步进的方式查找到，但是这样却给实验带来非常大的麻烦，浪费了大量的时间。因此，有必要设计出一种方法能够自适应地计算每种实验光路条件下的重建距离，即数字全息自动聚焦技术。数字全息自动聚焦技术也是数字全息研究中的一个重要方向。

数字全息自动聚焦技术通常利用数字全息再现过程数字化及对再现距离改变方便的特点，首先在一定距离范围内的多个位置分别进行全息重建，然后使用聚焦评价函数从空域或变换域角度对这些重建像进行评价，通过对评价曲线进行搜索确定聚焦位置。整个自聚焦过程由计算机自动完成，无须手动对光路进行调节。

自动聚焦技术的核心是找到聚焦评价函数，对再现像的聚焦程度进行准确的评价。目前已经提出的聚焦方法分为两大类：一类是对再现像直接评价，这类统称为空域法，包括灰度方差函数法、梯度平方函数法、拉普拉斯算子函数法等；另一类是先对再现像进行变换，然后对变换的结果进行计算，这类方法称为变换域法，如傅里叶频谱加权对数函数法等。下面对一些常用的评价函数进行介绍。

1）灰度方差函数

利用灰度方差函数进行聚焦判断是通过计算图像中各像素值与均值的偏差来衡量的，聚焦像灰度分布趋向于两侧，而离焦像的灰度分布则趋向于平均，其函数公式如下：

$$\mathrm{VAR}=\frac{1}{MN}\sum_{m=1}^{M}\sum_{n=1}^{N}[I(m,n)-\bar{I}]^2 \tag{1.1}$$

式中，$I(m,n)$ 为每个像素点的光强；$\bar{I}$ 为图像的均匀灰度值。当一幅图像聚焦时，会显示更多的细节成分，图像像素点灰度值之间的差别最大，即方差(variance，VAR)会出现最大值。

2）傅里叶频谱加权对数函数

基于傅里叶频谱加权对数函数进行聚焦判断的依据是聚焦像的高频分量高于离焦像的高频分量，其公式如下：

$$\mathrm{FSL}=\frac{1}{MN}\sum_{m=1}^{M}\sum_{n=1}^{N}\lg[1+F(m,n)] \tag{1.2}$$

式中，$F(m,n)$ 是 $I(m,n)$ 的傅里叶变换。清晰的聚焦图像具有相对较多的高频分量，当图像聚焦时，该函数利用其是否出现最大值来判断是否聚焦。与其他函数相比，傅里叶频谱加权对数函数计算时间更短，是首选的聚焦评价函数。

3）标准偏差相关函数

基于标准偏差相关函数的聚集判断利用相关作为判断依据，其函数公式如下：

$$\mathrm{SDC}=\frac{1}{MN}\sum_{m=1}^{M}\sum_{n=1}^{N}I(m+1,n)I(m,n)-MN\bar{I}^2 \tag{1.3}$$

4）空域梯度评价函数

空域梯度评价函数以图像像素的直接处理为基础，计算简单直观，其中

Brenner 算法是最简单的算法。Brenner 算法以 Brenner 算子为基础，只需要计算相差两个单元的两个像素的灰度值差，具有简洁实用、计算量少的特点。空域梯度评价函数计算公式如下：

$$\mathrm{BRE} = \frac{1}{MN}\sum_{m=1}^{M}\sum_{n=1}^{N}[I(m+2,n)-I(m,n)]^2 \tag{1.4}$$

5) 拉普拉斯算子函数

拉普拉斯算子函数将像素的邻域的二阶导数信息作为样品振幅图像聚集程度的评价指标。当重建像聚焦时，评价函数值为最大值；对于纯相位样品的振幅图像进行评价，当重建像聚焦时，评价函数值为最小值；拉普拉斯算子函数表达式为

$$\mathrm{VAR} = \frac{1}{MN}\sum_{m=1}^{M}\sum_{n=1}^{N}\left|L(m,n)\right| \tag{1.5}$$

$$\begin{aligned} L(m,n) = {} & 8I(m,n)-I(m,n-1)-I(m,n)-I(m,n+1)-I(m-1,n)-I(m-1,n-1) \\ & -I(m-1,n+1)-I(m+1,n)-I(m+1,n-1)-I(m+1,n+1) \end{aligned} \tag{1.6}$$

由于二阶微分对噪声点的响应较一阶微分要强得多，所以拉普拉斯算子函数对噪声较为敏感。在重构方法的选择上，菲涅耳变换重建算法完全可以用于数字全息自动聚焦中；全息图零级谱的滤除增加了计算量，更为重要的是消除零级谱使得基于菲涅耳变换算法的自动聚焦过程无法实现。

自动聚焦过程通过聚焦算法得到一条聚焦评价函数曲线，完成了图像清晰度的评价，下一步需要准确地确定出聚焦像平面对应的重建距离，即准确地确定聚焦函数的最值。将搜索策略应用于自动聚焦过程的算法为聚焦搜索算法。聚焦搜索算法的可靠性直接影响整个聚焦过程的准确性及之后重建恢复出聚焦像平面图像的质量。下面介绍两种经典的搜索算法。

1) 盲人爬山搜索算法

盲人爬山搜索算法示意图如图 1.3 所示，该算法是通过离散位置处函数值的比较和反馈信息，进而确定向搜索点前进的方向。该搜索算法类似于盲人爬山的处理，通过判断数值是处于上坡趋势还是下坡趋势进而找到山峰的位置，下坡意味着已经越过了山峰。但是在任意点的位置上是看不到山的概貌的，选择盲人爬山搜索算法，要求聚焦评价函数曲线在搜索区间内保持平滑。

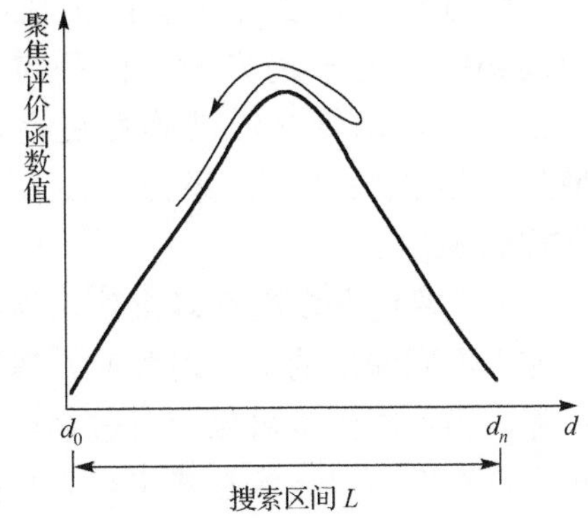

图 1.3 盲人爬山搜索算法示意图

盲人爬山搜索算法描述如下所示。

(1)确定搜索方向、初始搜索步长 Δ_0 和最小搜索步长 Δ_{min}。

(2)比较起始位置点 d_0 和与其相邻的点 d_1 的聚焦评价函数值，确定下一步搜索方向。若 $f(d_0) < f(d_1)$，则表示处于上坡，移动方向正确则继续搜索；若 $f(d_0) > f(d_1)$，即处于下坡，移动方向错误，则接下来需要改变搜索方向。

(3)每次越过山峰进行反向搜索时，缩小搜索步长。

(4)重复步骤(2)和(3)，循环搜索直至搜索步长小于设置的最小搜索步长，搜索过程结束。

由于盲人爬山搜索算法不能看到整座山的概况，而在现实使用环境下，聚焦评价函数曲线又会受到各种噪声干扰，不能保证具有良好的单峰性，会出现多个局部最大值，所以会对盲人爬山搜索算法的准确性能影响很大。

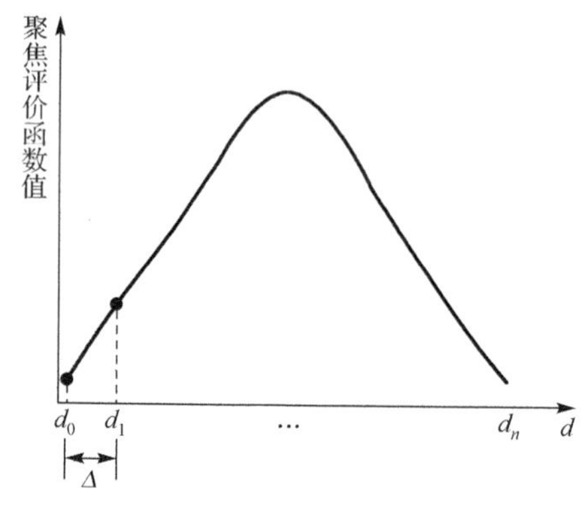

图 1.4　遍历搜索算法示意图

2) 遍历搜索算法

遍历搜索算法示意图如图 1.4 所示，该算法适合一维和多维的搜索，算法简单并且易于实现。遍历搜索算法如下所示。

(1)确定搜索区间为 $[d_0, d_1]$，搜索步长为 Δ。

(2)从起始位置点 d_0 出发，Max= $f(d_0)$，以设定好的搜索步长 Δ 访问下一个估值点 $d_0 + \Delta$，记作 d_1，比较 $f(d_1)$ 和 Max 的大小，将大的数值保存到 Max 中。

(3)重复步骤(2)，直至遍历曲线上的所有估值点，结束搜索，输出最大值 Max。每个估值点只被访问一次。

遍历搜索算法对聚焦评价曲线的形状没有严苛的要求，不会受到曲线上的局部峰值的干扰影响。但是需要考虑搜索步长 Δ 的取值大小，如果搜索步长 Δ 较小，则算法的准确性更高，但是访问的点数将增加，从而使得计算量增加，增加耗时。如果搜索步长 Δ 较大，访问点数减少，将牺牲准确性来提升搜索速度。

由于要进行多次全息重建，需要执行大量的数值计算，此外，如果样本中包含处于不同深度的多个对象时，需要针对视场中的每个对象分别执行上述自聚焦运算，当不同深度对象数目较多或聚焦搜索区间较大时，程序计算时间较长。近年来，深度学习技术在数字全息自聚焦成像领域得到了应用，而且取得了很好的效果。有研究利用卷积神经网络来估计数字全息显微中的聚焦位置。对实验采集到的全息图做预处理去除零级项和共轭像后，衍射至与聚焦位置不同距离的离散的离焦位置以获取数据集，并将数字全息自聚焦问题转化为一个分类问题，实现了由离焦重建像获取聚焦距离的功能。数字全息自动聚焦技术仍在发展中，并对数字全息技术有重要应用。

1.2.3　数字全息超分辨成像技术

分辨率是光学系统成像的关键问题之一，同其他光学技术一样，在数字全息领域如何提高系统分辨率一直备受关注。在不通过其他光学元器件或图像调制等手段时，如图 1.5 所示的数字全息成像存在成像受限的问题，因此发展通过计算照明、计算调制、计算探测、计算像素等各类方法突破阿贝衍射极限来实现数字全息技术超分辨的技术尤为关键。

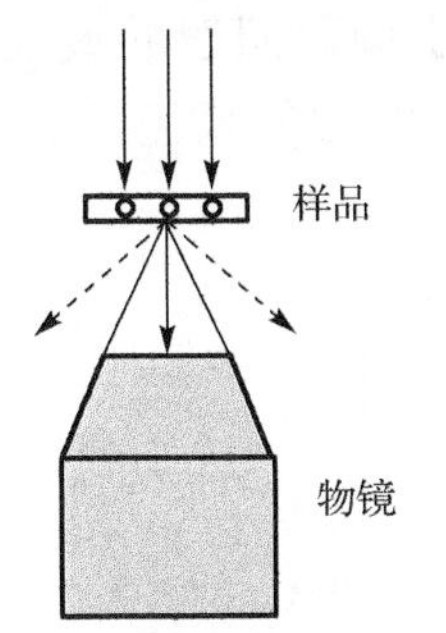

(a) 透镜系统的分辨率受限于物镜的数值孔径(numerical aperture，NA)

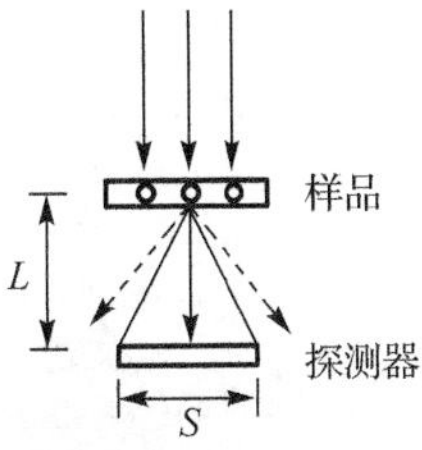

(b) 无透镜系统的数值孔径受限于探测器的靶面宽度与探物间距离的比值 S/L

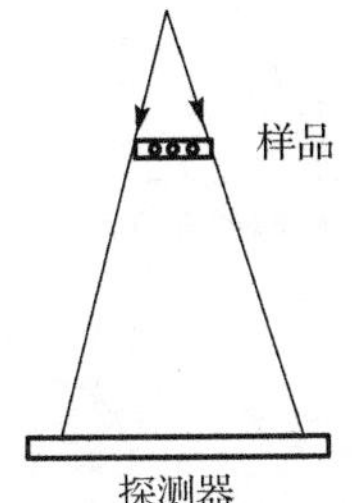

(c) 物体远离探测器时，系统分辨率受限于数值孔径

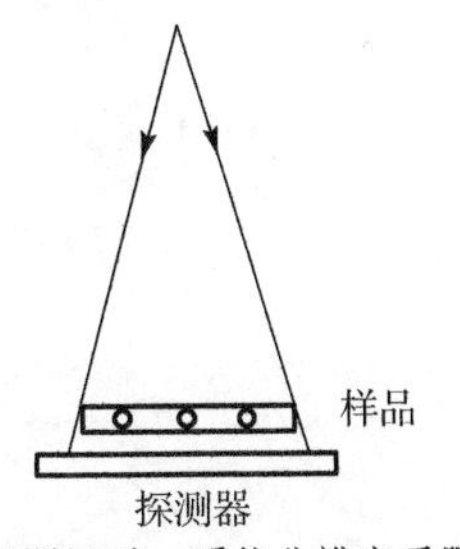

(d) 物体紧挨探测器时，系统分辨率受限于像素尺寸

图 1.5　数字全息成像受限示意图

1. 计算照明

在数字全息成像技术中，照明是搭建数字全息系统较为重要的一环。首先，因为借助照明技术可以获取更高质量的图像，所以照明技术是获取高质量图像的必要条件。其次，可依据多种照明技术来实现样品信息的多维度获取，其中包括强度分布信息、相位分布信息等[2]。从本质上来说，通过照明技术进而实现数字

全息分辨率提升就是通过照明技术获取样品在光场中更多的数据信息，或者理解为通过照明技术获取样品在空间频域中更多的频域分量。

1)倾斜照明法

如图 1.6 所示，当照明光正入射样本时，样本的低频散射光被系统收集，而高频信息因为超过系统的截止频率 (NA_{obj}/λ) 而丢失。倾斜照明的作用是把原先不能通过系统的高频信息通过移频的方式“搬运”到系统的频率通带内[6,7]。因此，可以通过控制照明光相对于光轴的夹角 α 、β，将不同范围内的物体的傅里叶频谱“搬运”到系统的频率通带 NA_{obj}/λ 内，重建时再将这些频率成分“搬运”回正确的位置，进行孔径合成，实现分辨率增强。孔径合成后，等效的数值孔径变为 $NA_{eff}=NA_{obj}+NA_{illu}$，这里的 NA_{illu} 是倾斜照明最大角度的正弦值，因为角度正弦值不会超过 1，所以倾斜照明分辨率增强受限于倾斜照明的最大角度。同时因为有了倾斜照明带来的数值孔径的增强，系统本身的数值孔径一般选在 $NA_{obj}=0.5$ 左右。

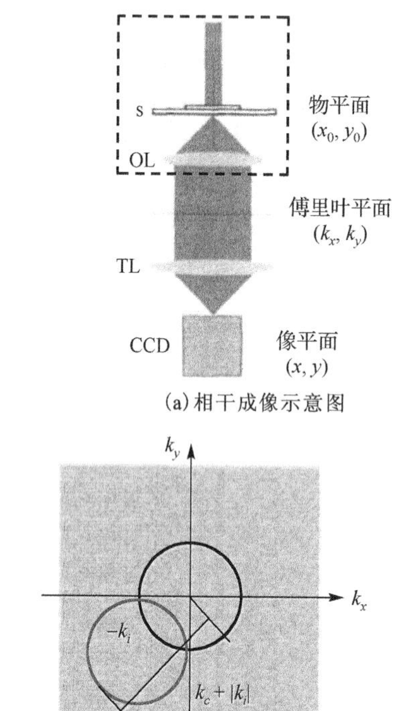

(a)相干成像示意图

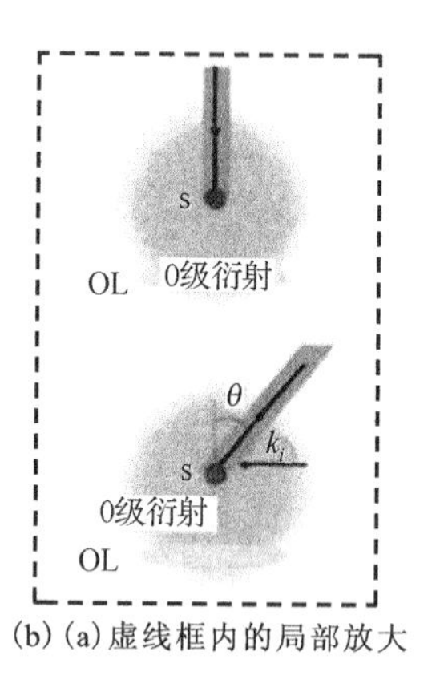

(b)(a)虚线框内的局部放大

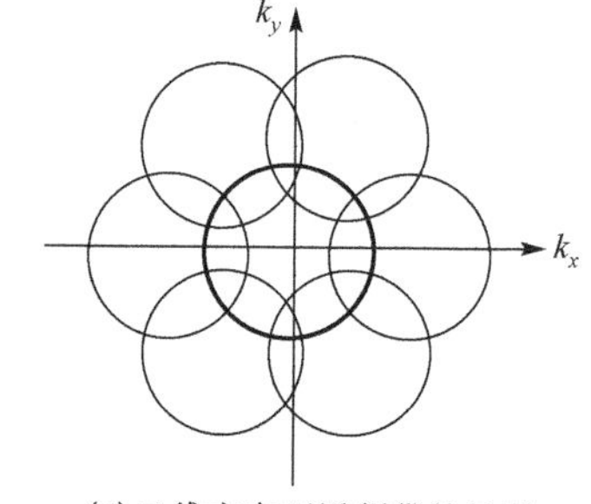

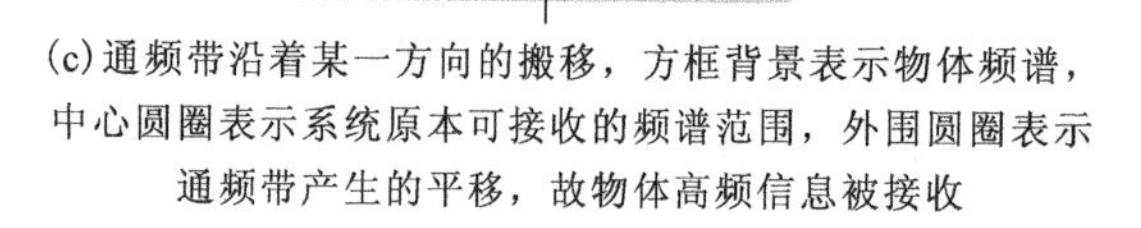

(c)通频带沿着某一方向的搬移，方框背景表示物体频谱，中心圆圈表示系统原本可接收的频谱范围，外围圆圈表示通频带产生的平移，故物体高频信息被接收

(d)二维方向下通频带的扩展

图 1.6 倾斜照明法示意图

2)结构光照明法

如图 1.7 所示，结构光照明法通过在光场中添加规律图案的方式来达到数字全息超分辨效果。通过将图案和未知的样本信息进行乘法运算或者卷积运算，经过处理后的样品空间信息虽达到失真效果，可相对于整个数字全息系统而言，空间频谱带宽压力就缓解了很多。结构光照明技术可以具体表现为系统中所调制的信号发生频谱搬移，经过调制被测样品光场中所包含的高频信息可以被数字全息成像系统记录。最后将规则变化的图案信息与样品信息相分离，最终获得所需的样品信息。简单来说结构光照明法实现超分辨就是通过规则图案，缓解带宽压力，然后剔除规则图片信息，最终获取高分辨图像[8-10]。

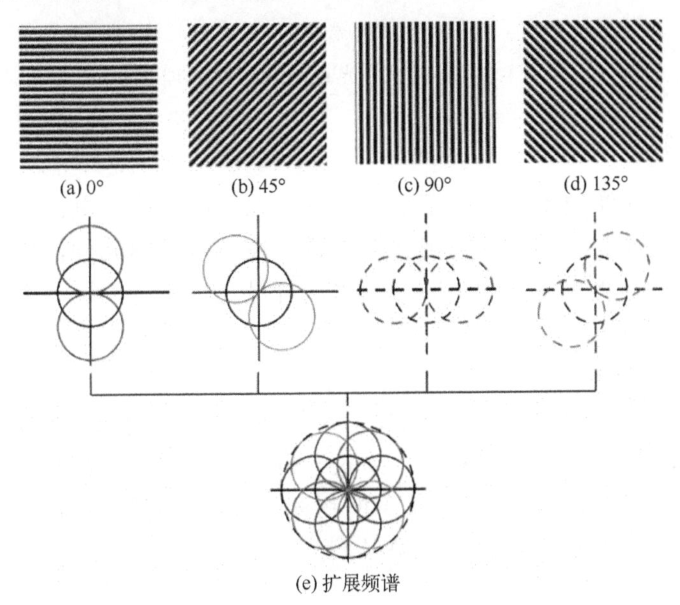

图 1.7 二维结构光照明数字全息显微成像原理

3)局域空心光束照明法

局域空心光束是在传输方向上有着局部三维封闭、暗中空区域的一类特殊光束[9]。其特点为光强为零的区域周围被光束包围，截面光强分布为环状结构，环光大小可灵活控制及调节。局域空心光束常用于暗场数字全息显微术的照明。在暗场数字全息显微中，根据暗场聚光镜孔径参数，选择适当的锥镜-透镜组合，从而形成匹配暗场聚光镜大小的局域空心光束并入射到暗场聚光镜中，进而形成中空的环形光锥来照射实验样品，因此过滤掉样品的直接透射光。采用衍射光来观察样品，如图 1.8 所示。物体被照明后的衍射光被显微物镜接收并用于物体成像，形成暗背景下的亮物体，从而提高了成像对比度。此外，由于成像信息中携带物体的大量高频信息，增加了成像信息中高频成分的比例，可以呈现物体更多细节信息，使成像分辨率得到显著提升。

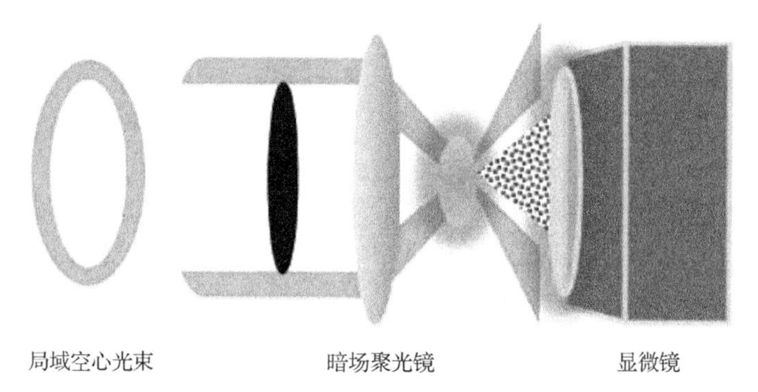

图 1.8　局域空心光束暗场照明原理图

2. 计算调制

在数字全息成像技术中，为了进一步提升系统的成像质量，通常会根据实际情况的需要，在光路中添加如反射镜、光栅、微球等光学元件，对样品所在光场进行调节即通过各类光学元件来获取更多的样品光场信息，这类方法统称为计算调制法。

1) 反射镜调制法

如图 1.9 所示，采用平面镜将物体衍射的高频光波反射到 CCD 的靶面上，并被记录。若取 $D=2\text{cm}$，$L_2=6.4\text{mm}$，$\lambda=632.8\text{nm}$ 及反射镜与光轴间的夹角 $\beta=8°$，则可以得到加入反射镜后 CCD 记录下的物体的最高空间频率为原来的 2.888 倍，因此可以得到高横向分辨率的再现像[11,12]。

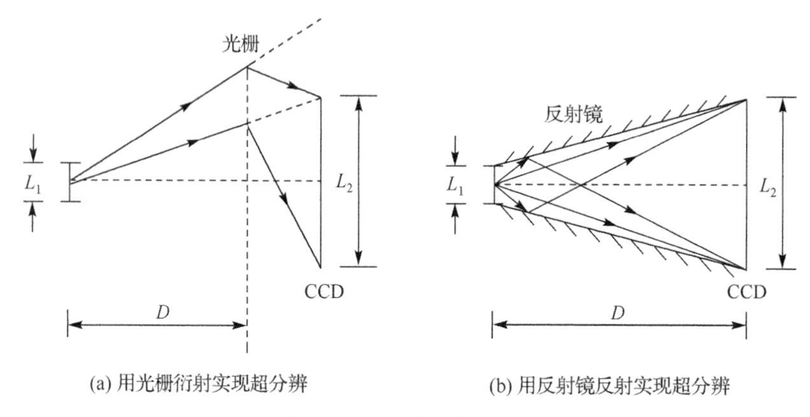

(a) 用光栅衍射实现超分辨　(b) 用反射镜反射实现超分辨

图 1.9　反射镜调制法

2)光栅调制法

如图 1.10 所示，光栅调制法是通过在样品和 CCD 之间放置光栅来实现压缩样品空间频率的方法。照明光波透射样品后，经显微物镜 M_0 和透镜 L_1 放大成像，在光栅处衍射成多级次光波，这些衍射光波携带了物体的所有信息。在通过透镜 L_2 后，在透镜 L_2 后焦平面上形成频谱分布。在此频谱面上设置一个滤波器，对 0 级光波实现低通滤波，确保只有直流成分通过并将其作为参考光波。确保频谱信息完全通过作为物光波的+1 级光波，并将其他级次的光波完全挡住，然后经透镜 L_3 进行傅里叶逆变换后，在其后焦面上得到物光波与参考光波的干涉。用图像传感器记录干涉条纹，得到离轴全息图，进而使得样品所处的频谱空间内更多频谱信息被记录到 CCD 上，从而获得相较于未添加光栅时更高质量即更高分辨率的图像[13,14]。

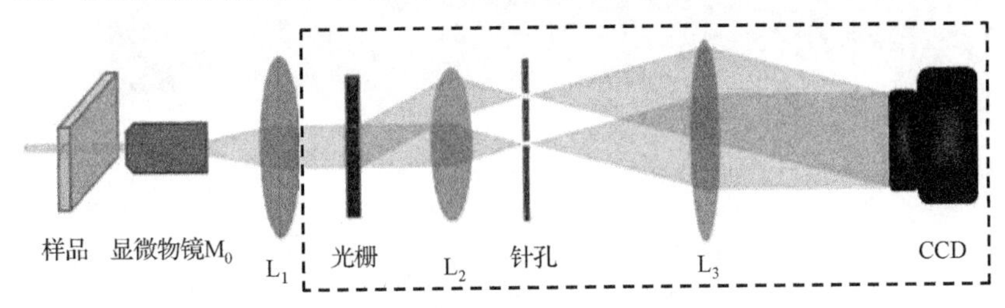

图 1.10 基于光栅调制的超分辨数字全息原理图

3)微球调制法

微球调制法是将微球置于光路中，通过微球对光束的折射作用，相较于未添加微球时将更多高频信息记录到图像传感器[15,16]。如图 1.11(a)所示，当显微系统里不加入微球时，系统的理论分辨率为 $\delta = 0.61\lambda/\mathrm{NA}$，其中 NA 为显微物镜的数值孔径，$\mathrm{NA} = n_0 \times \sin\theta_0$，$\lambda$ 为入射光的波长，n_0 为周围介质的折射率，θ_0 为显微物镜的半孔径角。如图 1.11(b)所示，如果把微球放在紧邻物体近场内，更大衍射角 θ_1 的物光波被微球收集起来，然后传输到远场，被 CCD 接收。

微球调制法本质上可以理解为通过微球来达到扩大原有系统数值孔径的效果，以此来获得更高质量的图像，从而实现数字全息超分辨。

4)环形光瞳滤波器调制法

环形光瞳滤波器调制法是将环形光瞳滤波器置于光路中，通过光束滤波，使光束中包含更多的高频信息，进而获得更高质量、更高分辨率的图像。环形光瞳滤波器调制法本质上与局域环形光束照明法类似。如图 1.12 所示，激光器发出的光，通过分束镜 BS_1 分为二束光。一束经过显微物镜 MO_1 扩束，并用小孔滤波器 PF_1 滤波，再被傅里叶透镜将发散的球面波准直成平行光，经过反射镜 M_1 后照射在分束镜 BS_2 上，作为参考光；另一束光经过衰减镜片 AM_2，再经过反射镜 M_2 后，

由显微物镜 MO_2 扩束，并用小孔滤波器 PF_2 滤波，再通过圆形光阑控制扩束光的范围，以减少周围环境的光干扰，再通过傅里叶透镜将发散球面波准直为平面波，在后面加入制作出来的环形光瞳滤波器，再经过傅里叶透镜将平面波变换为汇聚的球面波，照明其后面的观测样品，样品后面放置显微物镜 MO_3，样品位于傅里叶透镜和显微物镜的焦点附近，由显微物镜出来的球面波透过分束镜 BS_2，并将其作为物光。物光和参考光经过分束镜后在 CCD 接收面上产生干涉图样，调节 AM_1 和 AM_2 使干涉条纹的对比度达到最大，CCD 将光信号转变为数字信号，通过视频采集卡转换后，由计算机及显示器实时显示全息图。

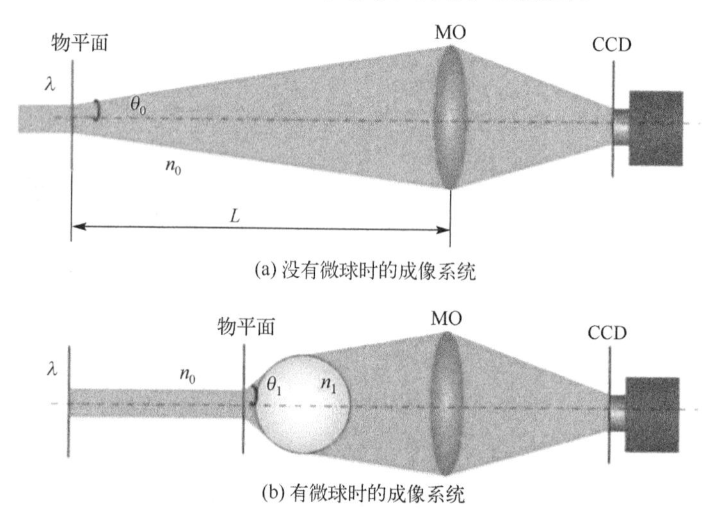

图 1.11　微球提高分辨率的原理图

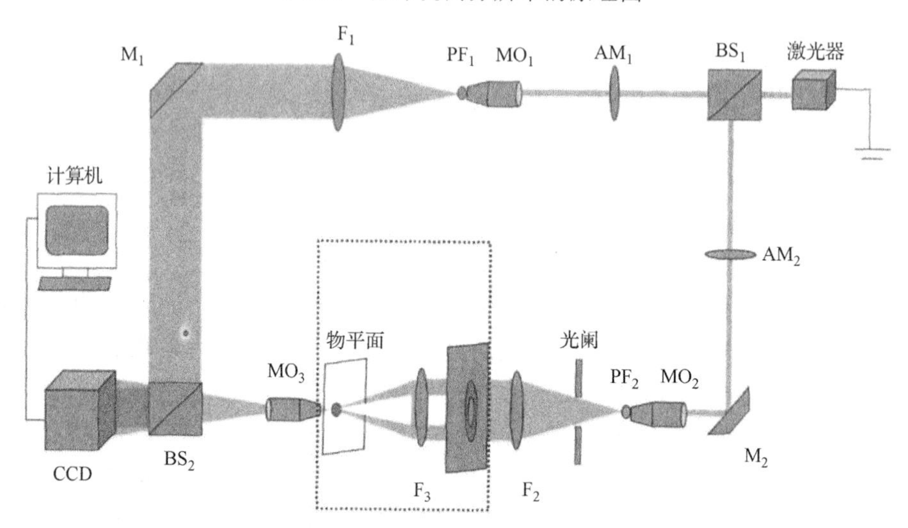

图 1.12　基于环形光瞳滤波器调制法的数字全息超分辨光路图

5)随机介质调制法

通常情况，任意光学成像过程都可以看作把被观测物体上的无数极小的点转为艾里斑的叠加。所以根据瑞利判据，若想提升光学系统的分辨能力，最简单的方法就是减小艾里斑的半径。但由于光学系统中的透镜不可能是无穷大的，其口径有一定大小，衍射就无法避免，艾里斑也必然有一定的尺寸，这在光学系统中称为衍射极限。而利用随机介质进行超分辨成像，就是通过改变艾里斑尺寸来提升系统分辨率[17-21]。

随机散射介质的数字全息术超分辨技术可以分为两步：①记录散射波前，如图 1.13 所示，入射光经过介质后发生散射，其幅度相位将会发生变化，将其看作对入射光的一种随机调制，通过数字相移干涉法可以获取散射光的相位信息。②相位共轭补偿，通过相位共轭镜将原散射光的相位共轭光反射回散射介质，通过散射介质后可以得到还原后的光场，再通过傅里叶透镜后可以实现随机散射介质聚焦。

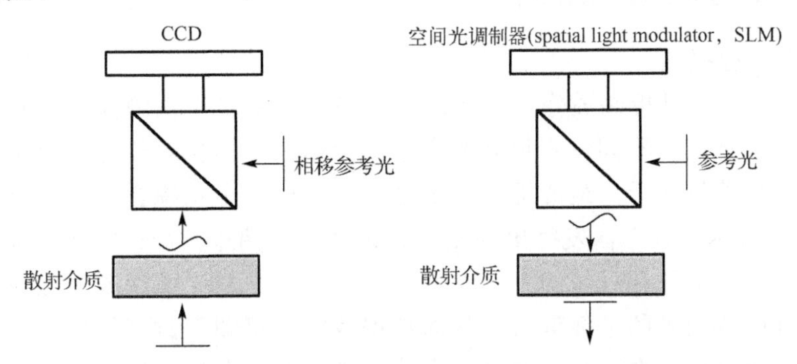

图 1.13 记录散射波前

3. 计算探测

1)亚像素平移探测

不同于其他同轴无透镜数字全息方法，实验中物平面被放置在离探测器平面更近而离孔径平面更远的位置，即 $z_1 \gg z_2$，此数字全息记录装置可以使整个探测器的探测面为视场范围，并且实验装置结构简单。另外，虽然扩大了视场范围，但是全息记录装置限制了全息条纹不能放大(因为物体已经无限接近探测平面)，探测器上的像元尺寸也限制了图像的空间分辨率[22-25]。图 1.14 为亚像素微位移原理图。

如图 1.15 所示，通过部分相干光源照明和大数值孔径成像系统，记录一系列低分辨率的数字全息图。通过平移二维孔径，可以在 CCD 靶面上记录一系列相互之间有亚像素位移量的全息图。将这些低分辨率的全息图相互移动并重新组合排列，将低分辨率全息图像元尺寸称为低分辨率网格线，每个低分辨率全息图之间的移动为最小网格的几分之一，将低分辨率全息图进行重新的匹配排列，组成一个虚拟高分辨率网格，如图 1.15 所示。

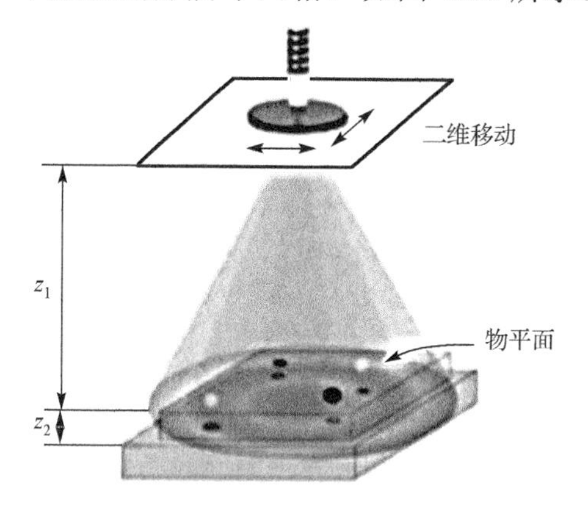

图 1.14　亚像素微位移原理图

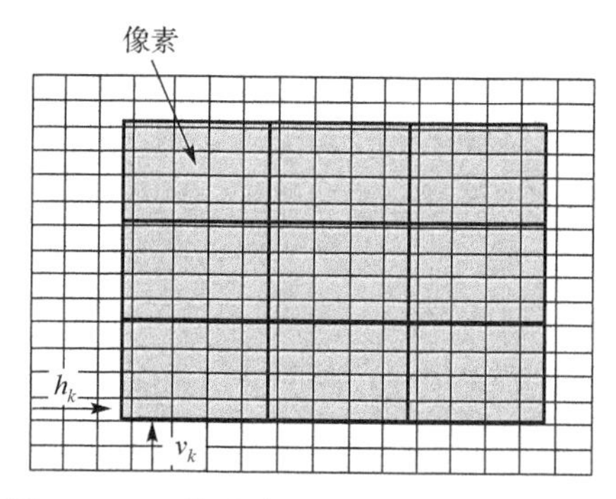

图 1.15　亚像素微位移提高分辨率原理

2）综合孔径探测

综合孔径探测是提高成像分辨率的有效途径。将多个探测器记录的数字全息图或者一个探测器在不同位置记录的全息图根据其空间相对位置综合在一起，能够增大系统的数值孔径，最终提高成像分辨率。数字全息综合孔径成像系统示意图如图 1.16 所示，激光器发射出的相干光束被分为两束，一束射向目标，另一束进一步分束为各个子孔径内的本地参考光。子孔径内的光电探测器分别记录本地参考光与目标返回光的干涉信号，从而获得数字全息图。数字信号处理将各个子孔径采集的全息图，在孔径综合平面上按照其相对位置进行综合，然后利用菲涅耳衍射公式即可计算出目标所在平面上的综合孔径复振幅[26-29]。

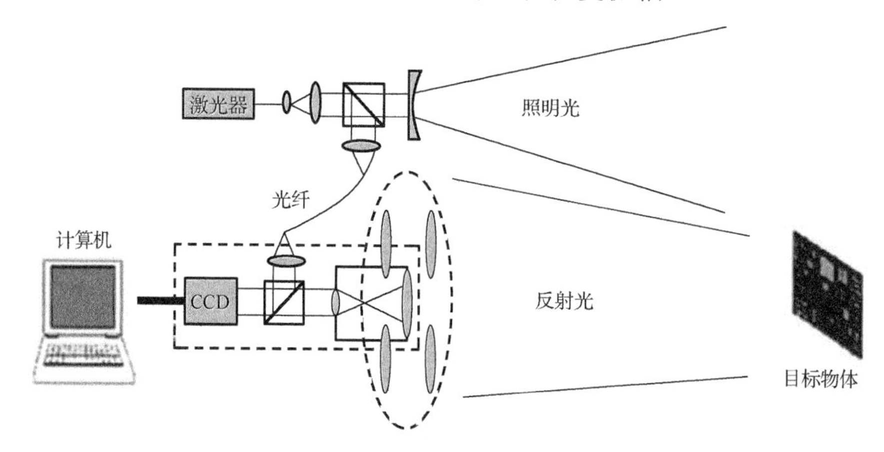

图 1.16　数字全息综合孔径成像系统示意图

4. 计算像素

如图 1.17 所示，插值就是通过一系列已知的数据点来“猜测”未知点。在图像领域上，修改图像尺寸时常用到插值运算。由原图像矩阵中的点计算新图像矩阵中的点，不同的计算过程，就有不同的插值法[30-33]。数字全息插值效果图如图 1.18 所示。

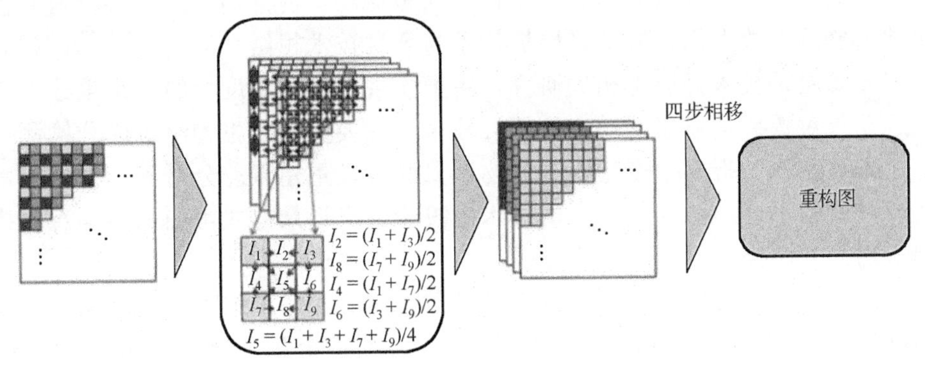

图 1.17　插值法原理图

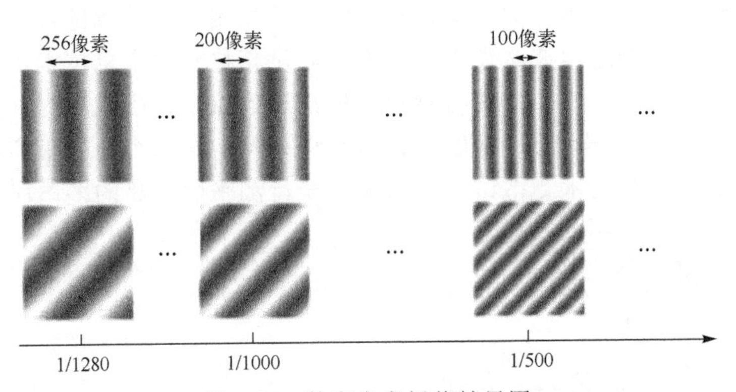

图 1.18　数字全息插值效果图

1.2.4　数字全息层析技术

数字全息层析技术是数字全息术与计算层析术(computed tomography，CT)相结合的产物，其作为一种快速、非接触及无损地获取被测样品内部折射率分布的方法受到了高度的关注，并在生物细胞检测、微光学器件检测和气体温度场检测等方面得到了广泛的应用[34]。特别是针对一些功能性梯度材料(如光纤、梯度折射率透镜、棒透镜等)及活体细胞，不仅需要测量其外部三维轮廓，同时由于内部物质不同，其内部折射率也不同，因此也需要测量其内部三维结构。但传统的测量技术，如轮廓测量仪、三坐标测量仪、CT 测量机、白光干涉仪等，都不能同时实现外部轮廓和内部结构的测量。因此，如何测量功能性梯度材料的外部三维轮廓及内部三维结构成为当前研究的热点。

数字全息层析技术即为数字全息技术与层析技术的结合，数字全息技术以非接触的方式实现被测物体波前信息的数值重建，重建波前仅反映了被测物体的轮廓信息或被测物体内部折射率的平均值，而被测物体内部结构或多层折射率检测是非常重要的，故人们开展了将层析技术与全息技术相结合的研究[35-42]。国内针对传统全息层析技术开展了相关研究，主要实现了气体温度场的三维重建[43,44]。国外近几年对数字全息层析技术的研究较多，主要实现了生物组织成分检测、折射率三维重建或与折射率变化相关的物理量测量及重建误差分析等。根据投影数据获取方式的不同，数字全息层析技术中投影数据记录方式可归纳为全息扫描式和相干切片式两类。

全息扫描式采用马赫-曾德尔离轴干涉全息系统，测量过程中被测样本需要进行 180°旋转，记录几十幅数字全息图，并将数字全息图重建波前作为投影数据[45-47]。以层析扫描激光调频相干三维成像技术为例，图 1.19 为层析扫描激光调频相干三维成像光路示意图。层析扫描激光调频相干三维成像技术综合了光学相干层析技术、调频连续波激光雷达技术与同步相移数字全息技术，通过调控目标和参考光束之间的光程差，使待测距离依次进入相干长度范围内，实现大深度范围、低精度(约为几十微米)深度测距与光程调控；在单个选通距离内，通过调频同步相移数字全息技术测得该层析深度下至待测平面距离的多谱段合成波长范

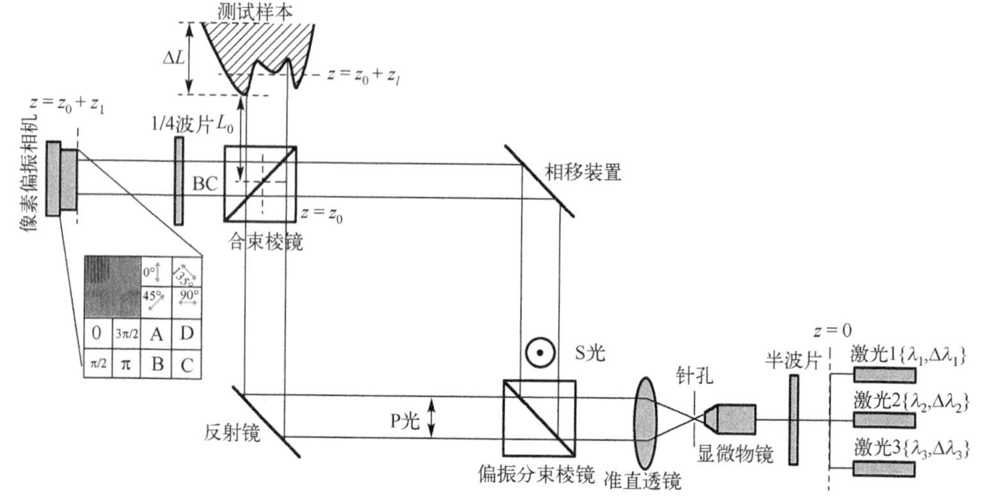

图 1.19　层析扫描激光调频相干三维成像光路示意图

围内、亚微米量级精度群延迟估计。使用单谱段激光照明，在波长量级范围内，纳米级相延迟估计进一步提升测距精度；最后，综合不同扫描深度调控光程、群延迟估计、相延迟估计及数字全息重构二维振幅图像序列，动态实时拟合出目标大深度范围、高分辨率的三维图像。Bilski 等[48]提出了一种新的全息扫描式记录系统，该系统中单束物光波采用三次光束折返的方式携带被测样本的各向波前信息并记录于一幅全息图中，全息图数值重建时采用不同的重建距离来实现各向波前信息的分离。

相干切片式采用 Michelson 离轴干涉全息系统和低相干光源，以共焦扫描方式实现沿光轴方向逐层记录数字全息图，或采用多波长扫描实现不同深度信息的全息图记录[47-49]。但数字全息层析技术目前依然存在两方面的不足：一方面是现有全息层析记录方式比较复杂或实用性不强，限制了整个层析重建的快捷性和有效性，其中相干切片式轴向分辨率较低，较难实现细微结构的重建；另一方面是现有数字全息层析技术绝大多数都需要数十幅全息图，不具有动态特性，文献[50]中的工作尽管只需要一幅全息图，但单幅全息图数值重建的各向波前信息的精确分离及重建距离的误差传递是主要问题。非相干全息图是由多个点源全息图非相干叠加而成的，每个点源全息图编码了其对应物点的三维位置信息，所以理论上可以对三维物体的任意一个深度的平面信息进行清晰的再现，实现三维层析成像。但由于受到实际成像系统有限的轴向分辨率的限制，自干涉数字全息技术三维层析成像性能尚难以达到理论预期。提高自干涉数字全息成像技术的轴向分辨率是数字全息层析技术当前研究的关键问题之一。针对目前数字全息层析技术存在的不足，本书开展少量(三向和四向)投影数字全息层析重建技术的研究。模拟分析及实验结果表明，权重的取值对层析重建质量影响显著，松弛因子的取值影响了层析重建质量和重建速度。对于轴对称结构的被测物体，三向投影能较好地实现数字全息层析重建，对于非轴对称结构的被测物体，四向投影也能较好地实现数字全息层析重建。图 1.20 为轴对称结构光纤纤芯三维外形图、断面图及其折射率分布的计算机模拟。

1.2.5 数字全息噪声抑制技术

数字全息出现后，人们设法通过计算机图像处理技术减少全息图获取和再现过程中产生的散斑噪声。目前有很多技术可以降低散斑噪声，主要分为两大类：一类是光学方法；另一类是图像处理法。

1. *光学方法*

(1) 非相干光照明成像法或降低照明光物体空间相干性法[51-67]。根据相干光通

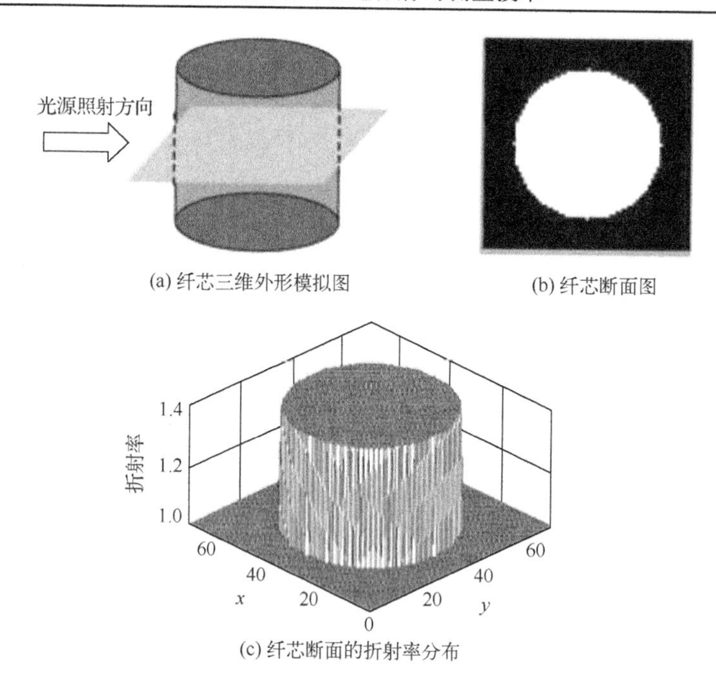

(a) 纤芯三维外形模拟图　(b) 纤芯断面图

(c) 纤芯断面的折射率分布

图 1.20　轴对称结构光纤纤芯三维外形图、断面图及其折射率分布的计算机模拟

过移动的磨砂玻璃后光学特性表现为部分空间相干光的现象，Caprio 等[64]将一块连续旋转的磨砂玻璃放置在激光器输出端的透镜焦点附近，将相干光变成部分相干光，且光的空间相干性可以通过改变透镜焦点与磨砂玻璃之间的位置来改变。Langehanenberg 等[65]在数字全息显微镜中使用部分相干光对活细胞进行成像。他们首先分析了多种部分相干光源对数字离轴全息图记录和再现的影响，将所获得图像的横向分辨率与用激光获得的结果进行比较。

此外，Langehanenberg 等[65]在数字全息显微镜中利用部分相干光对活细胞进行定量相差成像，结果表明部分相干光适用于离轴数字全息显微镜，并可减少相干干扰。LED 是一种常见的部分相干光光源，在部分相干全息成像技术中应用广泛。Jeon 等[66]提出了一个双波长数字全息系统，该系统使用一只具有多个不同中心波长的宽光谱 LED 并将其作为光源，他们用这种双波长全息方法获得的再现像测量精度可以达到微米级，与常规表面轮廓测量系统的精度相当，具有实际应用的潜力。Kemper 等[67]研究了使用 LED 的数字全息显微镜系统，他们首先研究了 LED 的光谱特性及光相干长度，然后对色散效应及其全息图的影响进行了分析。结果表明在数字全息显微镜中使用 LED 与使用激光相比有一定的优势，可以有效地降低噪声干扰。Quan 等[68]提出了一种使用 LED 光源产生两个点光源来实现非相干数字全息的光学装置，通过抑制空间光调制器的未调制项来改善全息图的信噪比，用于改善非相干光随机偏振状态下再现像质量。但是，由于部分相关光源发出的光相干长度很短，仅有几微米，因此全息成像分辨率有限。

(2)多种波长记录全息图法[69-73]。不同波长的光没有相关性，因此用不同波长的光记录的全息图具有不同的散斑噪声模式，通过图像融合方法可以降低全息图中的散斑噪声，从而提高再现像质量。Lee 等[74]提出了一种双波长、低相干性的数字全息系统，该系统采用单光源，利用量子点(quantum dot，QD)薄膜作为波长转换器，通过改变量子点的尺寸来改变波长。与使用 LED 相比，Lee 等提出的方法容易产生更亮和更均匀的任意波长的光。使用双波长再现可以扩展纳米级三维高度测量的范围并能提高测量效率。Javidi 等[75]使用多种波长的光记录全息图，然后通过多分辨率小波分解图像融合技术进行全息再现，提高了数字全息三维再现像的空间分辨率和对比度。

(3)基于旋转照明光源法。Quan 等[76]通过连续旋转照明光记录物体的多个全息图，这些全息图再现像具有不同的散斑噪声模式，对再现像进行适当的平均，得到的再现像中散斑噪声显著降低。

(4)基于光的多种偏振态法。Rong 等[77]使用圆偏振照明光和线偏振参考光，通过旋转线偏振参考光来记录多个离轴全息图，并对这些全息图的再现像求平均来抑制散斑噪声。Xiao 等[78]对上述方法进行了改进，提出了一种改进的偏振记录方法来减少数字全息中的散斑噪声，使用线偏振光作为照明物体的光和参考光，并使它们的偏振方向相互平行，通过同时改变照明和参考波的偏振态获得多个离轴全息图。这些全息图经过滤波和傅里叶逆变换处理后，使用菲涅耳再现算法再现了一系列散斑分布状态不同的再现像，通过对强度场进行平均，再现像中的散斑噪声得到很好的抑制。实验结果表明了 Xiao 等提出的方法的有效性和先进性，可以在不降低分辨率的情况下显著地抑制散斑噪声。

(5)基于移动相机或成像对象法。Pan 等[79,80]首先通过横向移动相机记录一系列全息图，然后对这些全息图分别再现，并且使用相位补偿和图像配准算法来校正由于相机位置的变化引起的再现像的横向位移和相移，最后，通过对幅度和相位图像进行适当的平均处理来降低相干散斑噪声。Panezai 等[81]通过轻微移动成像对象来获得多幅全息图，然后对这些全息图的再现像求平均来获得降噪后的再现像。以上方法都可以起到很好的降噪效果，然而这些方法都需要复杂的实验装置，并且记录和再现全息图都要花费较多的时间。

2. 图像处理法

(1)Sucerquia 等[82]利用中值滤波降低了全息图再现像中的散斑噪声，但是使用中值滤波会在降低噪声的同时造成再现像信息的严重损失。Sharma 等[83]鉴于小波变换容易处理图像边界的优点，提出了通过小波变换降低再现像中散斑噪声从而提高信噪比的方法。

(2) Maycock 等[84]提出了采用带 3D 点分布函数的三维幅度模板降低散斑噪声的算法，该算法根据将不同的散斑图样叠加在一起会降低散斑噪声强度这一现象，在所有三维 (x, y, z) 中将三维强度分布阵列（在一系列不同距离处数字全息图的强度）与 3D 点扩散函数进行卷积，实现全息图降噪。除此之外，他们还发现在 z 轴方向上的滤波具有增加数字全息图再现深度的益处。

(3) Memmolo 等[85]提出了一种 SPADEDH 数字全息噪声抑制算法，其不考虑噪声统计的任何先验信息。他们用实验证明了所提出的算法在所有情况下都能有效地抑制各种噪声分量。随着计算机技术的发展，业内提出了很多性能优良的图像滤波技术，包括 Wiener 滤波、Lee 滤波、非局域均值（non-local means，NLM）算法和三维块匹配（block matching 3D，BM3D）算法等。

①Wiener 滤波[86]又称为 Wiener 解卷积，是一种应用滤波器消除信号中噪声的数学运算。Wiener 滤波通过尝试将噪声的影响降到最小，即使用最小二乘法使原始图像和滤波后图像之间的均方误差最小化。使用中值滤波对噪声图像滤波以获得噪声和原始图像的估计。通过计算原始噪声图像和中值滤波后的图像之间的差异来估计噪声。

②Lee 滤波[87]是一种自适应滤波器，能够根据待处理图像的局部统计特性调整参数，这些参数是在以期望恢复正确值的像素为中心的窗口中估算的。Lee 滤波算法基于图像中局部均值和方差来实现，每个像素的先验均值和方差从其局部均值和方差中导出。然后，应用最小均方误差估计来滤除噪声。Lee 滤波算法是一个非常有效的滤波算法，广泛地应用于降低遥感图像[88]和全息图[89,90]散斑噪声的过程中。Lee 滤波对图像中比较均匀的区域有很好的降噪作用，但是对非均匀的区域降噪效果不佳[91]。

③NLM 算法是由 Buades 等[92,93]提出的，是一种提高含噪声图像质量算法。NLM 算法原理是使用像素选定邻域块的加权和代替该像素的值，根据在待处理的像素的局部区块与算法中考虑的邻近区块之间的相关性估计来获得权重。因此，当一个要处理的像素局部块与另一个区块具有较强相关性时，该像素值被用于加权计算中，其中两个块之间的欧几里得距离系数是从高斯内核评估的。Uzan 等[94]的研究表明 NLM 滤波器可以有效地降低数字全息中的散斑噪声，他们将 NLM 算法对数字全息的降噪效果与其他常见的散斑噪声滤波算法进行比较，发现 NLM 算法可以提供更好的视觉效果和定量结果。目前 NLM 算法已广泛地应用于数字全息降低散斑噪声的过程中。

④BM3D 算法是由 Dabov 等[95,96]提出的，其结合了 NLM 等多种算法。BM3D

算法通过称为分组和协同滤波的过程来利用特定的非局部图像建模。分组找到相似的二维图像块，并将它们堆叠在一起形成三维阵列。通过使用三维数组的变换域收缩算子共同对它们进行滤波，来产生对所有分组块的单独估计。BM3D 算法依赖于图像的局部和非局部特征。首先，BM3D 算法依赖于图像中存在很多相似块的特点来发挥作用，因此假设图像局部块之间是高度相关的(绝大多数图像的确如此)，当这些条件得到验证时，通过去相关 3D 变换获得组的稀疏表示。这些操作构成了 BM3D 算法的第一阶段。然后，使用估计的图像在第二阶段使用 Wiener 滤波对堆叠组群的 3D 变换结果进行滤波。最后，在估计所得图像块上执行聚集过程，以便通过使用与 NLM 算法类似的方式对区块进行加权求和来计算像素的结果值，从而得到重建后的图像。BM3D 算法能实现良好的降噪效果基于大量参数的优化。

实际全息图降噪算法研究过程中，往往使用各种滤波算法进行比较。如 Montresor 和 Picart[97]对多种算法的降噪性能进行了定量比较，这些算法包括线性高斯滤波器、中值滤波器、Lee 滤波器、Frost 滤波器、Wiener 滤波器、Daubechies 和 Symlets 小波、Curvelets 和 Contourlets 平稳小波、NLM 滤波器、BM3D 滤波器、WFT2F 滤波器和 SPADEDH 算法等。Montresor 等[98]比较了 5 种应用于数字全息技术的图像降噪算法，这些算法包括：小波算法、中值滤波、Wiener 滤波、Lee 滤波和 NLM 算法。Srivastava 等基于复杂扩散过程的概念，提出了基于偏微分方程(partial differential equation，PDE)的同态滤波技术，用于从全息图再现像中减少散斑噪声。他们将该方法的滤波效果与同态 Wiener 滤波、Lee 滤波、Frost 滤波、Kuan 滤波进行比较。除了上述滤波算法，近年又提出了一些滤波算法，如 Leo 等[99]提出了一种新的数字全息术中自动减少散斑的技术。该技术使用二维经验模式分解来分解图像信号，然后通过 Frost 滤波器进行滤波。然而，这些滤波算法都不可避免地造成图像有用信息的损失。

除了使用滤波算法，还有一些算法利用数字全息图的任何部分中都包含物体全部信息的特点，将全息图分成多个子全息图，然后对这些子全息图的再现像进行求平均等方式处理，从而达到降噪目的。

(4) Morimoto 等[100]提出了一种称为全息图加窗的方法，通过不同窗获得全息图再现像中任意像素位置的许多相位差值被加权平均。Hincapie 等[101]将一幅全息图分成多个子全息图，然后对这些子全息图进行叠加，实验结果显示散斑噪声按照子全息图个数的倒数平方根呈比例减小。

(5) Fukuoka 等[102]提出了一种空间域掩模方法来抑制全息图再现像中散斑强度和提高空间分辨率的算法。该算法通过在空间域掩模的孔径移动来获得多个再现像。因为各再现像是从完整全息图的不同区域再现的，所以这些再现像的散斑图样彼此不同。文献[99]提出的全息图加窗算法通过实验被证实可行。

(6) Zhang 等[103]提出了一种使用空间域矩形、椭圆和菱形采样掩模来降低全息图再现像散斑噪声的算法。在该算法中，将特定尺寸的一个完整全息图分成多个矩形、椭圆或菱形子全息图。从相应的子全息图得到再现像，由于散斑的随机分布，叠加这些不相关的幅度图像将减少最终再现像中的散斑噪声。实验和仿真结果证明了该算法的可行性和有效性。实验结果还表明矩形掩模可以对全息图进行完全采样，但椭圆和菱形掩模不能。

(7) Haouat 等[104]提出了与上述相似但不同的算法，他们也是从一幅全息图中得到多幅全息图，但不是将整幅全息图分成多幅子全息图的算法，而是通过在菲涅耳内核中引入空间位移来重建来自单个全息图的若干图像。空间抖动产生具有不同散斑分布状态的像。对再现像集合进行平均可以在幅度和相位图像上明显地降低散斑噪声。实验结果表明 Haouat 等提出的算法适用于数字全息干涉测量。

1.2.6 荧光数字全息成像技术

早在 11 世纪，阿拉伯人便开始将抛光绿宝石制成的平凸透镜作为放大镜来阅读手稿。然而，单透镜制作的放大镜倍率有限，仅可对小型的昆虫如跳蚤进行观察，所以早期放大镜也称为跳蚤镜。16 世纪末，荷兰眼镜工匠 Janson 父子利用一个凹透镜和一个凸透镜制成历史上第一套复合显微镜，但是由于当时制作水平太低，Janson 父子并未发现显微镜的真正价值。同一时期的其他科学家也在绞尽脑汁地制造更大倍率的放大仪器。1609 年，意大利科学家 Galileo 以望远镜为基础制作了一台显微镜，并利用显微镜观察到了昆虫的复眼。

真正把显微技术作为一种科学搬上历史舞台的是英国学者 Hooke。1667 年，Hooke 率先发表了一篇名为 *Micrographia* 的文章，当中的插画大多是他在显微镜下观察到的图像。以这种方式呈现的微观世界似乎更容易被大众接受，因此显微镜得到了广泛的传播。Hooke 设计的显微镜最高可以达到 50 倍的放大倍率，但由于当时透镜的生产水平不高，加之又使用了两个透镜，成像时会有明显的图像畸变。同时期的荷兰商人 Leeuwenhoek 凭借其精湛的透镜制造技艺，设计了一台放大倍率高达 275 倍的显微镜，这一放大倍率在相当长的一段时间内遥遥领先。Leeuwenhoek 没有使用像 Hooke 那样的复合显微镜，而是使用了只有一个镜头的显微镜，因此避免了 Hooke 所遇到的畸变问题。利用这套显微镜，Leeuwenhoek 不仅发现了细菌，还观察到了动物的精子。从此，显微镜为人类打开了一扇通向微观世界的窗户，并逐渐成为现代细胞生物学不可或缺的一部分。

进入 18 世纪后，显微镜逐渐获得广泛的应用，同时也涌现了许多实用型显微镜，其中以 Cuff 显微镜的影响最为深远。它不仅被大量制造与使用，还催生了许多新型的显微镜。18 世纪后期，消色差物镜的出现大大减少了由镜头色差引起的图像畸变，使显微镜的成像质量获得大幅提升。19 世纪初，Fraunhofer 对光学玻璃的生产工艺进行改进，进一步减小了显微镜的图像畸变。1873 年，德国物理学家 Abbe 提出了 Abbe 正弦条件，为显微镜的设计提供了科学依据。至此，显微镜的研制告别了反复试错阶段，进入了计算光学时代。与此同时，Abbe 确定了显微镜分辨率的极限，预言光学显微镜的最大分辨率最多只能达到 200nm。随着显微镜的设计加工工艺的发展，显微镜的性能也很快逼近了这一极限，从而验证了 Abbe 的预言。

20 世纪上半叶，随着数学、物理、化学等基础科学的发展，许多新型显微技术如荧光显微技术、相衬显微技术相继问世，奠定了现代显微技术的基础。其中荧光显微技术结合了荧光标记的特异性，具有高对比度、高分辨率和高特异性等优势，在现代显微技术中占据了主导地位，其基本结构如图 1.21(a)所示。荧光现象的发现最早可追溯到 19 世纪中期，但当时相关技术并未发展成熟，因此并未在显微成像领域有所建树。直至 1911 年，在德国物理学家 Heimstaedt 和 Lehmann 的共同努力下，第一台荧光显微镜才得以问世。这台荧光显微镜由 20 世纪初出现的紫外显微镜发展而来，问世后便很快被用于研究细菌、原生动植物组织及生物有机质的自发荧光。1914 年，Prowazek 发现荧光染料能与活细胞结合，为荧光的特异性标记奠定了基础。但由于早期荧光探针十分匮乏，标记流程又极为烦琐，

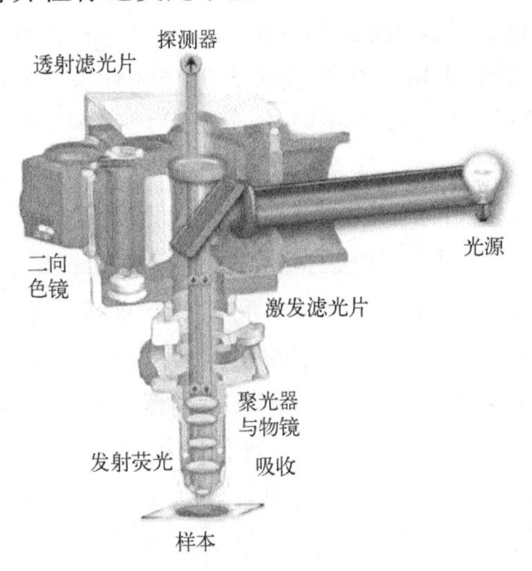

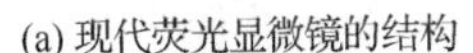
(a) 现代荧光显微镜的结构

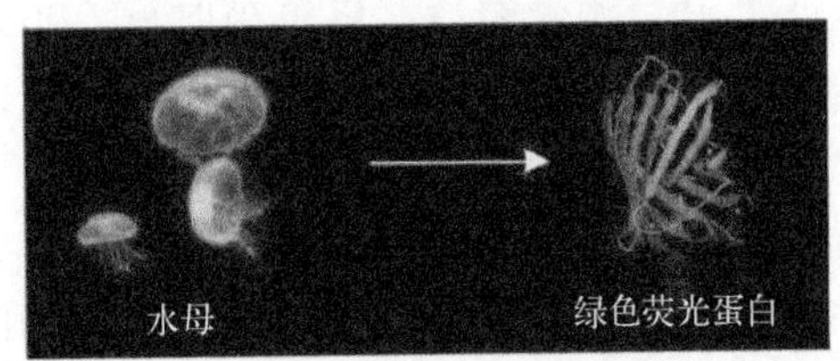

(b) GFP最早在发光水母中被发现

图 1.21 荧光显微镜与 GFP

因此在很长一段时间荧光显微技术并未得到广泛的应用与发展。直至绿色荧光蛋白(green fluorescent protein，GFP)的出现，这一困境才得到缓解。GFP于20世纪60年代被日本科学家Shimomura从发光水母中发现(图1.21(b))。1993年，Chalfie证实了GFP与活体生物的相容性，并建立了利用GFP研究基因表达的方法，为生物医学的“绿色革命”拉开了序幕。后来，美国科学家Tsien对GFP的发光机理进行了系统研究，并在此基础上对GFP进行了大量改造与修饰，从而为生物学家提供了一套丰富、实用的工具。2008年，Shimomura、Chalfie和Tsien三位科学家也分别因发现、提取和改进了GFP而获得了诺贝尔化学奖。如今，随着荧光探针的积累，荧光显微成像已经在生命科学领域获得了广泛的应用，俨然成为当今的主流显微成像技术之一。

1.3　数字全息主要应用领域

1.3.1　地外行星生命探测

地外行星生命探测在帮助人类对生命的起源与早期进化、探索研究太阳系内外新的可能适宜居住的环境、促进行星管理与保护工作及激励人类保持对未知世界的探索欲望等科研和社会服务领域均具有重要意义，其将逐渐成为未来更多太阳系探索任务的焦点。在地外行星生命原位探测方面，自1978年Viking号以来，美国国家航空航天局(National Aeronautics and Space Administration，NASA)没有试图寻找现存外星生命的任务。直到2015年成功进行的五次火星登陆任务，人们才认识到火星表面无液态水存在，明确设计任务以寻找当前或过去火星上“可居住性”的迹象，即通过矿物特征推断液态水过去或现在存在过的证明。在过去的几年中，人们的兴趣从火星表面扩展到了疑似存在水的火星地下及被称作海洋世界的木卫二(Europa)，木卫三(Ganymede)，土卫二(Enceladus)等行星卫星。其中，土卫二极小的逃逸速度允许其产生一个极不寻常的现象——间歇泉：水蒸气羽流通过土卫二冰壳裂缝，以每小时近2000km的速度向太空喷射冰层颗粒，高度可达500km。在掌握遥远行星卫星登陆技术之前，该现象为发送探测器、收集可能含有微生物水样并进行相关检测提供了一个更便宜、简单且难得的机会。近年来，随着显微镜技术的不断发展，其实现装置已逐渐紧凑、坚固且自动化，分辨率可达亚微米量级，满足地外行星生命探测的初步要求，而其中数字全息显微成像技术凭借其大景深、数值聚焦、捕捉目标三维信息并且可以同时进行定量振幅与相位成像等诸多优势，被认为是天体生物学的理想之选。

用于地外行星生命探测的数字全息显微镜研发团队主要有加州理工学院喷气

推进实验室 Serabyn 团队。Serabyn 团队于 2015 年首次报道共模(commonmode)离轴数字全息显微镜系统方案与初步性能测试，并于 2016 年提出了第二套基于梯折(gradient index，GRIN)透镜的无透镜数字全息显微镜方案。2016～2020 年，Serabyn 团队主要在对上述两种方案的性能改进、多波长概念的实现及与荧光光场显微镜的结合等方面进行了大量的研究工作。共模离轴数字全息显微镜系统如图 1.22 所示，重构软件采用 LynceeTec 的 KOALA 软件。

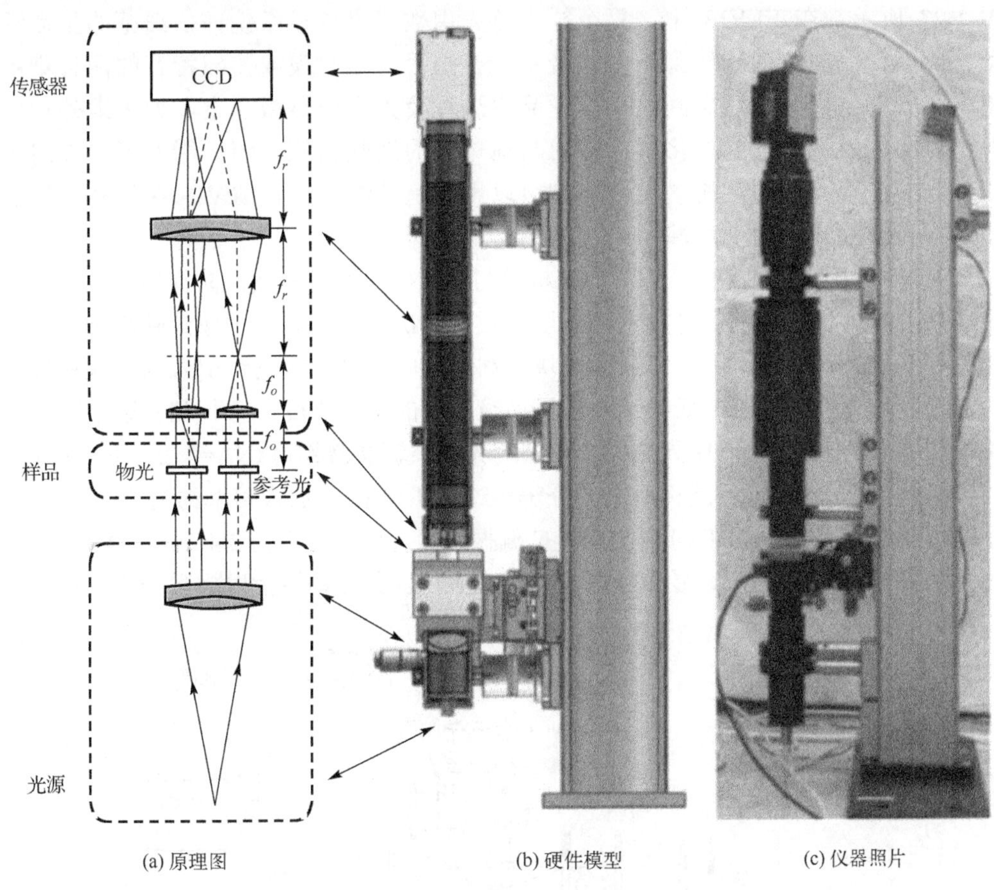

(a) 原理图 (b) 硬件模型 (c) 仪器照片

图 1.22 共模离轴数字全息显微镜系统

其中，共模离轴数字全息显微镜系统的显微模块由一对非球面透镜组成，物镜为口径 4.7mm、焦距为 7.6mm、等效数值孔径约为 0.3 的单个非球面镜，相比传统复合物镜，可大大降低物镜的成本与复杂性，同时减少复合物镜间前后镜面形成的内反射，提供衍射极限的成像性能。另一个较大口径、焦距为 150mm 的中继非球面透镜作为管透镜(tubes lens)，与物镜构成无限共轭显微模块，其主要功能如下：①作为合束透镜，物光与平行参考光轴线关于系统主光轴呈镜像对称，经管透镜扩束后以一定夹角传播至相机处形成离轴干涉；②作为管透镜，与物镜一起形成 19.7 倍放大倍率(固定不变)；③畸变补偿，当物镜后焦距与管透镜前焦距重合时可校正物镜引入的二次相位畸变。

2019 年，Serabyn 团队提出数字全息显微镜(digital holographic microscopy，DHM)与荧光光场显微镜(fluorescence light field microscopy，FLFM)结合的双模式生命探迹体成像系统(the extant life volumetric imaging system，ELVIS)，如图 1.23 所示。在 ELVIS 中，每个样本首先由数字全息显微镜评估细菌的生命活动，随后样品被自动输送到一个混合室，在那里与细胞膜或核酸特有的两种染料中的一种混合，染色后送回显微镜样品室进行荧光光场显微观察。如果地外行星海洋世界中发现的细胞在化学组分上与地球上的细胞相似，那么脂类可以被用来识别与细胞膜有关的结构，而核酸则可以用来追踪细胞核。ELVIS 在加利福尼亚州 Newport 海滩首次现场演示结果如图 1.24 所示。

2020 年中国科学院长春光学精密机械与物理研究所孟浩然团队提出基于光波偏振属性的并行相移数字全息技术则可以有效地解决同轴全息孪生像消除困难问题。在原有系统上，增加无限共轭显微模块，利用其中管透镜对物镜引入的二次相位畸变进行物理补偿，可以降低数字全息显微镜算法的实现难度。并行相移数字全息显微镜如图 1.25 所示，其中显微模块由 10×无限共轭显微物镜(NA=0.25，EA=9mm)与焦距为 100mm 的平凸透镜组成，分辨率约为 1.55μm，放大倍率约为 11.1 倍；原系统中相机采用 FLIR BFS-U3-51S5P-C 偏振相机，像素大小为 3.45μm×3.45μm，整体分辨率约为 9.84μm，经显微模块有效放大后可以获得物镜衍射极限分辨率。

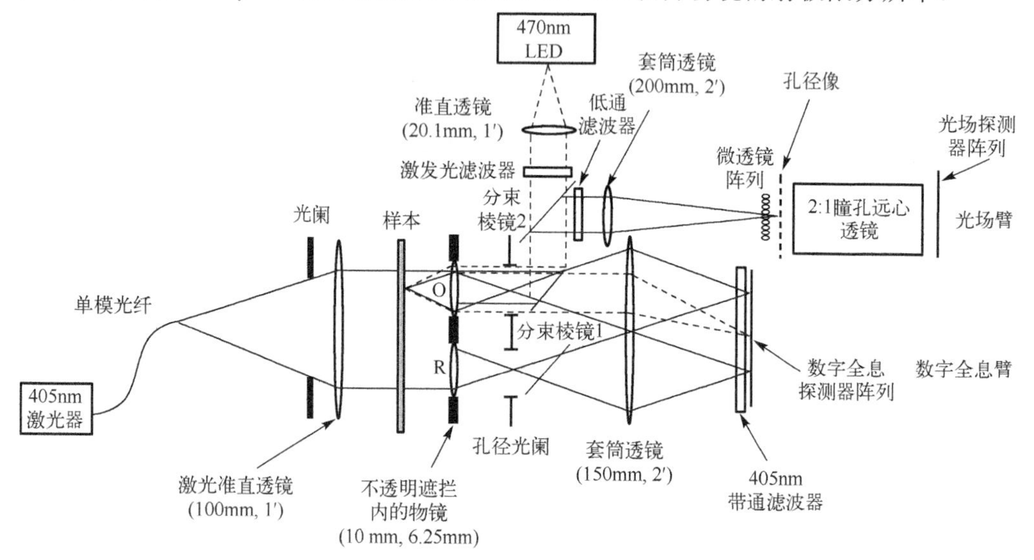

(a) 光学原理图

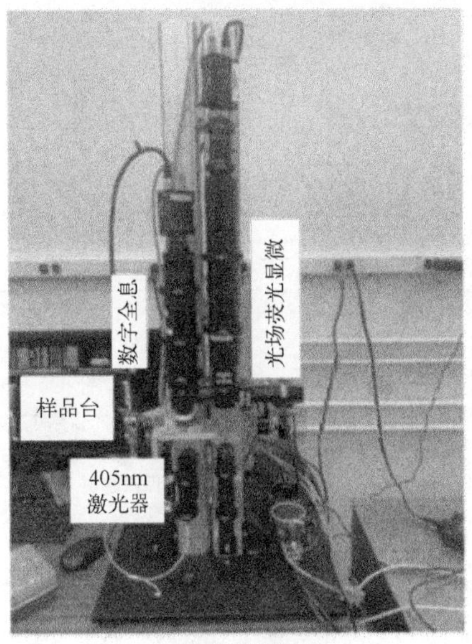

(b) 仪器设备图

图 1.23 双模式生命探迹体成像系统

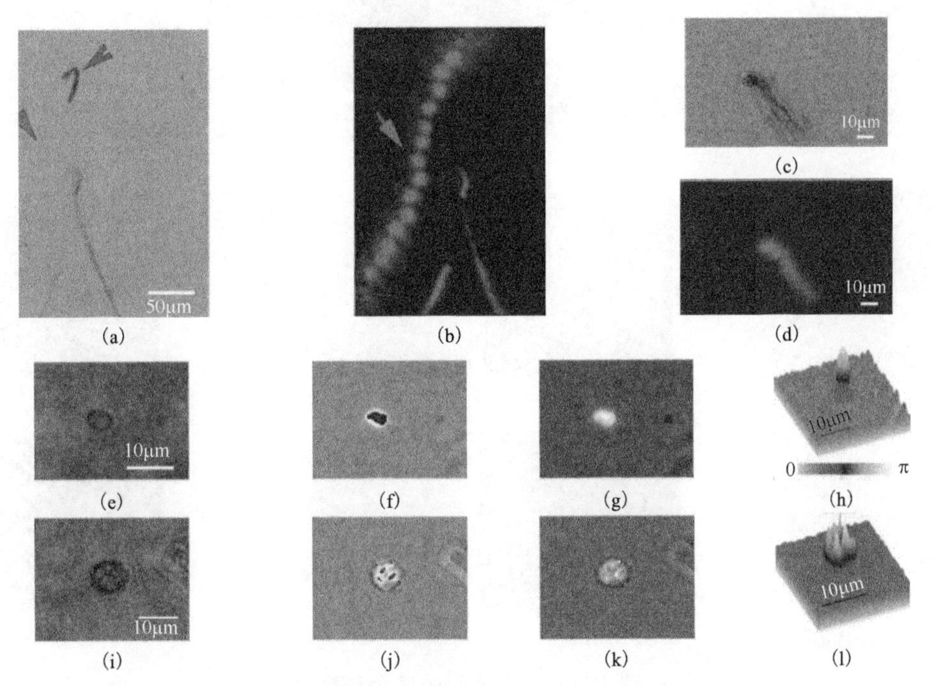

图 1.24 ELVIS 在加利福尼亚州 Newport 海滩首次现场演示结果[58]

(a) 为 DHM 振幅图；(b) 为 FLFM 强度图；(c) 为核酸染色后 DHM 振幅图；(d) 为核酸染色后 FLFM 强度图；(e) 为某小真核生物 DHM 振幅图；(f) 为相位图；(g) 为展开相位图；(h) 为三维曲面图；(i) 为某复杂真核生物 DHM 振幅图；(j) 为相位图；(k) 为展开相位图；(l) 为三维曲面图

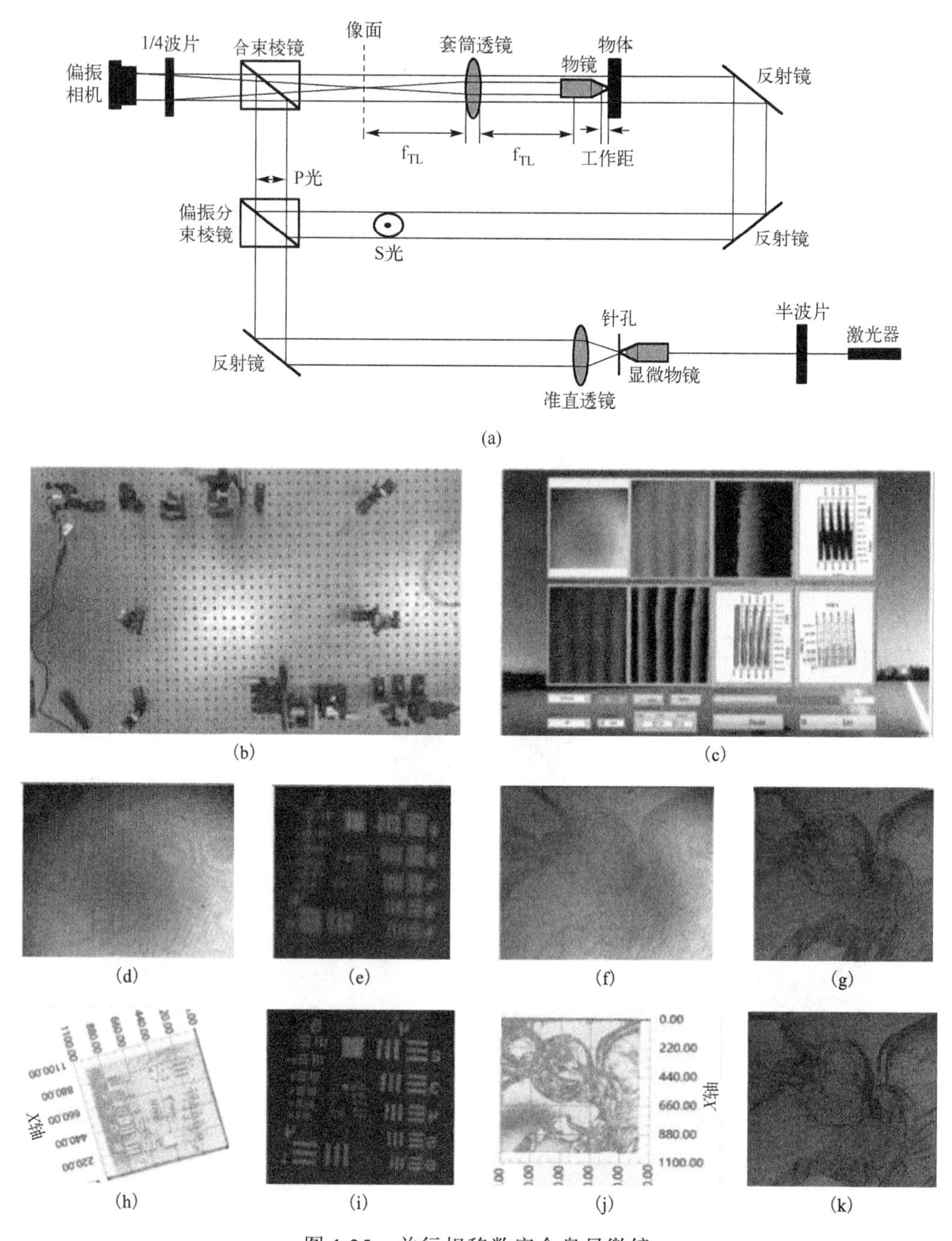

图 1.25　并行相移数字全息显微镜

(a)为光路图；(b)为实验装置；(c)为重构软件；(d)为相机采样图，(e)为全息图；(f)为重构相位图；(g)为重构振幅图；(h)为相机采样图；(i)为全息图；(j)为重构相位图；(k)为重构振幅图，其中(d)～(g)使用 Thorlabs R1DS1N 分辨率板进行测试，(h)～(k)使用南京南派科技有限公司生产的雄蚊装片进行测试

2020年孟浩然团队提出基于保偏光纤耦合的同步相移数字全息显微镜系统，该系统体积小于200mm×200mm×600mm，如图1.26所示。

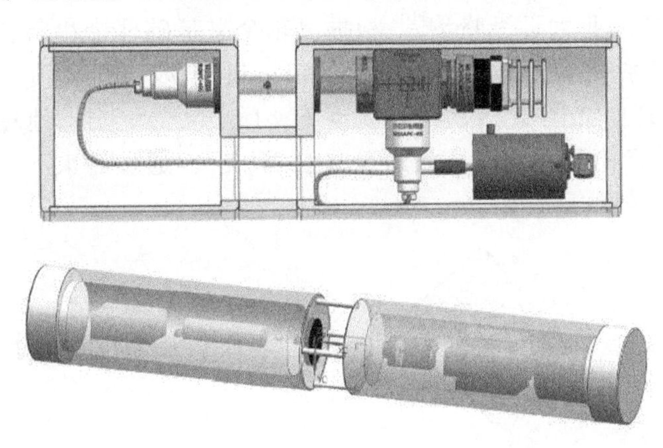

图1.26 光纤耦合的同步相移数字全息显微系统结构图

1.3.2 水下微生物探测

近年来，基于无透镜成像的数字全息技术取得了重大的发展。与传统的镜头不同，无透镜成像利用探测器记录的图像反映了光强信息。由于去除了透镜，无透镜成像技术减小了透镜表面干扰粒子的影响，从而减小了噪声。和传统的全息相比，数字全息成像技术使用传感器取代了全息干板，具有曝光时间短、精确度高等优点。此外，数字全息装置后期的图像处理是在计算机上完成的，操作方便、可实现现场处理[105]。因此，使用数字全息技术可以很好地测量水下微生物。

中国海洋大学在2015年成功研制出水下全息探测系统，该系统如图1.27所示，光路采用同轴数字全息结构，使用波长为532nm的激光，CCD像素数为2448×2048，像素尺寸为3.45μm×3.45μm，系统精度大约为10μm，下潜深度可以达到200m。但是，该系统仍然存在一些不足：所得的图像受噪声影响严重，且

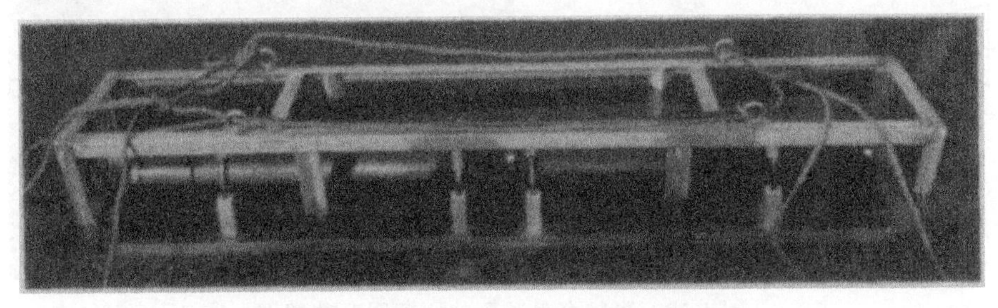

图1.27 中国海洋大学水下全息探测系统

受到了零级项和孪生像的干扰，系统易受周围环境影响，稳定性差，设备体积较大，下潜深度较小[106]。

2018 年合肥工业大学于晓涛[107]根据离轴全息基础理论和全息测量及目标识别算法设计测量系统，提出了基于折返式 Jamin 干涉仪的离轴全息实验系统。Jamin 干涉仪原理图如图 1.28 所示。实现无接触、实时、自动地对微生物种类、大小、活跃度进行检测，快速高效地反映水质状况。通过对水下草履虫密度的测量，得出目标水域水质等级。

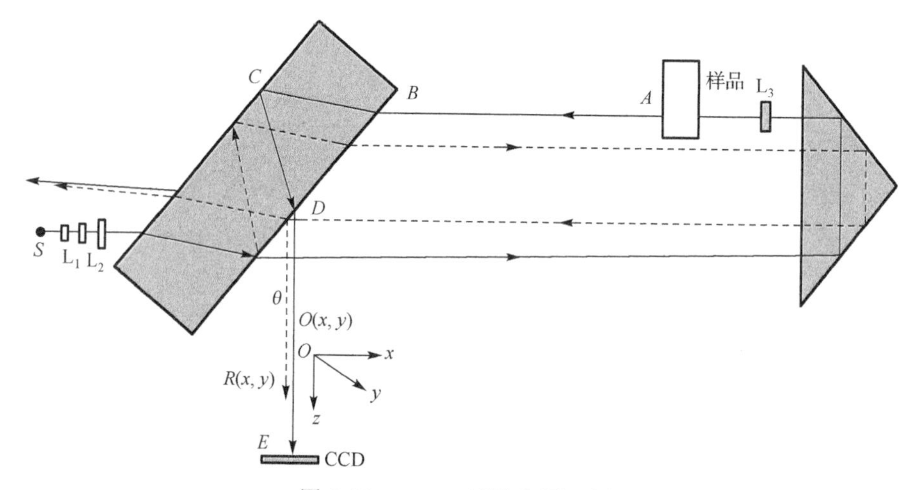

图 1.28　Jamin 干涉仪原理图

2020 年合肥工业大学李京轩[108]主要研究全息图的重建问题，包括全息图的自聚焦和超分辨率重建，为全息图的重建提供高效的、快速的、清晰的重建算法。李京轩选择马赫-曾德尔装置作为采集草履虫的离轴全息装置，其原理图及装置图如图 1.29 所示。李京轩提出基于深度学习进行焦点预测的算法及基于深度学习进行超分辨率重建的算法。

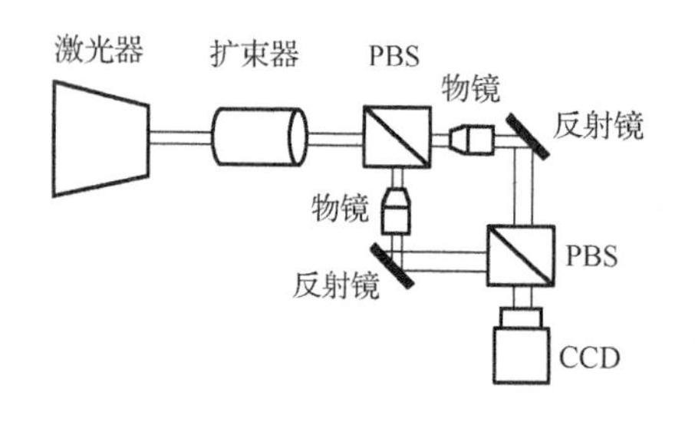

图 1.29　离轴全息装置的原理图及装置图

图 1.30 是采用马赫-曾德尔装置拍摄的草履虫全息图。图 1.31 是经过神经网

络超分辨率重建后的全息图。经超分辨率重建后的全息图经过卷积神经网络的焦点预测，可以预测出焦点位置。在焦点位置重建图像，得到如图 1.32 所示的图像。

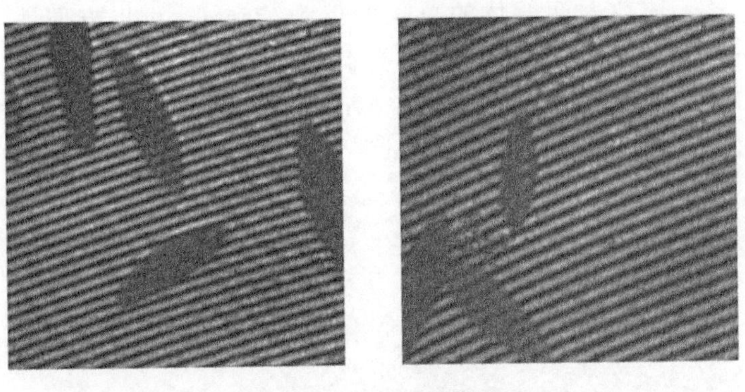

图 1.30　草履虫全息图

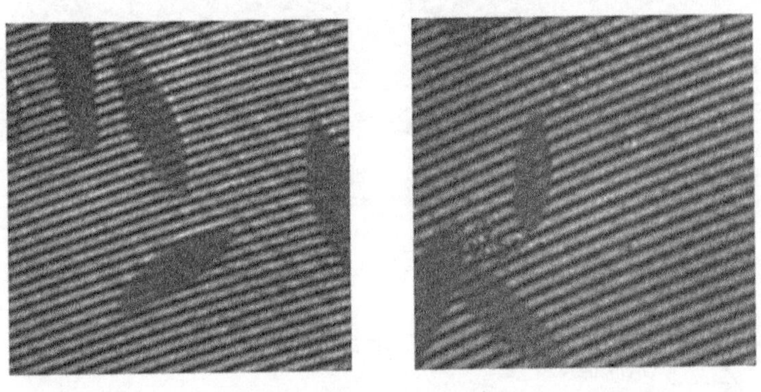

图 1.31　经过神经网络超分辨率重建后的全息图

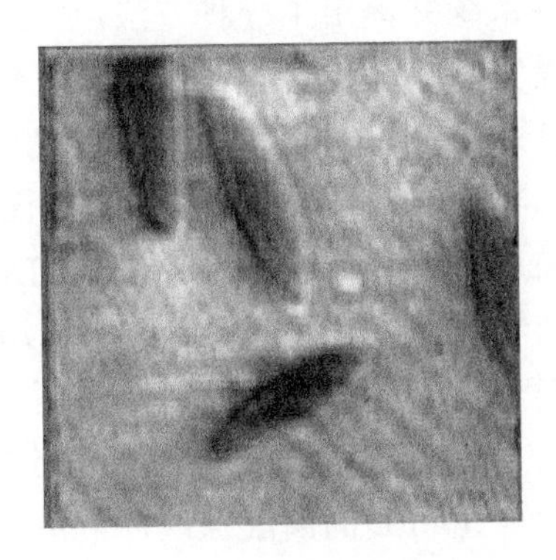

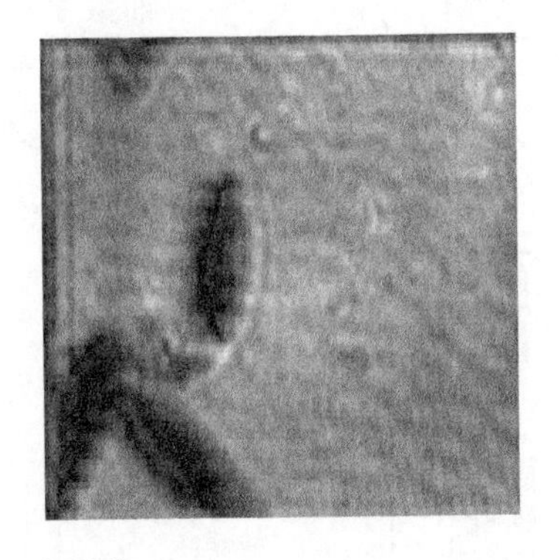

图 1.32　重建图像

2020 年中国海洋大学于佳等[109]研制了一套新型同轴数字全息浮游生物显微

系统 OUC-HoloCam[200]，该系统具有微米级的光学成像质量，是一款小型化的同轴数字全息水下原位探测仪器，相比于以往的水下原位全息探测系统体积更小，性能更加优异。该仪器两舱体的总长度仅为 75cm，可以方便地安装于 ROV (remote operated vehicle)、Glider 和各类水下航行器上。OUC-HoloCam[200] 的分辨率高达 8.77μm，视场为 12.125mm×9.69mm，其拍摄地每张全息图中可记录约 4.53mL 海水。已装配的 OUC-HoloCam[200] 如图 1.33 所示。

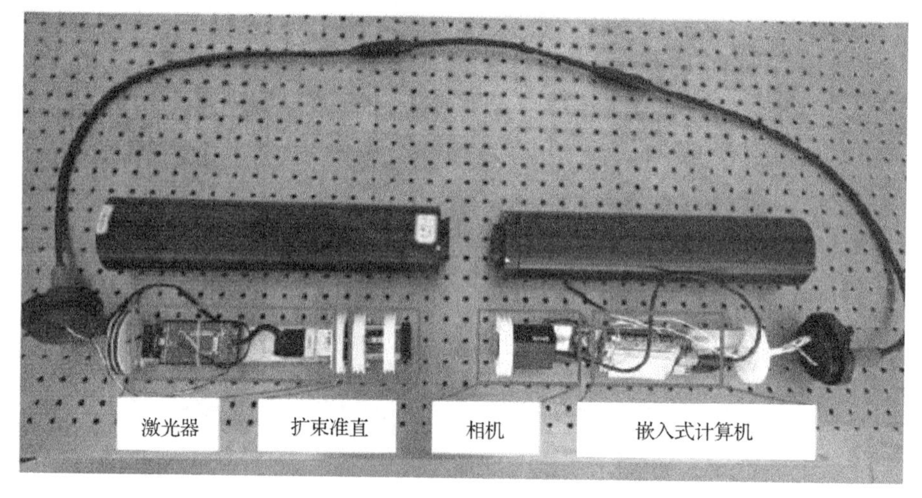

图 1.33　已装配的 OUC-HoloCam[200]

1.3.3　生物医疗样品显示与测量

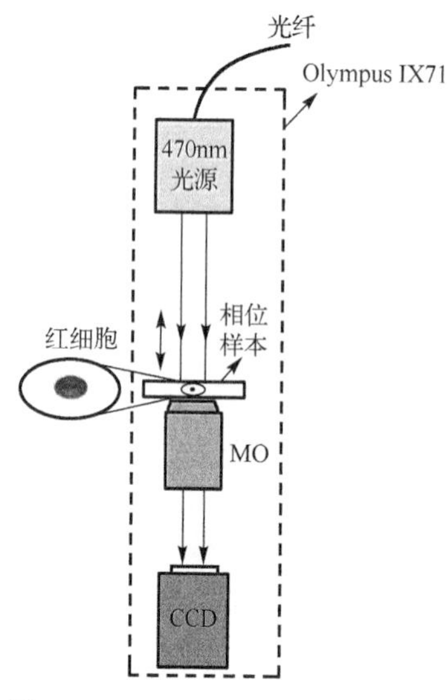

图 1.34　同轴数字全息显微成像系统检测红细胞形变

瑞典于默奥大学 Zakrisson 等[110]设计了一套同轴数字全息系统并提出了一种方法，通过瑞利-索末菲反向传播算法重建复振幅实部信息，精确确定红细胞(red blood cell，RBC)轴向位置并提供几何形状信息。其光学系统的分析与实现可根据图 1.34 所述结构进行描述，光学系统围绕 Olympus IX71 显微镜引入相关光学元件，采用低成本 LED(470nm，M470 L3-C1)发射 LED 光，多模光纤安装于压电控制显微镜载物台上方，载物台上放置单个 RBC 样品，其通过人体血液与 500μL 的磷酸盐缓冲溶液混合并离心提取制备而成，多模光纤可以对 LED 光进行频率滤波，稳定输出光源，将经过 RBC 发生衍射的光作为物光，而将未经过待测样本的光作为参考光，两束光均经过浸水物镜 MO(放大倍率为 60 倍，数值孔径为 1.40，即 60×/1.40NA)放大，在 CCD 上发生相干叠加，记录下 RBC 全息图，其中显微镜的压电控制载物台可以进行轴向移动以精确地控制物面与记录面的距离，以 10μm 为记录间隔，分别记录 $z=30\sim100\mu m$ 内的 RBC 全息图像。

韩国浦项科技大学 Choi 和 Lee[111]提出了一套同轴数字全息显微系统，通过数字全息显微成像技术对流动的 RBC 逐一进行追踪，引入了清晰度量化算法并对重建的 RBC 图像进行评估，定位 RBC 的精确深度位置，可以获取单个 RBC 的运动状态，实现高空间分辨率的血流量信息测量。其光学系统的分析与实现可以根据图 1.35 所示结构进行描述，注射泵血溶液经过肝素化处理，防止凝结，保持溶液中 RBC 数量为 3.2×103cell/mm^3 以防止 RBC 在全息图中出现重叠。He-Ne 激光器发出波长为 632.8nm 的红光，经过水溶液与氟化乙烯丙烯(fluorinated ethylene propylene，FEP)微管后进入血溶液，部分光经过血溶液中的 RBC 发生衍射，即为物光，而将未通过 RBC 而直接透过的光作为参考光，两束光由浸水显微物镜 MO(20×/0.50NA)放大后在互补金属氧化物半导体(complementary metal oxide semiconductor，CMOS)传感器记录面上发生相干叠加，产生干涉全息图，由于血溶液折射率、FEP 微管折射率、水的折射率几乎相同，所以避免了折射像畸变问题。

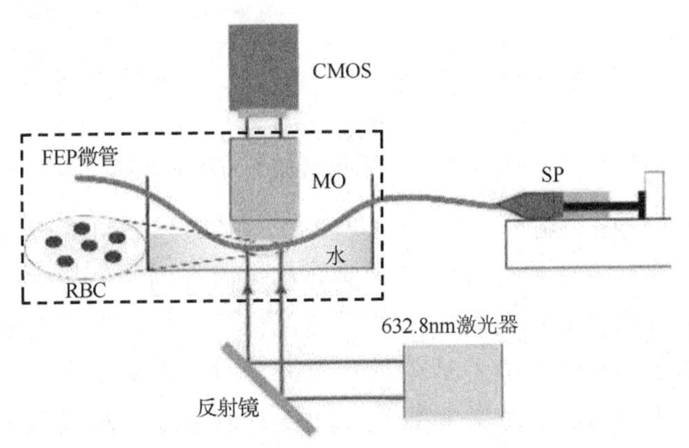

图 1.35　同轴数字全息显微成像系统追踪红细胞空间分布

为了实现高分辨率和无损地识别不同形状生物细胞，韩国朝鲜大学的 Yi 等[112]提出一套基于离轴数字全息显微系统测量 RBC 三维体积方案，该方案引入分水岭分割算法，它是一种基于拓扑理论的数学形态学分割算法，将图像看作一幅地形图，图像中每一点像素灰度值表示该点海拔，将每一个局部极小值及其影响区域作为集水盆，集水盆的边界形成分水岭，根据图像自身灰度差异进行区域划分，通过分水岭分割算法对重建 RBC 相位图像进行区分，单独提取每一个 RBC，根据单个 RBC 自身表面积和相位值使用自动算法分别计算每个 RBC 的体积，生成全部 RBC 的三维体积分布。为验证该方案的可行性，通过上述方案分别计算生成口腔状 RBC 与盘状 RBC 的三维体积分布，实验表明，所提出的离轴数字全息显微成像方案可以对各种形状 RBC 进行三维体积定量分析，其光学系统的分析与实现可根据图 1.36 所示结构进行描述，激光器发射波长为 682nm 的红光，由分束器 (BS_1) 将入射光分为两束，第一束经过待测样本发生衍射，经显微物镜 MO (40×/0.75NA) 放大后作为放大物光先后经过反射镜与分束器后入射至 CCD，第二束光作为参考光，通过分束器 (BS_2) 后与放大物光在 CCD 上发生干涉，CCD 记录生成的全息图。

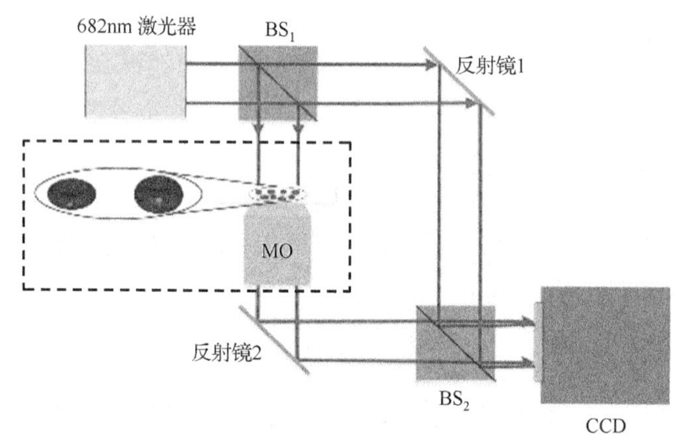

图 1.36　离轴数字全息显微成像系统测量不同形状 RBC 三维体积分布

美国杜克大学 Rinehart 等[113]设计了一套离轴数字全息系统并提出了一种数字重聚焦方法，通过定量指标评估焦平面并描述微观物体的方法，在尝试多种最佳焦平面的评估方法并对比每种方法的重建图像效果后，选择振幅方差最小化作为定量指标，由于其在评估物体透射的相位图像时，在深度方向聚焦清晰度与聚焦范围均具有较大优势，且计算量较小，可以找到理想的焦平面位置。其光学系统的分析与实现可根据图 1.37 所示结构进行描述，低相干激光器发射波长为 589nm 的黄光，分束器将黄光分为两束，由后向反射镜实现两束光的光程匹配，第一束光通过后向反射镜调整光程入射至 RBC 发生衍射，RBC 置于样品台上，样品台可移动以控制样品与焦平面的距离，衍射光经过显微物镜 MO (40×/0.75NA) 放大后作为放大物光入射至 CMOS；另一束光作为参考光通过后向反射镜调整光程经显微物镜 MO (40×/0.75NA) 放大后作为放大参考光与放大物光在 CMOS 上发生相干叠加形成全息图，由 CMOS 记录生成的全息图。

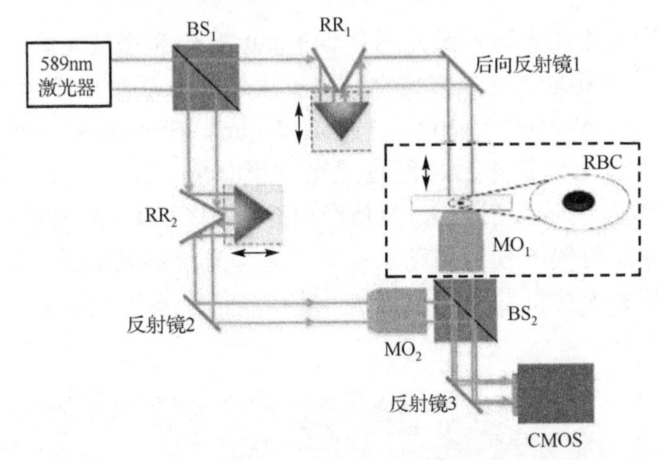

图 1.37 离轴数字全息显微系统研究散焦现象对 RBC 三维体积测量的影响

1.3.4 微颗粒检测与定位

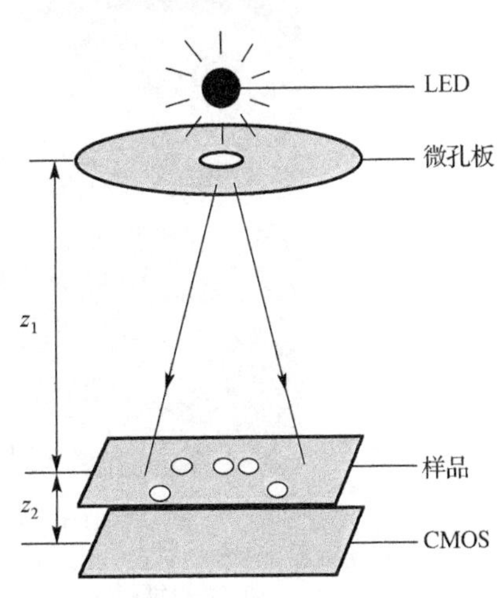

图 1.38 无透镜微粒成像原理

使用 LED 作为部分相干光源。如图 1.38 所示，假设部分相干光源经过直径为 D 的微孔后在 CMOS 检测面上形成了一个理想的相干波，其复振幅为 $i(x,y,z)$。微颗粒可以看作复振幅为 $s(x,y,z)$ 的散射体，则 CMOS 检测面上光场可以表示为 $i(x,y,z)+s(x,y,z)$，因此光场的复振幅可以表示为

$$[i(x,y,z)+s(x,y,z)]\cdot[i(x,y,z)+s(x,y,z)]^*$$
$$=i(x,y,z)^2+s(x,y,z)^2+2\text{Re}[i(x,y,z)\cdot s^*(x,y,z)] \tag{1.7}$$

式中，上标*表示共轭；$i(x,y,z)^2$ 表示背景光发生了衍射的强度信息，可以通过减背景全息图的方式消除；$s(x,y,z)^2$ 表示微颗粒的前向散射光，微颗粒的散射光主要由微颗粒的体积所决定，由于所用的微颗粒粒径较小，因而体积很小，所以该项的相对强度较小，可以忽略；$2\text{Re}[i(x,y,z)\cdot s^*(x,y,z)]$ 表示全息衍射图像，其中包括了散射场的相位信息，这些相位信息为全息衍射图像带来了不同的全息条纹，该项用于全息图的数字再现，以获得样品的真实样貌，同时，式(1.7)从理论上说明了全息图像的形成过程[114]。

1.3.5 表面三维形貌测量

2013 年，天津大学的雷海[115]搭建了离轴数字全息实验系统，如图 1.39 所示，

波长为640nm的高能红光固体激光器(L640-050-S)作为系统光源。激光束由分束镜分为两束光，一束光透过分束镜再经由扩束镜扩束后形成参考光入射到CCD(PX-2M30-L，$M\times N=1600\times1200$，$7.4\mu m\times7.4\mu m$，3frames/s)平面；另一束光经分束镜反射经由扩束镜扩束后再经过显微物镜(MO，Mitutoyo，NA$=0.42$，50倍)照射到被测物体表面反射回来，最后经由棱镜在CCD平面和参考光形成干涉。调整反射镜3和反射镜6使得离轴全息系统参考光与物光形成一定倾角θ；调整衰减器2和衰减器5使得参考光与物光形成清晰的全息图；在参考支路引入可调整透镜以补偿相位。

图1.39　离轴数字全息实验系统

1-高能红光固体激光器；2, 5-衰减器；3, 6, 9-反射镜；4, 13-分束镜；7, 8-扩束准直器；10, 12-透镜；11, 15-位移台；14-显微物镜；16-被测物体；17-CCD

2012年，北京工业大学的王羽佳[116]基于马赫-曾德尔干涉仪的结构，搭建了透射式离轴数字全息系统，系统所用CCD的分辨率为4872×3248，像元尺寸为7.4μm×7.4μm。实验光源分别为632.8nm、656nm、660nm和671nm波长的激光器，其中波长为632.8nm和671nm的激光器为单纵模激光器，波长为656nm和660nm的激光器为半导体激光器，实物图如图1.40所示，实验中将根据条件选用不同的组合。双波长数字全息装置示意图如图1.41所示，双波长数字全息装置实物图如图1.42所示。

两激光器发出的激光分别经扩束准直成为平面光后进入马赫-曾德尔干涉光路，非偏振宽带分束镜BS_1将激光各分为两束，之后要求两束波长的激光传输路径严格一致，其中一束通过被测物体作为物光，另一束作为参考光。之后两束光经非偏振宽带分束镜 BS_2 后呈一个较小的角度在 CCD 靶面干涉并被记录成数字全息图。

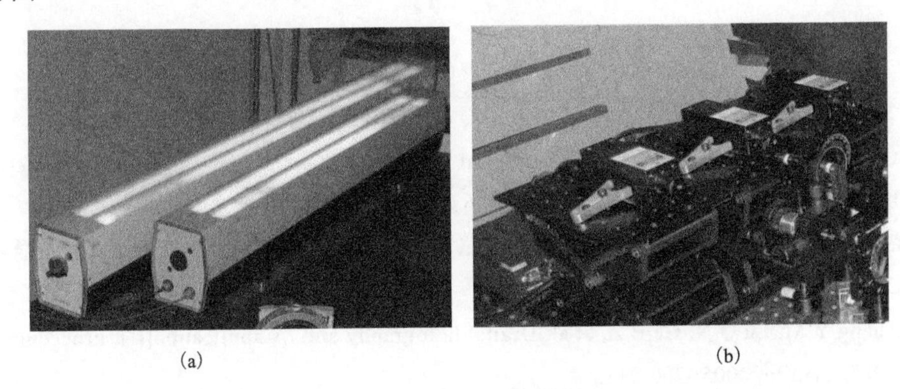

图 1.40　激光器实物图

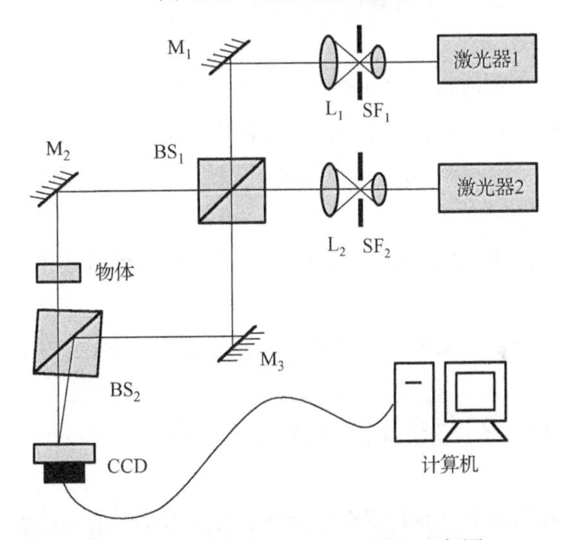

图 1.41　双波长数字全息装置示意图

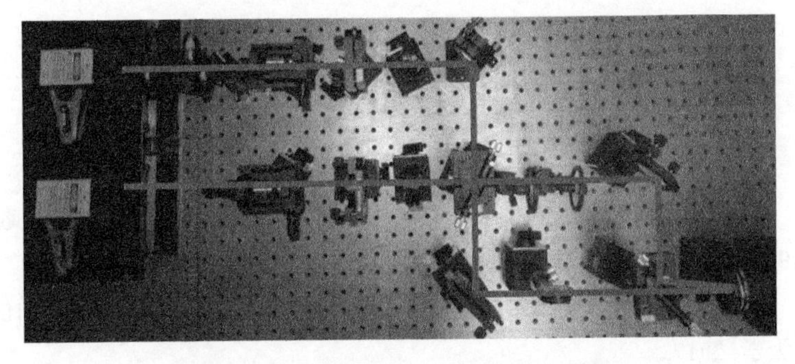

图 1.42　双波长数字全息装置实物图

参考文献

[1] 王继坤. 数字激光全息技术的应用与发展[J]. 中国品牌与防伪, 2007(6): 65-67.

[2] 易轩宇. 浅谈数字激光全息技术的应用与发展[J]. 技术与市场, 2015, 22(10): 83.

[3] Goodman J W, Lawrence R W. Digital image formation from electronically detected holograms[J]. Applied Physics Letters, 1967, 11(3): 77-79.

[4] 曹汉强, 朱光喜, 朱耀庭, 等. 一种基于超复数系的数字全息图像生成方法[J]. 光学学报, 2001(1): 114-117.

[5] Zhang Y M, Lu Q N, Ge B Z, et al. Digital holography and its application[C]. Proceedings of SPIE, Tianjin, 2005: 200-211.

[6] 张文辉, 曹良才, 金国藩. 大视场高分辨率数字全息成像技术综述[J]. 红外与激光工程, 2019, 48(6): 104-120.

[7] 刘秋兰. 基于照明调控的移频超分辨光学显微方法研究[D]. 杭州: 浙江大学, 2020.

[8] 宋舒杰. 结构光照明的荧光数字全息层析成像研究[D]. 北京: 北京工业大学, 2019.

[9] 宋舒杰, 万玉红, 韩影, 等. 结构光照明的自干涉数字全息层析成像[J]. 中国激光, 2019, 46(5): 398-404.

[10] 周兴, 但旦, 千佳, 等. 结构光照明显微中的超分辨图像重建研究[J]. 光学学报, 2017, 37(3): 10-21.

[11] 张文燕. 基于局域空心光束照明实现数字全息显微超分辨的应用研究[D]. 昆明: 昆明理工大学, 2018.

[12] 范琦, 赵建林, 向强, 等. 改善数字全息显微术分辨率的几种方法[J]. 光电子·激光, 2005(2): 226-230.

[13] 卜晓博. 基于光栅衍射的共路数字全息显微层析技术[D]. 金华: 浙江师范大学, 2020.

[14] 马玉芳, 桑杰, 白翠梅. 基于振幅光栅的数字全息光学成像系统[J]. 激光杂志, 2020, 41(9): 165-168.

[15] 林巧文. 数字全息显微成像提高分辨率机理及其实验研究[D]. 北京: 北京工业大学, 2017.

[16] 郭莎. 高分辨率微球数字全息成像方法研究[D]. 北京: 北京工业大学, 2016.

[17] 王仁德, 张亚萍, 王帆, 等. 基于环形光瞳的光学扫描全息系统实现边缘提取[J]. 中国激光, 2019, 46(1): 276-283.

[18] 张巧鸽. 基于环形光瞳滤波器的超分辨数字全息显微成像理论与实验研究[D]. 昆明: 昆明理工大学, 2017.

[19] 詹洁. 随机介质聚焦技术的研究及其在超分辨领域的应用[D]. 上海: 上海交通大学,

2018.
[20] 成祎珊. 随机介质的波前校正调控光束再聚焦算法与实验研究[D]. 成都: 电子科技大学, 2019.
[21] 杨虹, 黄远辉, 龚昌妹, 等. 散射介质超衍射极限技术研究进展[J]. 中国光学, 2014, 7(1): 1-25.
[22] 贾燕燕. 动态样品及活细胞的数字全息成像分辨率特性优化研究[D]. 北京: 北京工业大学, 2019.
[23] 胡萌萌. 基于亚像素级位移的超分辨率成像系统设计[D]. 西安: 西安工业大学, 2012.
[24] 吴凯, 吴学成, 赵亮. 超分辨率数字全息实验研究[J]. 光学技术, 2018, 44(1): 101-105.
[25] 赵亚迪, 曹晓华, 陈波, 等. 数字全息亚像素位移综合孔径方法[J]. 红外与激光工程, 2018, 47(6): 231-235.
[26] 李红燕, 马志俭, 钟丽云, 等. 一种相移合成孔径数字全息图高精度合成方法[J]. 光学学报, 2011, 31(5): 77-82.
[27] 杨峰, 朱磊, 李杨, 等. 分布式全息孔径成像系统分辨率分析[J]. 激光与光电子学进展, 2021, 58(6): 107-114.
[28] 李海英. 数字全息再现像分辨率的研究[D]. 大连: 大连理工大学, 2008.
[29] 万敏, 黎维华, 王大勇, 等. 连续太赫兹波合成孔径数字全息成像方法[J]. 太赫兹科学与电子信息学报, 2017, 15(3): 358-363.
[30] Xia P, Tahara T, Kakue T, et al. Performance comparison of bilinear interpolation, bicubic interpolation, and B-spline interpolation in parallel phase-shifting digital holography[J]. Optical Review, 2013, 20(2): 193-197.
[31] Miao L, Tahara T, Xia P, et al. Experimental demonstration of parallel phase-shifting digital holography under weak light condition[C]. Proceedings of SPIE-The International Society for Optical Engineering, San Francisco, 2014.
[32] Jiao S M, Zou W B. High-resolution parallel phase-shifting digital holography using a low-resolution phase-shifting array device based on image inpainting[J]. Optics Letters, 2017, 42(3): 482-485.
[33] 鄂雪飞, 冷俊敏. 并行相移数字全息条纹分析插值算法的设计[J]. 激光与光电子学进展, 2020, 57(16): 107-115.
[34] 邓丽军, 杨勇, 盖琦, 等. 基于数字全息层析术对单模光纤折射率三维分布的重构研究[J]. 光电子·激光, 2013, 24(9): 1774-1778.
[35] 徐强胜, 高瑞翔, 房鹤飞, 等. 基于数字全息层析的三维测量技术[J]. 上海计量测试, 2016, 43(3): 28-31.
[36] 袁操今, 翟宏琛, 王晓雷, 等. 采用短相干光数字全息术实现反射型微小物体的三维形

貌测量[J]. 物理学报, 2007, 56(1): 6.

[37] 于瀛洁, 王涛, 郑华东. 基于数字闪耀光栅的位相全息图光电再现优化[J]. 物理学报, 2009, 58(5): 3154-3160.

[38] 李俊昌, 张亚萍, 许蔚. 高质量数字全息波面重建系统研究[J]. 物理学报, 2009, 58(8): 5385-5391.

[39] 周文静, 于瀛洁, 倪萍. 基于菲涅耳近似实现数字全息相位再现的误差分析及抑制[J]. 光学精密工程, 2008, 16(5): 899-906.

[40] Zhou W, Xu Q, Yu Y, et al. Phase-shifting in-line digital holography on a digital micro-mirror device[J]. Optics and Lasers in Engineering, 2009, 47(9): 896-901.

[41] 袁媛媛. 数字全息衍射层析成像及其实验研究[D]. 北京: 北京工业大学, 2019.

[42] Chen L P, Lv X X. The recording of digital hologram at short distance and reconstruction using convolution approach[J]. Chinese Physics B, 2009, 18(1): 189.

[43] Shi D, Chen S, Wang R, et al. Automatic image-processing system and fast-reconstruction technique for holographic-interferometry computer tomography[J]. Applied Optics, 1995, 34(17): 3064-3068.

[44] 李俊昌, 熊秉衡. 图像模拟在白炽灯气体折射率全息 CT 测量中的应用[J]. 中国激光, 2005, 32(2): 252-256.

[45] Charrière F, Pavillon N, Colomb T, et al. Living specimen tomography by digital holographic microscopy: Morphometry of testate amoeba[J]. Optics Express, 2006, 14(16): 7005-7013.

[46] Charrière F, Marian A, Montfort F, et al. Cell refractive index tomography by digital holographic microscopy[J]. Optics Letters, 2006, 31(2): 178-180.

[47] Montfort F, Colomb T, Charrière F, et al. Submicrometer optical tomography by multiple-wavelength digital holographic microscopy[J]. Applied Optics, 2006, 45(32): 8209-8217.

[48] Bilski B J, Jozwicka A, Kujawinska M. 3D phase micro-object studies by means of digital holographic tomography supported by algebraic reconstruction technique[C]. Advanced Characterization Techniques for Optics, Semiconductors, and Nanotechnologies III. SPIE, 2007, 6672(1): 86-93.

[49] 周文静, 胡文涛, 郭路, 等. 少量投影数字全息层析重建实验研究[J]. 物理学报, 2010, 59(12): 8499-8511.

[50] Hays L. NASA astrobiology strategy 2015 [J/OL]. https://astrobiology.nasa.gov/nai/media/medialibrary/2015/10/NASA_Astrobiology_Strategy_2015_151008. pdf. [2021-10-14].

[51] Nadeau J L, Bedrossian M, Lindensmith C A. Imaging technologies and strategies for detection of extant extraterrestrial microorganisms[J]. Advances in Physics: X, 2018, 3(1):

1424032.

[52] Perkins R. Holographic imaging could be used to detect signs of life in space[J/OL]. https://www.caltech.edu/about/news/holographic-imaging-cloud-be-used-detect-signs-life-space-78931. [2017-07-20].

[53] Wallace J K, Rider S, Serabyn E, et al. Robust, compact implementation of an off-axis digital holographic microscope[J]. Optical Express, 2015, 23(13): 17367-17378.

[54] Serabyn E, Liewer K, Lindensmith C, et al. Compact, lensless digital holographic microscope for remote microbiology[J]. Optical Express, 2016, 24(25): 28540-28548.

[55] Bedrossian M, Wallace J K, Serabyn E, et al. Enhancing final image contrast in off-axis digital holography using residual fringes[J]. Optical Express, 2020, 28(11): 16764-16771.

[56] Sanchez-Ortiga E, Ferraro P, Martinez-Corral M, et al. Digital holographic microscopy with pure-optical spherical phase compensation[J]. Journal of the Optical Society of America A-Optics, Image Science, and Vision, 2011, 28(7): 1410-1417.

[57] 樊元朋. 水下并行相移数字全息成像系统的理论与实验研究[D]. 长春: 中国科学院长春光学精密机械与物理研究所, 2020.

[58] 邓定南. 数字全息显微定量相位测量技术研究[D]. 深圳: 深圳大学, 2018.

[59] Liu X R, Liu X Y, Meng H R, et al. Research on dynamic holographic microscopic imaging method for deep-sea in situ detection[C]. Conference on Optical Sensing and Imaging Technology, Beijing, 2020: 1156720.

[60] Kim T, Serabyn E, Schadegg M, et al. ELVIS: A correlated light-field and digital holographic microscope for field and laboratory investigations[J]. Microscopy Today, 2020, 28(3): 18-25.

[61] Liu J P, Tatsuki T, Yoshio H, et al. Incoherent digital holography: A review[J]. Applied Sciences, 2018, 8(1): 143.

[62] Remmersmann C, Stürwald S, Kemper B, et al. Phase noise optimization in temporal phase-shifting digital holography with partial coherence light sources and its application in quantitative cell imaging[J]. Applied Optics, 2009, 48(8): 1463-1472.

[63] Dubois F, Requena M L, Minetti C, et al. Partial spatial coherence effects in digitalholographic microscopy with a laser source[J]. Applied Optics, 2004, 43(5): 1131-1139.

[64] Caprio G D, Mallahi A E, Ferraro P, et al. 4D tracking of clinical seminal samples for quantitative characterization of motility parameters[J]. Biomedical Optics Express, 2014, 5(3): 690-700.

[65] Langehanenberg P, Bally G V, Kemper B. Application of partially coherent light in live cell imaging with digital holographic microscopy[J]. Journal of Modern Optics, 2010, 57(9):

709-717.

[66] Jeon S, Cho J, Jin J N, et al. Dual-wavelength digital holography with a single low-coherence light source[J]. Optics Express, 2016, 24(16): 18408-18416.

[67] Kemper B, Stuerwald S, Remmersmann C, et al. Characterisation of light emitting diodes (LEDs) for application in digital holographicmicroscopy for inspection of micro and nanostructured surfaces[J]. Optics and Lasers in Engineering, 2008, 46(7): 499-507.

[68] Quan X, Matoba O, Awatsuji Y. Single-shot incoherent digital holography using a dual-focusing lens with diffraction gratings[J]. Optics Letters, 2017, 42(3): 383-386.

[69] Pan F, Xiao W, Liu S, et al. Coherent noise reduction in digital holographic microscopy by laterally shifting camera[J]. Optics Communications, 2013, 292(1): 68-72.

[70] Kozacki T, Jóźwicki R. Digital reconstruction of a hologram recorded using partially coherent illumination[J]. Optics Communications, 2005, 252(1-3): 188-201.

[71] George N, Jain A. Speckle reduction using multiple tones of illumination[J]. Applied Optics, 1973, 12(6): 1202-1212.

[72] Nomura T, Okamura M, Nitanai E, et al. Image quality improvement of digital holography by multiple wavelengths or multiple holograms[J]. Applied Optics, 2008, 47(19): 38-43.

[73] Tahara T, Akamatsu T, Arai Y, et al. Algorithm for extracting multiple object waves without Fourier transform from a single image recorded by spatial frequency-division multiplexing and its application to digital holography[J]. Optics Communications, 2017, 402(1): 462-467.

[74] Lee J Y, Jeon S, Lim J S, et al. Dual-wavelength digital holography with a low-coherence light source based on a quantum dot film[J]. Optics Letters, 2017, 42 (24): 5082-5085.

[75] Javidi B, Ferraro P, Hong S H, et al. Three-dimensional image fusion by use of multiwavelength digital holography[J]. Optics Letters, 2005, 30(2): 144-146.

[76] Quan C G, Kang X, Tay C J. Speckle noise reduction in digital holography by multiple holograms[J]. Optical Engineering, 2007, 46(11): 115801.

[77] Rong L, Xiao W, Pan F, et al. Speckle noise reduction in digital holography by use of multiple polarization holograms[J]. Chinese Optics Letters, 2010, 8(7): 653-655.

[78] Xiao W, Zhang J, Rong L, et al. Improvement of speckle noise suppression in digital holography by rotating linear polarization state[J]. Chinese Optics Letters, 2011, 9(6): 3.

[79] Pan F, Xiao W, Liu S, et al. Coherent noise reduction in digital holographic phase contrast microscopy by slightly shifting object[J]. Optics Express, 2011, 19(5): 3862-3869.

[80] Pan F, Xiao W, Liu S, et al. Coherent noise reduction in digital holographicmicroscopy by laterally shifting camera[J]. Optics Communications, 2013, 292(1): 68-72.

[81] Panezai S, Zhao J, Wang Y, et al. Speckle suppression in off-axis lensless Fourier transform

digital holography[J]. Optics Communications, 2017, 397(2): 100-104.

[82] Sucerquia J G, Ramírez J A H, Prieto D V. Reduction of speckle noise in digital holography by using digital image processing[J]. Optik, 2005, 116(1): 44-48.

[83] Sharma A, Sheoran G, Jaffery Z A, et al. Improvement of signal-to-noise ratio in digital holography using wavelet transform[J]. Optics and Lasers in Engineering, 2008, 46(1): 42-47.

[84] Maycock J, McDonald J B, Hennelly B M. Speckle reduction of reconstructions of digital holograms using three dimensional filtering[J]. Optics Communications, 2013, 300(14): 142-155.

[85] Memmolo P P, Esnaola I, Finizio A, et al. SPADEDH: A sparsity-based denoising method of digital holograms without knowing the noise statistics[J]. Optics Express, 2012, 20(15): 17250-17257.

[86] Wiener N. Extrapolation, Interpolation, and Smoothing of Stationary Time Series[M]. New York: The Technology Press, 1950.

[87] Lee J S. Digital image enhancement and noise filtering by use of local statistics[J]. IEEE Transactions on Pattern Analysis and Machine Intelligence, 1980, 2(2): 165-168.

[88] Cao H, Yu X, Zhang J. A new algorithm fusing the fractal interpolation and the enhanced Lee filter and its application to the SAR image's denoising[C]. Proceedings of the 7th World Congress on Intelligent Control and Automation, Chongqing, 2008: 6778-6782.

[89] Leng J, Zhou J, Lang X, et al. Two-stage method to suppress speckle noise in digital holography[J]. Optics Review, 2015, 22(5): 844-852.

[90] Srivastava R, Gupta J, Parthasarthy H. Comparison of PDE based and other techniques for speckle reduction from digitally reconstructed holographic images[J]. Optics and Lasers in Engineering, 2010, 48(5): 626-635.

[91] Zhong H, Zhang J, Liu G. Robust polarimetric SAR despeckling based on nonlocal means and distributed Lee filter[J]. IEEE Transactions on Geoscience and Remote Sensing, 2014, 52(7): 4198-4210.

[92] Buades A, Coll B, Morel J M. A review of image denoising algorithms, with a new one[J]. Multiscale Model and Simulation, 2005, 4(2): 490-530.

[93] Buades A, Coll B, Morel J. A non-local algorithm for image denoising[C]. Proceedings of IEEE Computer Society Conference on Computer Vision and Pattern Recognition, 2005, 2(2): 60-65.

[94] Uzan A, Rivenson Y, Stern A. Speckle denoising in digital holography by nonlocal means filtering[J]. Applied Optics, 2013, 52(1): 195-200.

[95] Dabov K, Foi A, Katkovnik V, et al. Image denoising with block-matching and 3D filtering[J]. Proceedings of SPIE-The International Society for Optical Engineering, 2006, 6064: 354-365.

[96] Dabov K, Foi A, Katkovnik V, et al. Image denoising by sparse 3D transform-domain collaborative filtering[J]. IEEE Transactions on Image Processing, 2007, 16(8): 2080-2095.

[97] Montresor S, Picart P. Quantitative appraisal for noise reduction in digital holographic phase imaging[J]. Optical Express, 2016, 24(13): 14322-14343.

[98] Montresor S, Quehe P Y, Verhaeghe S, et al. Evaluation of denoising algorithms applied to the reduction of speckle in digital holography[C]. 23rd European Signal Processing Conference (EUSIPCO), Nice, 2015: 2316-2320.

[99] Leo M, Piccolo R, Distante C, et al. Multilevel bidimensional empirical mode decomposition: A new speckle reduction method in digital holography[J]. Optical Engineering, 2014, 53(11): 112314.

[100] Morimoto Y, Matui T, Fujigaki M, et al. Subnanometer displacement measurement by averaging of phase difference in windowed digital holographic interferometry[J]. Optical Engineering, 2007, 46(2): 025603.

[101] Hincapie D, Herrera-Ramirez J, Garcia-Sucerquia J. Single-shot speckle reduction in numerical reconstruction of digitally recorded holograms[J]. Optics Letters, 2015, 40(8): 1623-1626.

[102] Fukuoka T, Mori Y, Nomura T. Speckle reduction by spatial-domain mask in digital holography[J]. Journal of Display Technology, 2016, 12(4): 315-322.

[103] Zhang W, Cao L, Zhang H, et al. Quantitative study on a resampling mask method for speckle reduction with amplitude superposition[J]. Applied Optics, 2017, 56(13): 205-212.

[104] Haouat M, Sucerquia J G, Kellou A, et al. Reduction of speckle noise in holographic images using spatial jittering in numerical reconstructions[J]. Optics Letters, 2017, 42(6): 1047-1050.

[105] 王添，于佳，郭卜瑜，等. 基于数字全息显微的海洋浮游生物三维形貌快速重建方法研究[J]. 中国海洋大学学报(自然科学版), 2019, 49(2): 121-127.

[106] 刘惠萍，于佳，王添，等. 水下微生物的三维数字全息探测[J]. 激光与光电子学进展, 2014, 51(2): 88-91.

[107] 于晓涛. 基于离轴数字全息的水下微生物探测方法[D]. 合肥：合肥工业大学, 2018.

[108] 李京轩. 基于 Mach-Zehnder 干涉全息的水下微生物的检测. 合肥：合肥工业大学, 2020.

[109] 于佳，郭卜瑜，元光，等. 海洋原位数字全息浮游生物探测系统的小型化研究与试验[J]. 中国海洋大学学报(自然科学版), 2020, 50(S1): 78-83.

[110] Zakrisson J, Schedin S, Andersson M. Cell shape identification using digital holographic microscopy[J]. Applied Optics, 2015, 54(24): 7442-7448.

[111] Choi Y S, Lee S J. Three-dimensional volumetric measurement of red blood cell motion using digital holographic microscopy[J]. Applied Optics, 2009, 48(16): 2983-2990.

[112] Yi F, Lee C G, Moon I K. Statistical analysis of 3D volume of red blood cells with different shapes via digital holographic microscopy[J]. Journal of the Optical Society of Korea, 2012, 16(2): 115-120.

[113] Rinehart M T, Park H S, Wax A. Influence of defocus on quantitative analysis of microscopic objects and individual cells with digital holography[J]. Biomedical Optics Express, 2015, 6(6): 2067-2075.

[114] 郭康康，王志斌. 基于无透镜数字全息的显微成像系统[J]. 科学技术与工程，2018, 18(36): 6-11.

[115] 雷海. 基于数字全息显微技术的微结构表面形貌和微球位置测量研究[D]. 天津：天津大学, 2013.

[116] 王羽佳. 微结构表面形貌测量的双波长数字全息成像方法研究[D]. 北京：北京工业大学, 2012.

第 2 章　数字全息基本原理

2.1　数字全息图的记录与实现结构

数字全息术的记录方式与传统光学全息术波前记录基本相同，物光和参考光在全息图平面干涉叠加，产生干涉图。但数字全息术采用了 CCD 和 CMOS 等数字化光电成像器件对其进行抽样与数字化处理，以数字阵列形式记录全息图。用数字化的计算方法制作全息图可以更好地平衡图像的颜色，并对数量很大的组合图像进行记录。数字全息技术将主要应用在空间滤波、全息及莫瑞计量、光学全息的存储与处理及激光的扫描等方面，是一门正在发展中的新兴学科[1]。

2.1.1　观测目标数学模型

1. 全息记录

由于所有的记录介质都是记录光强的，无法记录相位信息。故使用干涉法，将相位的空间调制转化为强度的空间调制，才有可能实现完整的波前记录。

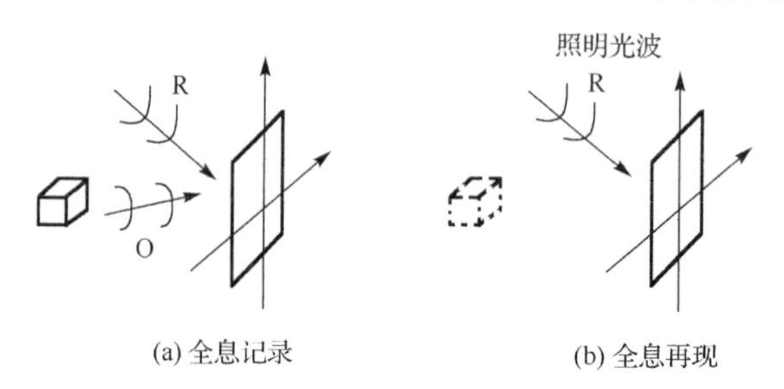

(a) 全息记录　　(b) 全息再现

图 2.1　全息记录和全息再现的示意图

O (object) 代表物体，R (reference) 代表参考光

如图 2.1 (a) 所示，设全息图 H 位于 xoy 平面上，物光波前在 H 上产生的复振幅分布为

$$O(x,y)=o_0(x,y)\mathrm{e}^{-\mathrm{j}\varphi_\mathrm{O}(x,y)} \tag{2.1}$$

引入相干的参考波，它在 H 上产生的复振幅分布为

$$R(x,y)=r_0(x,y)\mathrm{e}^{-\mathrm{j}\varphi_\mathrm{R}(x,y)} \tag{2.2}$$

H 上的总光场为

$$U(x,y)=O(x,y)+R(x,y) \tag{2.3}$$

强度分布为

$$I(x,y)=|U(x,y)|^2=|O(x,y)|^2+|R(x,y)|^2+O(x,y)R^*(x,y)+O^*(x,y)R(x,y) \tag{2.4}$$

或者

$$I(x,y)=|O(x,y)|^2+|R(x,y)|^2+2o_0(x,y)r_0(x,y)\times\cos[\varphi_{\mathrm{R}}(x,y)-\varphi_{\mathrm{O}}(x,y)] \tag{2.5}$$

全息图实际上是一幅干涉图，式(2.5)中的前两项是物光和参考光的强度分布；最后一项为干涉项。在干涉条纹的幅值(或衬度)及条纹位置的信息中，包含物光振幅和相位信息，它们分别受到参考光振幅和相位的调制。

不同的被测物体的透明度不同，我们可以将全息记录分为相干和非相干两种。在全息记录中，使用相干平面波照明一个高度透明的物体，其复振幅透过率可以表示为

$$t(x_0,y_0)=t_0+\Delta t(x_0,y_0) \tag{2.6}$$

式中，t_0 为平均透过率；Δt 表示在平均值附近的变化，$|\Delta t|\ll|t_0|$。其中，较强的 t_0 项可以看作未受影响的参考光，而物体产生较弱的 Δt 项则可以看作目标的物光 $O(x,y)$，显然 $|O(x,y)|\leqslant r_0$。在距离物体为 z_0 的位置放置底片，记录物体直接透射光与衍射光所产生的干涉图：

$$I(x,y)=|r_0+O(x,y)|^2=r_0^2+|O(x,y)|^2+r_0O(x,y)+r_0O^*(x,y) \tag{2.7}$$

在白光成像领域，由于白光是非相干光，而全息成像需要相干的成像系统。非相干全息术指从物体反射或发射的非相干光束相互干涉，由此产生的干涉图可以经数码相机记录和数字化处理得到全息图[2]。

非相干全息术的基本原理从本质上来说是利用某种独特的方式将每一物点的三维位置信息和强度信息编码于全息图。菲涅耳波带片(Fresnel zone plate，FZP)是一种广泛采用的编码方式。图 2.2 为非相干全息术点源全息图叠加示意图，利用适当分束方法实现点源全息图的记录，每个点源全息图是由来源于同一物点的光波被分为两束后干涉获得的，全息图具有菲涅耳波带片的结构，其中衍射分波元件与记录平面之间的距离 Z_i 满足菲涅耳近似条件，即记录平面处在物光场的菲涅耳衍射区之内[3]。

设物空间位置为 (x,y,z_1)，任意一个物点 O_1，记录平面 (x_c,y_c) 上得到的全息图强度分布为

$$
\begin{aligned}
I(x_c, y_c, z_1) &= C^2 + C^2\cos[\varphi(x_c - x, y_c - y, z_1)] \\
&= C^2 + \frac{1}{2}C^2\exp[\mathrm{j}\varphi(x_c - x, y_c - y, z_1)] \\
&\quad + \frac{1}{2}C^2\exp[-\mathrm{j}\varphi(x_c - x, y_c - y, z_1)]
\end{aligned}
\tag{2.8}
$$

式中，C^2 为一个含有物点强度信息的常量：

$$
\varphi(x_c - x, y_c - y, z_1) = \frac{\pi[(x_c - x)^2 + (y_c - y)^2]}{z_1\lambda}
\tag{2.9}
$$

式(2.9)表示了含有物点深度信息和横向位置信息的二次相位因子。

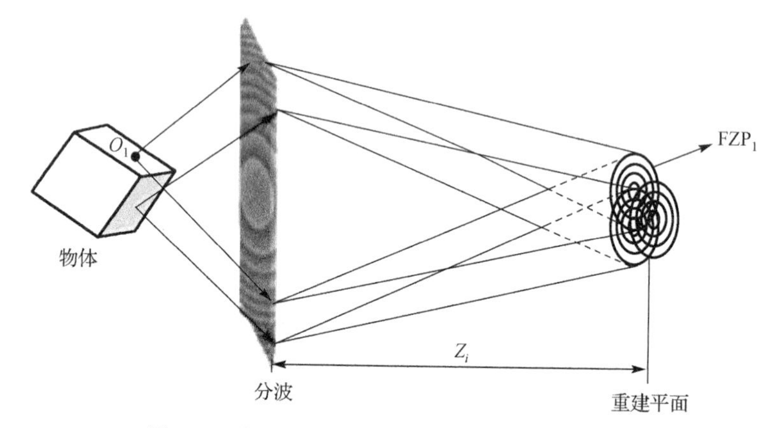

图 2.2　非相干全息术点源全息图叠加示意图

由式(2.8)可得单独物点的全息图，可以作为非相干数字全息系统记录过程的强度点扩散函数(point spread function，PSF)。对于非相干照明的一个连续分布的三维物体，若物光场分布为 $g(x, y, z)$，则物体的全息图为所有点源全息图的非相干叠加，即可以表示为物光场的分布与点源全息图的卷积积分：

$$
\begin{aligned}
H(x_c, y_c) = C^2 \iiint g(x, y, z)\Big\{ & 1 + \frac{1}{2}\exp[\mathrm{j}\varphi(x_c - x, y_c - y, z)] \\
& + \frac{1}{2}\exp[-\mathrm{j}\varphi(x_c - x, y_c - y, z)]\Big\}\mathrm{d}x\mathrm{d}y\mathrm{d}z
\end{aligned}
\tag{2.10}
$$

图像探测器件记录下来的是一个二维的强度场分布 $H(x_c, y_c)$。理论上，可以通过计算 $H(x_c, y_c)$ 的菲涅耳衍射积分实现物信息的三维再现。以基于 SLM 衍射分束的菲涅耳非相干相关数字全息术(Fresnel incoherent correlation holography，FINCH)为例，如图 2.3 所示。

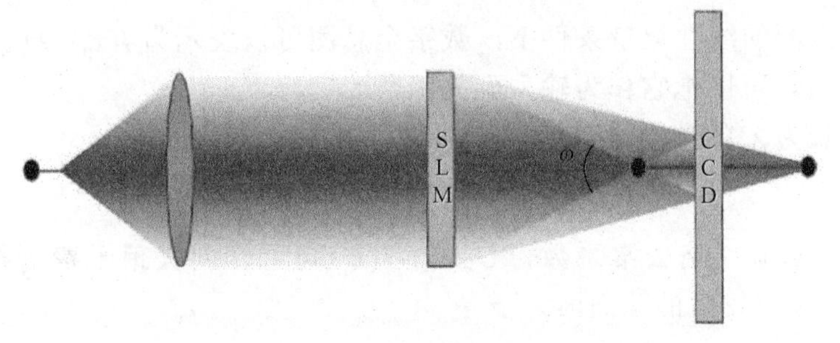

图 2.3 FINCH 系统记录示意图[4]

FINCH 是一种单通道、非扫描、无运动的快速记录三维物体的非相干数字全息技术，近年来，受到人们广泛关注[5]。FINCH 技术所涉及的全息图是菲涅耳自干涉全息图，即一个单点的全息图具有菲涅耳波带片的形式，由于点源全息图与菲涅耳波带片相关，所以称为菲涅耳相关全息图。FINCH 采用准单色的扩展照明光源，利用在相位型 SLM 上加载相位掩模的方法进行衍射分束和相移，实现了非相干全息图的记录，并通过与相干数字全息相同的重建方法来重构物体的三维信息[6]。如在 SLM 上加载两个球面波相位因子，在实际研究中，由于光源带宽和 CCD 尺寸的限制，相较于仅在 SLM 加载相位因子，白光菲涅耳非相干数字全息再现像的分辨率有显著提升，为高质量白光数字全息的记录和再现图提供重要的参考[7]。

2. 全息再现

在数字全息中，线性记录条件下，全息图复振幅为

$$H(x,y)=I(x,y)=|O(x,y)|^2+|R(x,y)|^2+2o_0(x,y)r_0(x,y)\times\cos[\varphi_{\rm R}(x,y)-\varphi_{\rm O}(x,y)] \tag{2.11}$$

数字全息术的记录装置记录全息图，波前再现通过计算机实现数字重建。

如图 2.1(b)所示，采用点源全息图记录光路，但用 CCD 探测器件代替全息记录干板。CCD 的阵列大小为 $X_0\times Y_0$，分辨率为 N_x 像素×N_y 像素，像素大小为 $\delta x_0\times\delta y_0$，关系为

$$\delta x_0=\frac{X_0}{N_x} \tag{2.12}$$

考虑填充因子 ν_x 和 ν_y，CCD 像素的光敏面为 $(\nu_x\times\delta x_0)\times(\nu_y\times\delta y_0)$。假定 $\nu_x=\nu_y=\nu$。为简单起见，讨论一维情况。一维 CCD 采样函数可以表示为

$$P(x_0)=\mathrm{rect}\left(\frac{x_0}{X_0}\right)\cdot\left[\mathrm{comb}\left(\frac{x_0}{\delta x_0}\right)\otimes\mathrm{comb}\left(\frac{x_0}{\nu\delta x_0}\right)\right] \tag{2.13}$$

在参考点源的线性记录条件下，数字全息图可以表示为$I(x_0)\cdot P(x_0)$。数字衍生重建分析时，可以把它作为输入面的函数。

若用波长为λ_2的球面波U_c照明全息图，则有

$$U(x_0)=U_c(x_0)\cdot I(x_0)\cdot P(x_0) \tag{2.14}$$

参见式(2.13)，略去常系数，$U_c(x_0)\cdot I(x_0)$可看作向夫琅禾费衍射图样中心$Q(x_i,y_i,z_i)$会聚或发散的球面波，于是

$$U(x_0)=\exp\left[\mathrm{j}\frac{\pi}{\lambda_2 z}(x_0^2+y_0^2)\right]\exp\left[-\mathrm{j}\frac{2\pi}{\lambda_2 z}(x_0x_i+y_0y_i)\right]\cdot P(x_0) \tag{2.15}$$

基于菲涅耳衍射，观察平面选择全息像面，得到$P(x_0)$的夫琅禾费衍射图样，中心位于$Q(x_i,y_i,z_i)$，即

$$U(x)=X_0\sin c\left[\frac{X_0(x-x_i)}{\lambda_2 z}\right]\otimes\delta x_0\mathrm{comb}\left[\frac{\delta x_0(x-x_i)}{\lambda_2 z}\right]\times\nu\delta x_0\sin c\left[\frac{\nu\delta x_0(x-x_i)}{\lambda_2 z}\right] \tag{2.16}$$

式中，第一项决定像点的横向分辨率为$\dfrac{2\lambda_2 z}{X_0}$，取决于 CCD 阵列的数值孔径。由于抽样，像点有周期性重复，周期为$\dfrac{\lambda_2 z}{\delta x_0}$，它应该大于输出面记录全息像的 CCD 阵列尺寸(假定也为X_0)，则可以导出：

$$z>\frac{X_0^2}{\lambda_2 N} \tag{2.17}$$

得到最小距离$z_{\min}$，由式(2.16)中第三项可知，当填充因子很小时，$\nu\to 0$，对整个像面幅值影响是均匀的。较大的ν导致全息像的渐晕(由中心向边缘衰减)，尤其对于更短的像距z，更是如此。

2.1.2 同轴全息图、Gabor 全息图、离轴全息图与微离轴全息图

1. 同轴全息图

如图 2.4 所示，同轴全息术中物光和参考光是分离的两束光，但沿同轴方向照射全息图平面，整个全息图的像素数可以充分地利用，而且菲涅耳衍射再现的最小距离更短，像的分辨率更高。

记录光路如图 2.4 所示，相干平面波照明一个高度透明的物体，其复振幅透过率可以表示为

$$t(x_0,y_0)=t_0+\Delta t(x_0,y_0) \tag{2.18}$$

式中，t_0为平均透过率；Δt表示在平均值附近的变化，$|\Delta t| \ll |t_0|$。

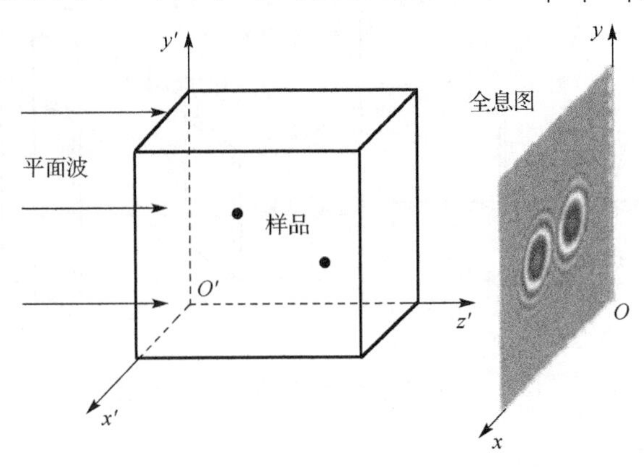

图 2.4 同轴全息图的记录和再现

部分平面波r_0透过平均透过率t_0的被测物产生均匀较强光为参考光r_1，透过变化透过率Δt被测物产生衍射光为物光$O(x,y)$，在距离物体为z_0的位置，放置底片记录物体直接透射光与衍射光所产生的干涉图，曝光光强为

$$I(x,y)=|r_1+O(x,y)|^2=r_1^2+|O(x,y)|^2+r_1O(x,y)+r_1O^*(x,y) \tag{2.19}$$

在数字全息中，使用 CCD 接收全息图，其透过率可以表示为$I(x,y)\cdot P(x,y)$。使用振幅为C_0的平面波垂直照明全息图。透射光场为

$$\begin{aligned}U_t(x,y)=C_0|r_0+O(x,y)|^2\cdot P(x,y)&=C_0r_0^2P(x,y)+C_0|O(x,y)|^2P(x,y)\\&+C_0r_0O(x,y)P(x,y)+C_0r_0O^*(x,y)P(x,y)\end{aligned} \tag{2.20}$$

式(2.20)中第一项是透过全息图的均匀衰减的平面波；第二项是正比于弱的衍射光光强，可以忽略不计；第三项和第四项分别再现出原始物光波前及其共轭。它们的传播将在全息图两侧距离为z_0的对称位置产生物体的虚像和实像，称为孪生像。因此在同轴全息中，零级项和共轭像将对再现的原始图像造成干扰，需结合相移技术进行噪声抑制。

2. Gabor 全息图

Gabor 全息术属于同轴全息类型。如图 2.5 所示，参考光和物光来自同一光束，没有分离的参考光。物体散射或衍射的那部分光作为物光，其余没有散射或衍射的光作为参考光。物体越小，参考光受到的干扰越小，这种方法越有效。

由于这个限制条件，而且光路简单，Gabor 全息术对于粒子场、细纤维和微生物的全息显微成像特别有用。例如，对于运动粒子场或者微生物拍摄，连续两

个全息图之差可以完全减去背景光，可以清晰地显露粒子或微生物的运动。由于对再现像采用显微观察，孪生像完全离焦，可以不考虑。

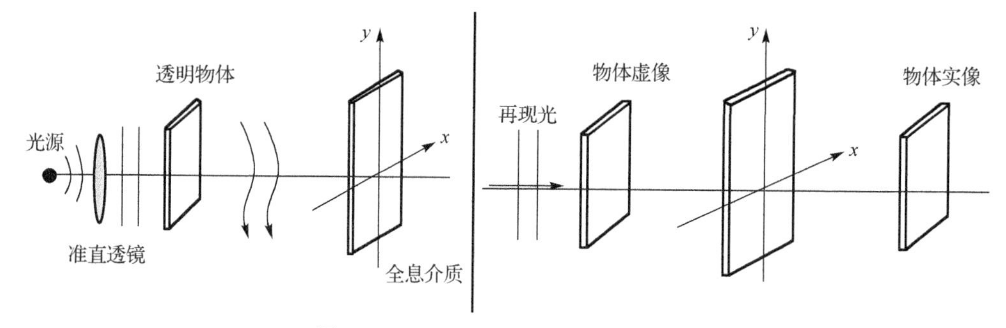

图 2.5　Gabor 全息图的记录和再现

3. 离轴全息图

为了消除同轴全息图存在孪生像的问题，业内提出了离轴全息图。

离轴全息记录的光路示意图如图 2.6 所示，一束光照射物体并透过物体为物光，一束光以倾角 θ 投射到底片 H 上为参考光。假设物体所在物平面的直角笛卡儿坐标为 (x_0,y_0)，图像传感器所在的记录面的直角笛卡儿坐标为 (x,y)，物平面到记录平面的记录为 z。则波长为 λ 的物光经过衍射传播后到达记录面的复振幅可以表示为

$$O(x,y)=\exp\left[\frac{\mathrm{j}k}{2z}(x^2+y^2)\right]\iint O_0(x_0,y_0)\exp\left[\frac{\mathrm{j}k}{2z}(x_0^2+y_0^2)\right]\times\exp\left[-\frac{\mathrm{j}k}{2z}(xx_0+yy_0)\right]\mathrm{d}x_0\mathrm{d}y_0 \tag{2.21}$$

式中，$O(x,y)$ 为物光振幅分布；$k=\dfrac{2\pi}{\lambda}$ 为波数。

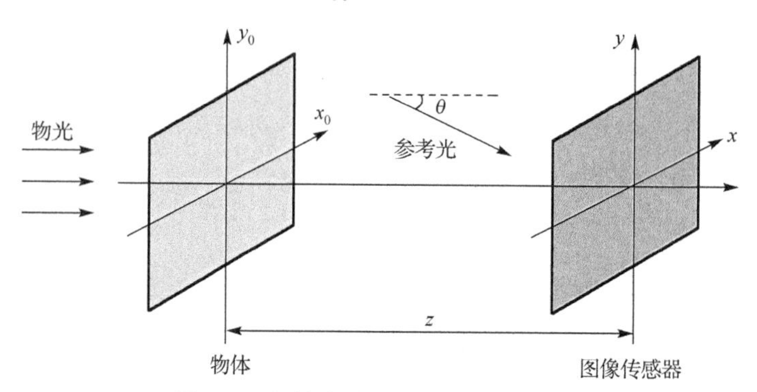

图 2.6　离轴全息记录的光路示意图

与物光相干涉的参考光在记录面上的振幅分布可以表示为

$$R(x,y)=R_0\exp(-\mathrm{j}2\pi\alpha y) \tag{2.22}$$

式中，α 为参考波的空间频率，且

$$\alpha=\frac{\sin\theta}{\lambda} \tag{2.23}$$

物光波前和参考光波前在记录面干涉形成全息图，总的复振幅分布为

$$U(x,y)=R(x,y)+O(x,y) \tag{2.24}$$

强度分布为

$$\begin{aligned}H(x,y)=\left|U(x,y)\right|^2=\left|R(x,y)+O(x,y)\right|^2=\left|R(x,y)\right|^2\\+\left|O(x,y)\right|^2+R^*(x,y)O(x,y)+R(x,y)O^*(x,y)\end{aligned} \tag{2.25}$$

式中，前两项可以表示为零级衍射项，第三项和第四项分别表示为+1 级衍射项和 −1 级衍射项。其中+1 级衍射项可以表示为

$$H^{+1}(x,y)=R(x,y)O^*(x,y)=O(x,y)R_0(x,y)\exp\left[\mathrm{j}2\pi\frac{\sin\theta}{\lambda}y\right] \tag{2.26}$$

−1 级衍射项表示为

$$H^{-1}(x,y)=[H^{+1}(x,y)]^* \tag{2.27}$$

在数字全息中，使用 CCD 接收全息图，其透过率可以表示为 $H(x,y)\times P(x,y)$。其中 $P(x,y)$ 为图像采集器的采样函数。

数字全息术中离轴菲涅耳全息术和光学离轴全息术基本相同。在菲涅耳区内，物体距离全息图平面距离有限。参考波一般采用平面波。在物体原始位置和全息图的镜像位置生成全息像，如图 2.7 所示。

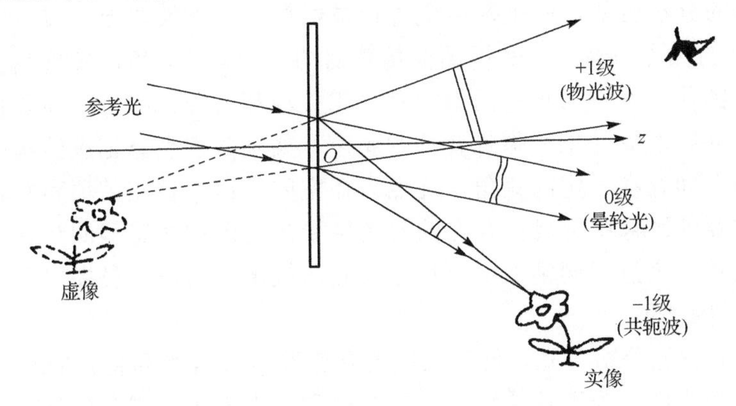

图 2.7　离轴全息术的全息像示意图

为了使两成像光束及晕轮光能有效分离，参考光和物光需要满足最小参考角条件。记录离轴全息图时参考角应满足：

$$\sin\theta \geqslant 3f_M\lambda \tag{2.28}$$

式中，f_M 为物体最高空间频率。

若参考波为球面波，像的位置和放大可以根据记录距离 d 来确定(图 2.8)。

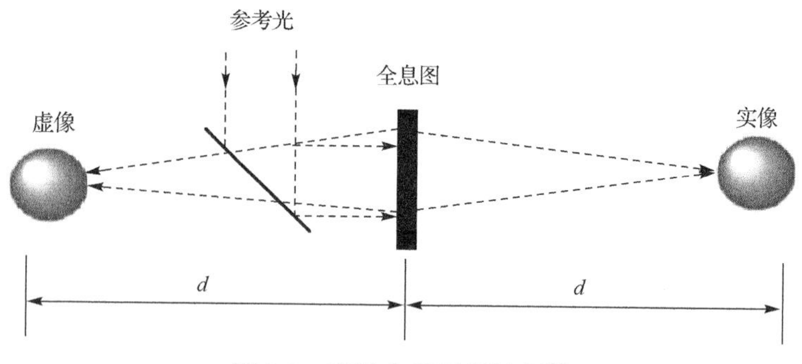

图 2.8　离轴全息再现过程[8]

4. 微离轴全息图

根据全息记录结构中物光光束和参考光光束的相对方向，全息成像通常分为同轴全息和离轴全息两种类别。同轴全息术需要减小或去除直流项和孪生像的影响。部分抑制直流项的方法包括：减去整个全息图的平均强度；在频域采用高通滤波器去掉零频。去掉孪生像需要采用一些特殊的方法，如相移多次曝光法等。离轴全息术虽然避免了直流项和全息像的重叠，但实际上会减小全息图的信息量，由于引入高频载波增大了带宽要求，对全息成像有效的像素只能达到总像素的1/4，而像素数对于数字全息图是很珍贵的。

由上面的分析可知，同轴数字全息记录结构中，物波与参考波方向的夹角设置为接近0°的优点为充分地利用图像传感器的分辨能力，可以实现具有高空间分辨率的重建图像；缺点为重建图像常有自相关项和共轭像噪声，需要使用相移操作或者其他耗时的算法来消除或者抑制噪声。离轴数字全息记录结构中，物波与参考波方向之间存在一定的夹角，优点为在空间频谱中自相关项和共轭像能够很好地从所需要的图像中分离；存在的问题主要是对图像传感器的带宽要求较高。为了在离轴数字全息和同轴数字全息之间做出权衡，科研人员提出了微离轴数字全息的方案(图 2.9)。

由前面的理论分析可知，同轴数字全息光路中参考光和物光的夹角为0°；离轴数字全息光路中，为了使共轭像、零级项和中央零级项完全分离，因此，参考光与物光的最小夹角为

$$\theta = \arcsin(M_{\min}) \tag{2.29}$$

若物光波的最大空间频率为 f_M，则空间载频需要大于 $3f_M$，对图像传感器的带宽要求为大于 $4f_M$。数字全息图的空间频谱分布如图 2.10 所示。

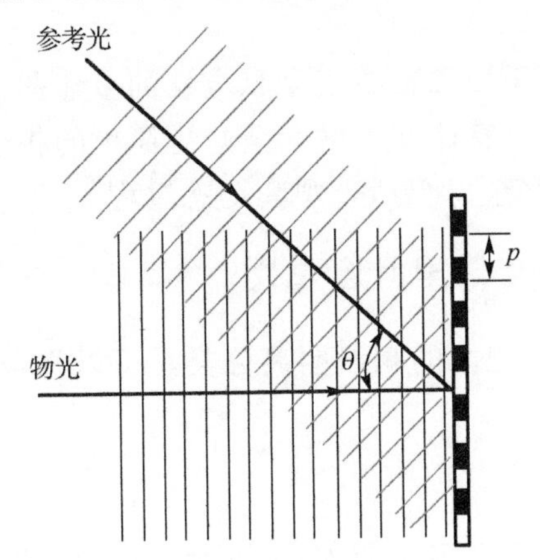

图 2.9　微离轴数字全息示意图[9]

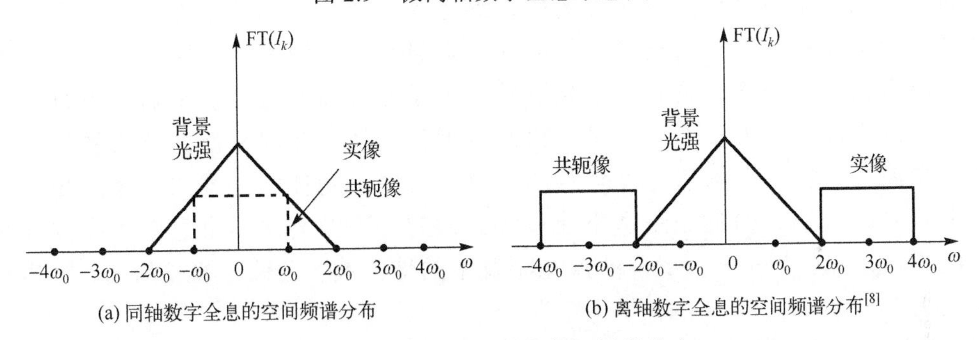

图 2.10　数字全息图的空间频谱分布

微离轴干涉光路结构中，通过设置物光和参考光的角度 θ 来调整条纹的疏密进而达到调整数字全息图频谱中实像和共轭像频谱的分离程度的目的，微离轴全息空间频谱分布如图 2.11 所示。

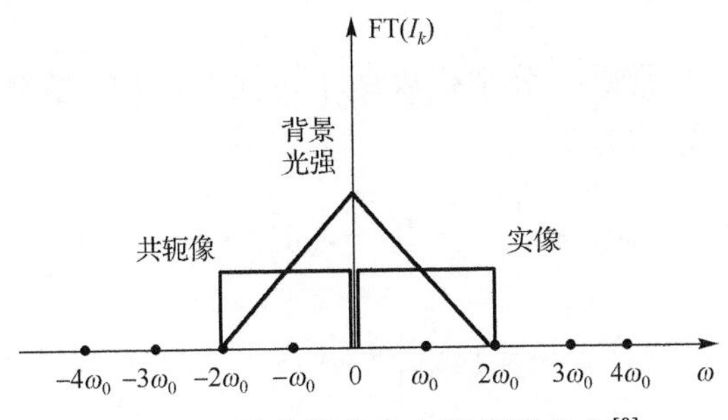

图 2.11　微离轴全息空间频谱分布[8]

采用微离轴数字全息记录结构具有以下优势。

(1)微离轴数字全息方法不再需要将物光的空间频率完全地从自相关项分离，也就是说，将参考光束的空间频率设置为等于或稍大于所记录的物波的最大空间频率就足够了。

(2)可以大大提高基于微离轴数字全息方法的重建图像的横向分辨率。

(3)微离轴数字全息具有比同轴数字全息更简单的相位恢复过程，因此微离轴数字全息相较于同轴数字全息更适合观察动态过程[8]。

2.1.3 菲涅耳全息图与傅里叶全息图

按照记录物体与相机靶面的相对距离分类，可以将全息图分为菲涅耳全息图和傅里叶全息图。

1. 菲涅耳全息图

全息记录时，使全息图平面位于物体衍射光场的菲涅耳衍射区(近场)，记录平面上物光分布为物体的菲涅耳衍射，参考光分布为已知的平面波或球面波，物光与参考光干涉得到的全息图是菲涅耳全息图。菲涅耳全息图适合记录三维的漫反射物体。全息记录时，激光器发出的激光分为两束，扩束后一束直接照射全息图平面，作为参考光。另一束照射物体，经过菲涅耳衍射作为物光，物光和参考光干涉，得到菲涅耳全息图，可以再现出物体的三维像。考虑物体上一个点光源(x_0,y_0,z_0)的记录和重建过程。假定参考波与照明全息图的光波分别为位于(x_R,y_R,z_R)和(x_c,y_c,z_c)的点光源发出的球面波。记录时波长为λ_1，重建时波长为λ_2。

如图 2.12 所示，底片H相对于物体的距离满足菲涅耳近似(得到的将是菲涅耳全息图)。利用二次型近似写出两个球面波在H上的总光场为

$$U(x,y)=r_0\exp\left\{\mathrm{j}\frac{\pi}{\lambda_1 z_R}[(x-x_R)^2+(y-y_R)^2]\right\}+o_0\exp\left\{\mathrm{j}\frac{\pi}{\lambda_1 z_0}[(x-x_0)^2+(y-y_0)^2]\right\} \tag{2.30}$$

式中，r_0和o_0是两个复常数，分别代表两个球面波的相对振幅和相位。

干涉图样的强度分布为

$$\begin{aligned}I(x,y)=&|r_0|^2+|o_0|^2+r_0o_0^*\exp\left\{\mathrm{j}\frac{\pi}{\lambda_1 z_R}[(x-x_R)^2+(y-y_R)^2]\right.\\&\left.-\mathrm{j}\frac{\pi}{\lambda_1 z_0}[(x-x_0)^2+(y-y_0)^2]\right\}+r_0^*o_0\exp\left\{-\mathrm{j}\frac{\pi}{\lambda_1 z_R}[(x-x_R)^2+(y-y_R)^2]\right.\end{aligned}$$

$$+\mathrm{j}\frac{\pi}{\lambda_1 z_0}[(x-x_0)^2+(y-y_0)^2]\Bigg\} \tag{2.31}$$

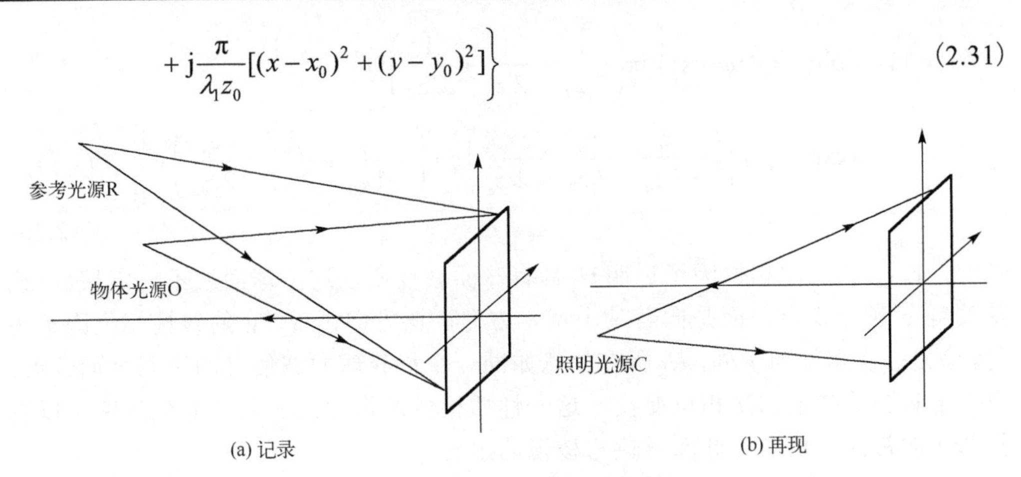

图 2.12　点源全息图的记录和再现

在数字全息中，线性记录条件下，对全息成像有意义的是式(2.31)的后两项，即

$$t_3=r_0o_0^*\exp\left\{\mathrm{j}\frac{\pi}{\lambda_1 z_\mathrm{R}}[(x-x_\mathrm{R})^2+(y-y_\mathrm{R})^2]-\mathrm{j}\frac{\pi}{\lambda_1 z_0}[(x-x_0)^2+(y-y_0)^2]\right\} \tag{2.32}$$

$$t_4=r_0^*o_0\exp\left\{-\mathrm{j}\frac{\pi}{\lambda_1 z_\mathrm{R}}[(x-x_\mathrm{R})^2+(y-y_\mathrm{R})^2]+\mathrm{j}\frac{\pi}{\lambda_1 z_0}[(x-x_0)^2+(y-y_0)^2]\right\} \tag{2.33}$$

设二维CCD采样函数可以表示为$P(x,y)$，则数字全息图可以表示为$t_3\cdot P(x,y)$和$t_4\cdot P(x,y)$。数字衍射重建时，可当作输入面函数。

照明全息图的球面波为

$$U_c(x,y)=c_0\exp\left\{\mathrm{j}\frac{\pi}{\lambda_2 z_c}[(x-x_c)^2+(y-y_c)^2]\right\} \tag{2.34}$$

则全息图中t_3和t_4项产生的衍射光波是我们所需要的波前，其中：

$$\begin{aligned}U_3(x,y)=t_3\cdot P(x,y)\cdot U_c(x,y)=r_0o_0^*c_0\exp\Bigg\{&\mathrm{j}\frac{\pi}{\lambda_1 z_\mathrm{R}}[(x-x_\mathrm{R})^2+(y-y_\mathrm{R})^2]\\&-\mathrm{j}\frac{\pi}{\lambda_1 z_0}[(x-x_0)^2+(y-y_0)^2]+\mathrm{j}\frac{\pi}{\lambda_2 z_c}[(x-x_c)^2+(y-y_c)^2]\Bigg\}\cdot P(x,y)\end{aligned} \tag{2.35}$$

对x、y的一次项和二次项分别进行整理，并把与$(x_0^2+y_0^2)$、$(x_\mathrm{R}^2+y_\mathrm{R}^2)$、$(x_c^2+y_c^2)$有关的而与$x$、$y$无关的常数相位因子表示为$\exp(\mathrm{j}\varphi)$，则式(2.35)可写为

$$U_3(x,y)=r_0o_0^*c_0\exp(\mathrm{j}\varphi)\exp\left[\mathrm{j}\pi\left(\frac{1}{\lambda_1 z_{\mathrm{R}}}-\frac{1}{\lambda_1 z_0}+\frac{1}{\lambda_2 z_c}\right)(x^2+y^2)\right]$$
$$\times\exp\left\{-\mathrm{j}2\pi\left[\left(-\frac{x_0}{\lambda_1 z_0}+\frac{x_{\mathrm{R}}}{\lambda_1 z_{\mathrm{R}}}+\frac{x_c}{\lambda_2 z_c}\right)x+\left(-\frac{y_0}{\lambda_1 z_0}+\frac{y_{\mathrm{R}}}{\lambda_1 z_{\mathrm{R}}}+\frac{y_c}{\lambda_2 z_c}\right)y\right]\right\}\cdot P(x,y) \tag{2.36}$$

式中，x、y 的二次相位因子说明U_3具有球面波性质，这个球面波不一定聚到(或发散自)z 轴上某点，而是向着某个特定方向。该方向由 x、y 的线性相位因子决定。除去二次相位因子外，U_3所有信息如同一个承载球面波信息的空间平面载波。由于全息图能产生二次相位变换，这一性质很像波带片，所以点源全息图可以看作基元波带片。相当于球面透镜与棱镜的组合。

同理：

$$U_4(x,y)=r_0^*o_0c_0\exp(\mathrm{j}\varphi')\exp\left[\mathrm{j}\pi\left(-\frac{1}{\lambda_1 z_{\mathrm{R}}}+\frac{1}{\lambda_1 z_0}+\frac{1}{\lambda_2 z_c}\right)(x^2+y^2)\right]$$
$$\times\exp\left\{-\mathrm{j}2\pi\left[\left(\frac{x_0}{\lambda_1 z_0}-\frac{x_{\mathrm{R}}}{\lambda_1 z_{\mathrm{R}}}+\frac{x_c}{\lambda_2 z_c}\right)x+\left(\frac{y_0}{\lambda_1 z_0}-\frac{y_{\mathrm{R}}}{\lambda_1 z_{\mathrm{R}}}+\frac{y_c}{\lambda_2 z_c}\right)y\right]\right\}\cdot P(x,y) \tag{2.37}$$

U_3和U_4能够产生实的或虚的像点。若将物体上每一个点源产生的球面波都与参考波干涉产生各自的基元波带片，全息图是大量结构不同的基元波带片的线性组合。重构时它们各自产生自己的一对像点，从而能综合出物体的原始像和共轭像。

物体离开全息图平面有限距离，在菲涅耳区，参考波一般使用平面波，在物体原始位置和全息图的镜像位置生成全息像。若参考波为球面波，可以参考点源全息图，确定像的位置和放大率。

2. 傅里叶全息图(无再现)

如图 2.13 所示，记录和再现的光路与傅里叶变换全息图基本相同或采用无透镜傅里叶全息术方法记录。数字重建仅仅需要对记录全息图进行单次傅里叶变换。若采用无透镜傅里叶全息术，物体可以靠近 CCD 放置，提高了数值孔径和分辨率，但当不符合抽样频率要求时，再现会引入像差。

利用透镜的傅里叶变换性质产生物体的频谱，并引入参考波与之干涉，就得到了傅里叶变换全息图，通常用于记录透射的平面物体。平面波照射位于透镜前焦面的物体。相干参考点源与物光光源在同一平面上，参考点源距离光轴为 b。前焦面上总的光场为

$$U(x_0,y_0)=g(x_0,y_0)+r_0\delta(x_0,y_0+b) \tag{2.38}$$

式中，g 正比于物体的复振幅透过率。

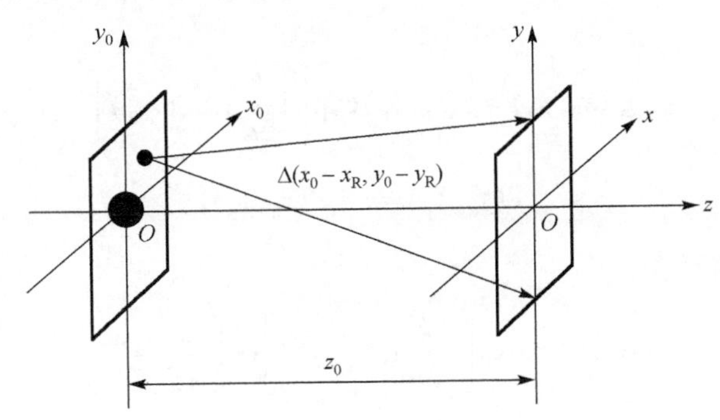

图 2.13　无透镜傅里叶变换全息示意图

在后焦面上得到物体频谱与平面参考波相干涉，略去常系数，后焦面上的光场可以表示为

$$U(f_x,f_y)=G(f_x,f_y)+r_0\exp(\mathrm{j}2\pi bf_y) \tag{2.39}$$

式中，$f_x=\dfrac{x}{\lambda f}$，$f_y=\dfrac{y}{\lambda f}$，f 为透镜焦距。

记录的光强分布为

$$I(f_x,f_y)=r_0^2+|G|^2+r_0G\exp(-\mathrm{j}2\pi bf_y) \tag{2.40}$$

在离轴情况下，满足观察平面上的原始像、共轭像和晕轮光分开的条件，记录时最小参考角应满足：

$$\theta=\frac{3}{2}\frac{Y}{f_{\min}} \tag{2.41}$$

式中，Y 为物体 y 方向上的宽度。

无透镜傅里叶变换全息图拍摄不需要采用透镜，记录光路如图 2.13 所示。

物体的复振幅透过率为 $g(x_0,y_0)$。记录介质与之平行，相距为 d。参考点源与物体位于同一平面，距离物体中心距离为 b。略去常数因子，参考光波和物光波在记录介质上的场分布分别为

$$R(x,y)=\exp\left[\mathrm{j}\frac{k}{2d}(x^2+y^2)\right]\exp\left(\mathrm{j}2\pi\frac{yb}{\lambda d}\right) \tag{2.42}$$

$$O(x,y)=\exp\left[\mathrm{j}\frac{k}{2d}(x^2+y^2)\right]g(x_0,y_0)\exp\left[\mathrm{j}\frac{k}{2d}(x_0^2+y_0^2)\right]$$

$$\times \exp\left[-\mathrm{j}\frac{2\pi}{\lambda d}(xx_0 + yy_0)\right]\mathrm{d}x_0\mathrm{d}y_0 \tag{2.43}$$

令

$$g'(x_0, y_0) = g(x_0, y_0)\exp\left[\mathrm{j}\frac{k}{2d}(x_0^2 + y_0^2)\right]$$

$$G'(f_x, f_y) = F\{g'(x_0, y_0)\} \tag{2.44}$$

则式(2.43)可以简写为

$$O(x, y) = \exp\left[\mathrm{j}\frac{k}{2d}(x^2 + y^2)\right]G'\left(\frac{x}{\lambda d}, \frac{y}{\lambda d}\right) \tag{2.45}$$

记录的光强分布为

$$I(x, y) = |O(x, y) + R(x, y)|^2 = |O(x, y)|^2 + |R(x, y)|^2 + O(x, y)R^*(x, y) + O^*(x, y)R(x, y) \tag{2.46}$$

2.2　全息图直流项与孪生像抑制

数字全息的再现结果包括零级项、再现像和共轭像。式(2.46)中的第一项和第二项合起来构成零级衍射斑，第三项为再现像，第四项是共轭像。零级项和共轭像的存在对再现像的分辨率会造成很大的影响，特别是零级项，由于占据了很大一部分能量所以在屏幕中央形成一个大亮斑，导致再现像的质量严重下降。为了消除零级项，目前已有多种实验及数值消零级方法[10]。

2.2.1　离轴全息滤波法

全息滤波是指在全息系统中加入光学滤波器从而在频谱空间实现光学信号的处理。离轴全息记录过程中采用高通滤波器可以消除再现像的背景，主要采用 4F 光学传输系统及空间滤波器实现光学信息的滤波处理，如图 2.14 所示。

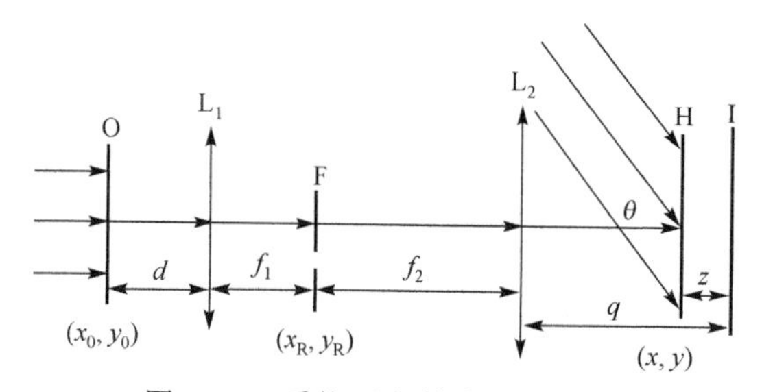

图 2.14　系统下离轴全息示意图

离轴全息由于能实现±1 级衍射像与零级项在空间上的分离而被重视，但在对其进行数字再现时，共轭像与零级项仍将对再现像造成干扰，特别是零级干扰像，由于其占有绝大部分的光能量，从而使真实像对比度下降，不宜观察与测量。基于空间域的滤波方法由于计算简单，只需记录一幅全息图，且不需要添加相移设备，适用于动态探测而被广泛地应用于数字全息中。

4F 光学传输系统本质上是一个望远系统，由前后两个透镜组组成，前透镜组的像方焦点与后透镜组的物方焦点重合，该重合平面即为频谱面。光线通过透镜组时进行傅里叶变换，实现空域与频域之间的转换。前透镜组通过一次傅里叶变换将物光场由空域变换到频域，得到物光场的频谱信息，由于前透镜组的后焦面与前焦面重合，后透镜组通过第二次傅里叶变换将频谱信息变回到空域，得到原来的物光场。前后透镜组重合的焦平面被称为 4F 光学传输系统的中间焦平面，也就是物信息的频谱面，在该面上设置光阑，能够对频率信息进行选择，这类结构称为空间滤波器[11]。

按照滤波器的截取频率范围，可以分为高通滤波器、低通滤波器和带通滤波器。在 4F 频谱面上放置一个圆盘形的高通滤波器可以实现对物光频域的滤波处理。

2.2.2　相移数字全息

同轴全息术可以利用全像素产生全息像，但直流项和孪生像会在像上重叠。在同轴全息术的基础上，采用相移数字全息术，如图 2.15 所示，可以有效地去掉这些项。通过相移干涉的方法得到全息图平面的复数光场，再通过数字衍射方法得到任意平面的复数光场。

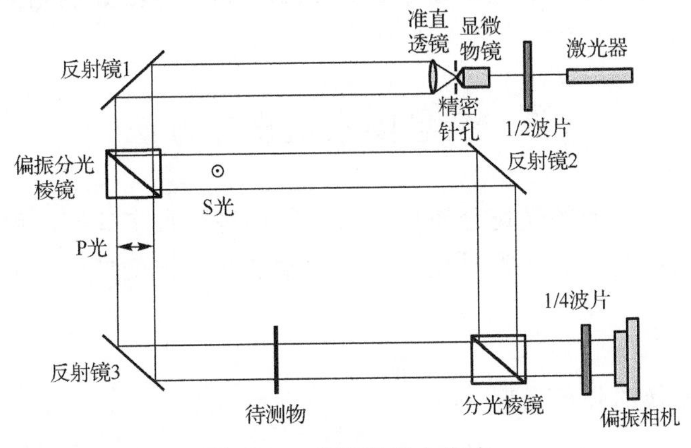

图 2.15　相移数字全息术

设参考波正入射全息图平面。全息图平面上物光和参考光分别表示为

$$E_O(x,y)=E_O(x,y)\exp[\mathrm{j}\phi(x,y)]$$

$$E_R(x,y)=E_R\exp(\mathrm{j}\psi) \tag{2.47}$$

干涉光强为

$$I(x,y)=\left|E_O+E_R\right|^2=E_R^2+E_O^2(x,y)+2E_RE_O(x,y)\cos[\phi(x,y)+\psi] \tag{2.48}$$

通过改变反射镜的角度，可以对参考光相位实现精密的相移。假定参考光引入四步相移，在四个偏振角度$\psi=0$、π/2、π、3π/2背景下分别得到4个全息图：

$$I_0=E_R^2+E_O^2+2E_RE_O\cos\phi$$

$$I_{\frac{\pi}{2}}=E_R^2+E_O^2-2E_RE_O\sin\phi$$

$$I_{\pi}=E_R^2+E_O^2-2E_RE_O\cos\phi$$

$$I_{\frac{3\pi}{2}}=E_R^2+E_O^2+2E_RE_O\sin\phi \tag{2.49}$$

通过简单的计算，即可得到物光的振幅和相位分布：

$$E_O(x,y)=\frac{1}{4E_R}[(I_0+I_\pi)+\mathrm{j}(I_{3\pi/2}+I_{\pi/2})]$$

$$\phi(x,y)=\arctan\left(\frac{I_{3\pi/2}-I_{\pi/2}}{I_0-I_\pi}\right) \tag{2.50}$$

假定全息图平面上的光场分布为$E_O(x,y,0)$，则可以依据衍射理论计算离开全息图距离z的任意平面上的光场分布$E(x',y',z)$，这种方法显然完全排除了零级项和孪生像的干扰。

2.3 全息图数值重建方法

在得到全息图平面的光场分布后，对衍射场进行数字计算，称为数字衍射。主要衍射方法有卷积法、菲涅耳变换法、角谱法和小波变换法。

2.3.1 卷积法

由傅里叶变换的卷积定理：

$$U(x,y)=U(x_0,y_0)h(x-x_0,y-y_0)\mathrm{d}x_0\mathrm{d}y_0 \tag{2.51}$$

得

$$U(x,y,z)=U(x,y,0)\otimes h(x,y,z) \tag{2.52}$$

式中，h 为衍射过程的脉冲响应，在菲涅耳近似条件下：

$$h(x,y,z)=\frac{1}{\mathrm{j}\lambda z}\exp(\mathrm{j}kz)\exp\left[\mathrm{j}\frac{k}{2z}(x^2+y^2)\right] \tag{2.53}$$

利用卷积定理，先在频域计算后再逆变换到空间域：

$$U(x,y,z)=F^{-1}\{F\{U(x_0,y_0,0)\}\cdot F\{h\}\} \tag{2.54}$$

显然，卷积法需要计算 3 次傅里叶变换。衍射的脉冲响应也可以直接采用球面子波的表达式，不一定采用二次曲面近似。

2.3.2　菲涅耳变换法

在最常用的三种再现算法中，菲涅耳衍射法是最先被提出使用的，也是使用最广泛的算法。菲涅耳衍射法是以标量衍射和菲涅耳衍射理论为基础的，在满足菲涅耳近似条件的情况下，通过数学计算模拟全息中的菲涅耳衍射再现过程，得到物平面上的光场信息。

在菲涅耳近似的条件下，光场从 $(x_0,y_0,0)$ 到 (x,y,z) 平面，经过菲涅耳衍射，即

$$U(x,y,z)=\frac{1}{\mathrm{j}\lambda z}\exp\left[\mathrm{j}\frac{k}{2z}(x^2+y^2)\right]\times F\left\{U(x_0,y_0,0)\exp\left[\mathrm{j}\frac{k}{2z}(x_0^2+y_0^2)\right]\right\}_{f_x=\frac{x}{\lambda z},f_y=\frac{y}{\lambda z}} \tag{2.55}$$

式(2.55)即为菲涅耳衍射计算的傅里叶变换法，仅涉及单次傅里叶变换。容易采用快速傅里叶变换(fast Fourier transform，FFT)实现。

假定输入场 $U(x_0,y_0,0)$ 的面积为 $X_0\times Y_0$，像素尺寸为 $\delta x_0\times\delta y_0$，像素数为 $N_x\times N_y$。输出场 $U(x,y,z)$ 的面积为 $X\times Y$，像素尺寸为 $\delta x\times\delta y$，像素数为 $N_x\times N_y$，则输出面的像素为

$$\delta x=\frac{\lambda z}{X_0} \tag{2.56}$$

像素分辨率 δx 和输出面的尺寸 $\bar{X}$ 均随距离 z 线性增大。通常输出面尺寸至少和输入面相同，则像素尺寸也相同，假定 $N_x=N_y=N$，可导出

$$z=\frac{X_0^2}{N\lambda_{\min}} \tag{2.57}$$

当全息重建距离小于最小距离时，再现像发生交叠。

菲涅耳变换法基于球面波衍射传播，即 CCD 平面越靠近球面波曲率中心，成像局部条纹频率越高，由于 CCD 采样设备频率限制，菲涅耳变换法在全息重建阶段存在适用距离范围。但当距离足够大时，条纹周期会大于整个 CCD 阵列，记录不下衍射信息，所以菲涅耳变换法最大距离限制是

$$z = \frac{X_0^2}{2\lambda_{\max}} \tag{2.58}$$

2.3.3　角谱法

基于角谱理论：

$$U(x,y,z) = F^{-1}\{F\{U(x_0,y_0,0)\} \cdot H(f_x,f_y)\} \tag{2.59}$$

式中，$H(f_x,f_y)$ 为衍射的传递函数：

$$H(f_x,f_y) = \exp[\mathrm{j}kz\sqrt{1-(\lambda f_x)^2-(\lambda f_y)^2}\,] \cdot \mathrm{circ}\left(\frac{\sqrt{f_x^2+f_y^2}}{1/\lambda}\right) \tag{2.60}$$

式中，circ 为圆孔函数，孔内透过率为 1，孔外透过率为 0。

角谱法需要计算 2 次傅里叶变换，但角谱法重建像大小不随重构距离 z 变化而变化。

2.3.4　小波变换法

小波分析是近十几年来发展起来的一种新的数学理论和方法，目前已被成功地应用于许多领域。作为一种新的时频分析方法，小波分析由于具有多分辨率分析的特点，能够聚焦到信号的任意细节并进行多分辨率的时频域分析。数字全息通过数字重构来同时获取被测物强度与相位，但记录时的激光散斑效应和重构时零级衍射斑成为这种方法的瓶颈。将小波变换引入数字全息，可直接消除零级衍射像，无须相移，也不需要采集多幅图像，小波非线性滤波器还可以消除散斑噪声。模拟和实验结果表明，小波分析的引入可以消除零级衍射影响，改善图像质量，提高测试分辨率[12]。

以同轴全息术为例，从概念上讲，同轴全息术与衍射类似。设参考光为单位振幅光波，物体的振幅透过率为 $[1-o(x,y)]$，在菲涅耳衍射区，记录在全息图上的光场强度分布为

$$\begin{aligned} I(x,y) &= \left|[1-o(x,y)] \otimes h_z(x,y)\right|^2 \\ &= 1 - o^*(x,y) \otimes h_z(x,y) + o(x,y) \otimes h_z^*(x,y) + \left|o(x,y) \otimes h_z(x,y)\right|^2 \end{aligned} \tag{2.61}$$

在被测物体相对记录距离很小时，式(2.61)可省略最后一项。当$o(x_0,y_0)$为实函数时，式(2.61)可以表示为

$$I(x,y)=1-o(x,y)\otimes[h_z(x,y)+h_z^*(x,y)]=1-2o(x,y)\otimes\mathrm{Re}\{h(x,y)\} \tag{2.62}$$

式中，$h_z(x,y)$为脉冲响应函数：

$$h_z(x,y)=\frac{1}{\mathrm{j}\lambda z}\exp\frac{\mathrm{j}\pi}{\lambda z}(x^2+y^2) \tag{2.63}$$

则式(2.62)可以表示为

$$I(x,y)=1-o(x,y)\otimes\frac{2}{\lambda z}\sin\frac{\pi}{\lambda z}(x,y) \tag{2.64}$$

定义小波函数为

$$\varphi_a(x,y)=\frac{1}{a^2}\sin\left(\frac{x^2+y^2}{a^2}\right) \tag{2.65}$$

其母函数是$\varphi(x,y)=\sin(x^2+y^2)$，式(2.64)可以表示为

$$I(x,y)=1-\frac{2}{\pi}o(x,y)\otimes\mathrm{WT}_o(a,x,y) \tag{2.66}$$

式中，小波变换$\mathrm{WT}_o(a,x,y)$为

$$\mathrm{WT}_o(a,x,y)=\langle\varphi_a(x,y),\ o(x,y)\rangle=\varphi_a(x,y)\otimes o(x,y) \tag{2.67}$$

则全息图的复振幅透过率与光场分布成正比，可以表示为

$$t(x,y)\propto I(x,y)=1-\frac{2}{\pi}\mathrm{WT}_o(a,x,y) \tag{2.68}$$

平面平行光照射全息图，将记录的2D全息图看作2D衍射物，根据$I(x,y)=1-o(x,y)\otimes\frac{2}{\lambda z}\sin\frac{\pi}{\lambda z}(x,y)$，在距全息图平面$z$处的像平面上的光场强度分布可以写为全息图振幅透过率的小波变换，即

$$\begin{aligned}I'(x',y')&=\mathrm{WT}_t(a,x',y')=\langle\varphi_a(x',y'),t(x',y')\rangle=t(x',y')\otimes\varphi_a(x',y')\\&=\{1-o(x',y')\otimes[h_z(x',y')+h_z^*(x',y')]\}\otimes[h_z(x',y')+h_z^*(x',y')]\\&=2-2o(x',y')-o(x',y')\otimes[h_{2z}(x',y')+h_{2z}^*(x',y')]\end{aligned} \tag{2.69}$$

再现实像面上光场强度分布的小波变换$\mathrm{WT}_t(a,x',y')$为

$$\mathrm{WT}_t(a,x',y') = 2\left[1 - o(x',y') - \frac{1}{2\lambda z} o(x',y') \otimes \sin\frac{\pi(x'^2 + y'^2)}{2\lambda z}\right] \tag{2.70}$$

式(2.70)为同轴全息小波描述的数学表达式，其中 $a = \sqrt{\frac{\lambda z}{\pi}}$ ，第二项为物体的实像。第三项是距 (x',y') 平面 $-2z$ 处的衍射像，其数学化描述为

$$\mathrm{WT}_t(a,m',n') = \varphi_a(m',n') \otimes t(m',n') \tag{2.71}$$

$$\varphi_a(m',n') = \frac{1}{a^2}\sin\left(\frac{\Delta x'^2 m'^2 + \Delta y'^2 n'^2}{a^2}\right) \tag{2.72}$$

小波分析能将信号在不同尺度下进行多分辨率分解，并可将各种频率交织在一起组成的混合信号分解成不同频段的子信号，能对信号按频带进行处理。对图像进行一级二维小波分解，可以得到四幅子带图像，它们分别表示图像的低频信息和相对应的水平、垂直、对角方向上的高频信息。对上一级处理所得到的低频信息再进行类似处理，就可以得到不同分辨率下的图像分解信息。在数字全息重构中，零级衍射斑是与直流成分相对应的，属于低频成分，因此可以通过对全息图样的小波分解，分离出全息图样直流成分，即利用较粗分辨率获得的低频子带成分构造直流成分。从记录的全息图样中减去直流成分，就可以得到消除了直流成分的全息图样，在重构数字全息图像时，零级衍射斑就能被基本消除，然后对消除了直流成分的全息图样再进行去噪处理。由于小波变换具有一种集中能力，它能将信号的能量集中到少数小波系数上，而散斑噪声的能量相对信号来说比较低，所以选择一个合适的阈值对小波系数进行阈值处理，就能达到去除噪声而保留有用信号的目的。该方法能得到原始信号的近似最优估计，并且具有非常广泛的适应性。

参 考 文 献

[1] 李国建. 数字全息技术及其实现[C]. 全面建设小康社会：中国科技工作者的历史责任——中国科学技术协会 2003 年学术年会论文集(上). 北京, 2003: 1.

[2] Rosen J, Katz B, Brooker G, 等. 菲涅耳非相干全息术 3D 全息成像探讨[J]. 中国印刷与包装研究, 2011, 3(1): 60-64.

[3] 万玉红, 满天龙, 陶世荃. 非相干全息术成像特性及研究进展[J]. 中国激光, 2014, 41(2): 43-53.

[4] 汤明玉. 菲涅耳非相干数字全息大视场及实时动态记录研究[D]. 郑州: 郑州大学, 2020.
[5] 臧瑞环, 汤明玉, 段智勇, 等. 菲涅耳非相干相关全息相移技术[J]. 红外与激光工程, 2019, 48(8): 275-282.
[6] 门高夫, Picart P, 王华英, 等. 菲涅耳非相干相关数字全息研究进展[J]. 影像科学与光化学, 2017, 35(2): 199-207.
[7] 刘英臣, 范金坪, 曾凡创, 等. 白光菲涅耳非相干数字全息的记录、再现及实现[J]. 中国激光, 2013, 40(10): 239-245.
[8] 杨杨. 基于数字全息的新型定量相位显微成像方法及应用研究[D]. 济南: 山东师范大学, 2020.
[9] 邓定南. 数字全息显微定量相位测量技术研究[D]. 深圳: 深圳大学, 2018.
[10] 杨勇, 薛东旭, 盖琦, 等. 同态滤波法抑制离轴数字全息零级项[J]. 光学精密工程, 2012, 20(9): 1877-1882.
[11] 张连永. 基于滤波器尺寸的离轴粒子场全息特性研究[D]. 湘潭: 湘潭大学, 2017.
[12] 周灿林, 亢一澜, 张志锋. 小波变换在数字全息中的应用[J]. 光电工程, 2004(7): 42-45.

第 3 章　相移数字全息技术

相移数字全息成像技术是 20 世纪末出现的一种新技术，结合了相移和数字全息两种技术的优点。全息技术的实现过程包括波前记录和波前再现，传统全息是利用高分辨率的记录介质记录全息图，然后利用光穿过全息图发生衍射得到再现图像。数字全息技术与传统的光学全息技术不同，是利用光电转换器件记录全息图并存入计算机，然后利用计算机实现衍射再现。相移数字全息成像技术在数字全息的基础上引入相移的概念，通过分步相移或者并行相移来改变测量光或者参考光的相位，得到不同相移的全息图，然后利用合适的相移算法解调得到全息平面光场分布，最后选择再现算法完成波前再现。这种引入相移的方式能够成功地解决数字全息技术中零级项和孪生像干扰的问题，具有记录速度快、存储便捷、精度高和再现速度快等优点。

3.1　相移算法分类

并行相移数字全息通过引入不同的相移，可以消除再现结果中零级项和孪生像的干扰，获得高质量的再现图像。相移算法可以分为定步长相移算法、等步长相移算法和随机步长相移算法三类。

3.1.1　定步长相移算法

定步长相移算法即每次记录相移干涉图时，参考光波引入的相移量为 $\pi/2$ 或 $\pi/4$ 等固定值[1]。根据相移步数不同可以分为两步相移算法、三步相移算法、四步相移算法、五步相移算法、八步相移算法和九步相移算法，下面对这些算法进行介绍。

1) 两步相移算法

当记录的两幅相移干涉图相移量为 $\pi/2$ 时，其光强分布为

$$\begin{cases} I_1 = I_O + I_R + 2\sqrt{I_O I_R}\cos\varphi \\ I_2 = I_O + I_R - 2\sqrt{I_O I_R}\sin\varphi \end{cases} \tag{3.1}$$

式中，φ 为物光和参考光的相位差；I_O 为物光的光强分布；I_R 为参考光的光强分布，利用关系式化简可得

$$4I_O I_R = (I_1 - I_O - I_R)^2 + (I_2 - I_O - I_R)^2 \tag{3.2}$$

可以解得

$$\begin{cases} I_O = \dfrac{(I_1 + I_2) \pm \sqrt{(I_1 + I_2)^2 - 2(I_1 - I_R)^2 - 2(I_2 - I_R)^2}}{2} \\ \varphi = \arctan\left(-\dfrac{I_2 - I_O - I_R}{I_1 - I_O - I_R}\right) \end{cases} \tag{3.3}$$

2) 三步相移算法

当记录的三幅相移干涉图相移量为 π/2 时，其光强分布为

$$\begin{cases} I_1 = I_O + I_R + 2\sqrt{I_O I_R}\cos\varphi \\ I_2 = I_O + I_R + 2\sqrt{I_O I_R}\cos\left(\varphi + \dfrac{\pi}{2}\right) \\ I_3 = I_O + I_R + 2\sqrt{I_O I_R}\cos(\varphi + \pi) \end{cases} \tag{3.4}$$

记录面上物光波的复振幅分布为

$$O(x, y) = \frac{(I_1 - I_3) + \mathrm{j}(2I_2 - I_1 - I_3)}{4\sqrt{I_R}} \tag{3.5}$$

3) 四步相移算法

相移步长为 $\dfrac{\pi}{2}$ 的四步相移算法中，四幅干涉图的强度分布可以表示为

$$\begin{cases} I_1 = I_O + I_R + 2\sqrt{I_O I_R}\cos\varphi \\ I_2 = I_O + I_R + 2\sqrt{I_O I_R}\cos\left(\varphi + \dfrac{\pi}{2}\right) \\ I_3 = I_O + I_R + 2\sqrt{I_O I_R}\cos(\varphi + \pi) \\ I_4 = I_O + I_R + 2\sqrt{I_O I_R}\cos\left(\varphi + \dfrac{3\pi}{2}\right) \end{cases} \tag{3.6}$$

记录面上的物光波复振幅及物光波和参考光波之间的相位差分布为

$$\begin{cases} (x, y) = \dfrac{(I_1 - I_3) + \mathrm{j}(I_2 - I_4)}{4\sqrt{I_R}} \\ \varphi = \arctan\left(\dfrac{I_4 - I_2}{I_1 - I_3}\right) \end{cases} \tag{3.7}$$

4) 五步相移算法

相移步长为 $\dfrac{\pi}{2}$ 的五步相移算法中，五幅干涉图的强度分布可以表示为

$$\begin{cases} I_1 = I_O + I_R + 2\sqrt{I_O I_R}\cos\varphi \\ I_2 = I_O + I_R + 2\sqrt{I_O I_R}\cos\left(\varphi + \dfrac{\pi}{2}\right) \\ I_3 = I_O + I_R + 2\sqrt{I_O I_R}\cos(\varphi + \pi) \\ I_4 = I_O + I_R + 2\sqrt{I_O I_R}\cos\left(\varphi + \dfrac{3\pi}{2}\right) \\ I_5 = I_O + I_R + 2\sqrt{I_O I_R}\cos(\varphi + 2\pi) \end{cases} \tag{3.8}$$

记录面上的物光波复振幅及物光波和参考光波之间的相位差分布为

$$\begin{cases} (x,y) = \dfrac{(I_1 + I_5 - 2I_3) + 2\mathrm{j}(I_2 - I_4)}{8\sqrt{I_R}} \\ \varphi = \arctan\left(\dfrac{I_2 - I_4}{I_3 - \dfrac{I_1 + I_5}{2}}\right) \end{cases} \tag{3.9}$$

5）八步相移算法

八步相移算法的相移步长为 $\dfrac{\pi}{4}$，采用与本节同样的方法[2]，可以计算得到物光波和参考光波之间的相位差分布为

$$\varphi = \arctan\left(\frac{-\sqrt{2}(I_2 - I_6) + \sqrt{2}(I_8 - I_4) + 2(I_7 - I_3)}{\sqrt{2}(I_2 - I_6) + \sqrt{2}(I_8 - I_4) + 2(I_1 - I_5)}\right) \tag{3.10}$$

八步相移算法的相位只与采集到的光强有关，与伽马非线性和背景光强无关。因此消除了伽马非线性引起的相位误差，对于环境光也有较强的稳定性。

6）九步相移算法

九步相移算法的相移步长为 $\dfrac{\pi}{2}$，在 $-2\pi \sim 2\pi$ 进行相移，采用与本节同样的方法，可以计算得到物光波和参考光波之间的相位差分布为

$$\varphi = \arctan\left(\frac{2(I_8 - I_2) + 2(I_6 - I_4)}{(I_9 + I_1) - 2(I_7 + I_3) + 2I_5}\right) \tag{3.11}$$

3.1.2　等步长相移算法

等步长相移算法只要求每次记录时的相移步长相等，不再局限于固定的特殊值，降低了相移实验中相移器件的性能精度。等步长相移算法主要有 Carré 算法和 Schwider 算法[3]。下面主要介绍这两种算法。

1) Carré 算法

Carré 算法是提出最早并且应用最为广泛的等步长相移算法之一。Carré 算法要求记录四幅相移干涉图，假设相移步长为 δ，其中相移量分别是 -3δ、$-\delta$、δ 和 3δ，则 Carré 算法中的物光相位再现表达式为

$$\varphi=\arctan\left(\frac{\sqrt{3(I_2-I_3)-I_1+I_4}}{\sqrt{I_1+I_2-I_3-I_4}}\frac{I_1+I_2-I_3-I_4}{I_2+I_3-I_1-I_4}\right) \tag{3.12}$$

2) Schwider 算法

Schwider 算法要求记录五幅相移干涉图，相移量要求是 -2δ、$-\delta$、0、δ 和 2δ，最终的物光相位再现表达式为

$$\varphi=\arctan\left(\frac{(I_1-I_3)(1-\cos\psi)-(I_1-I_2)(1-\cos 2\psi)}{(I_1-I_2)\cos 2\psi-(I_1-I_3)\cos\psi}\right) \tag{3.13}$$

式中

$$\cos\psi=\frac{I_2-I_3+I_4-I_5}{2(I_3-I_4)} \tag{3.14}$$

或

$$\cos\psi=\frac{I_1-I_5}{2(I_2-I_4)} \tag{3.15}$$

定步长和等步长算法优缺点不同，应该按照实际需求选取合适的相移步数和相移算法。定步长和等步长算法都对相移步长提出较为严格甚至苛刻的要求，定步长算法要求相移量必须是特殊值，而等步长算法则要求每一次相移的相移量必须是严格相等的，这些要求都对相移器件的精度性能提出了很高的要求。除非进行非常精确的标定，否则都存在不同程度的非线性误差，这给实验结果的精度带来了较大的影响[4]。下面介绍一种无须精确相移量的算法——随机步长相移算法。

3.1.3　随机步长相移算法

传统相移干涉算法要求每一步相移量为事先设定的特定值，但是受相移器件标定误差、机械振动和空气扰动等因素的影响，实际应用中很难精确达到上述要求，因此波前重建及测量精度会受到影响。为了克服这一不足，研究者相继提出多种改进方法，其中包括广义相移提取算法[3,5-7]。由于使用的相移量是随机的，所以又可以称为随机步长相移算法。广义相移提取算法不需要严格控制每一步的相移量，而是从干涉图中提取任意未知相移值，再由相应的波前重建方法得到物光波。由于其相移值可以是任意未知的，所以广义相移提取算法可

以减少对相移器件精度和环境稳定性的依赖，提高误差免疫能力。下面介绍几种不同的相移公式。

(1) 两步相移公式：

$$O(x,y)=\frac{I_1-I_{\mathrm{O}}-I_{\mathrm{R}}-\exp(-\mathrm{j}\delta_1)I_2-I_{\mathrm{O}}-I_{\mathrm{R}}}{\sqrt{I_{\mathrm{R}}}[1-\exp(-\mathrm{j}2\delta_1)]} \tag{3.16}$$

(2) 三步相移公式：

$$O(x,y)=\frac{\dfrac{\exp(\mathrm{j}\delta_1/2)}{\sin[(\delta_1+\delta_2)/2]}(I_1-I_3)-\dfrac{\exp(\mathrm{j}\delta_1+\delta_2)/2)}{\sin(\delta_1/2)}(I_1-I_2)}{4\sin(\delta_1/2)\sqrt{I_{\mathrm{R}}}} \tag{3.17}$$

(3) 四步相移公式：

$$O(x,y)=\frac{1}{4\sin\left(\dfrac{\delta_2+\delta_3}{2}\right)\sqrt{I_{\mathrm{R}}}}\left[\frac{\exp\left(\dfrac{\mathrm{j}(\delta_1+\delta_2)}{2}\right)}{\sin\left[\dfrac{(\delta_2+\delta_3)}{2}\right]}(I_2-I_4)-\frac{\exp[\mathrm{j}(2\delta_1+\delta_2+\delta_3)/2]}{\sin[(\delta_1+\delta_2)/2]}(I_1-I_3)\right] \tag{3.18}$$

式中，δ_1、δ_2 和 δ_3 分别为每次相移的相移量。

随机步长相移算法不要求相移量为特殊值或者相等值，但是必须预先知道每次相移的实际相移量才能更加准确地恢复记录面上物光波的复振幅信息。已经开发出的随机步长相移算法大都是基于采集到的干涉图满足衍射场的统计平均分布规律或者其他一些特殊条件才能计算出准确的实际相移量，这使得该算法的使用范围还有一定的限制，所以该算法还需要进一步地研究如何准确地提取未知的相移量。

3.2 相移实现方法及装置

3.2.1 时间调制法

时间调制法又称为分步相移或时域相移。基本原理是在参考臂中放置精密的相移器，然后在时间序列上连续控制相移器，从而可以分时使参考光波产生相位延迟，继而与物光波相干涉后可以获得不同相移的干涉图像。最后依据相移运算就可以消除不需要的信息，并可以直接定量计算出待测物体的复振幅和相位信息。由于时间调制法是利用多幅图像的对应像素进行点对点运算的，因而具有很高的测量精度。下面对时间调制法分别进行介绍。

1. 倾斜玻璃相移法

倾斜玻璃相移法[8]是一种早期使用的相移方法。在参考光路中引入一块平行平板，通过改变平行平板的角度，可以引入不同的相移。光束斜入射时，光场变化如下：

$$E = E_0 \exp\left[\mathrm{j}\left(\varphi_0 - \frac{4\pi}{\lambda} d\cos\theta\right)\right] \tag{3.19}$$

式中，d 为平行平板厚度；θ 为入射角。引入的相移为

$$\Delta\delta = \frac{4\pi}{\lambda} d\cos\theta \tag{3.20}$$

通过倾斜玻璃相移法，可以引入阶梯状或连续的相移。这种方法只适用于准直的参考光，否则可能会引入像差。

2. 压电陶瓷驱动相移法

压电陶瓷(piezoelectric ceramics，PZT)驱动相移法[9]是目前相移干涉术中最常用的一种相移方法，其原理示意图如图 3.1 所示。

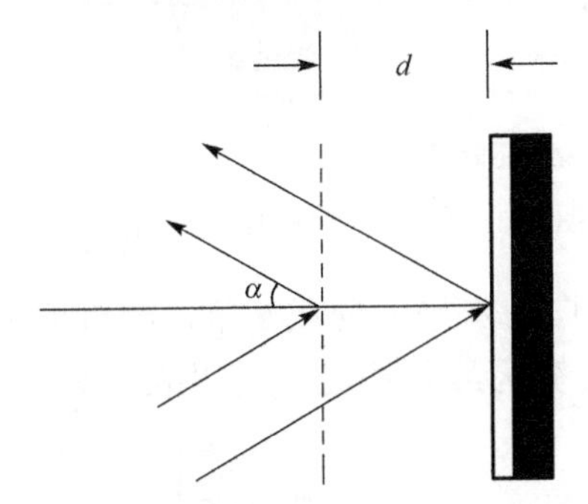

图 3.1 压电陶瓷驱动相移法原理示意图

假设入射参考光波与 PZT 相移装置中的反射镜的法线方向之间的夹角为 α，镜面移动的距离为 d，则参考光波的光程变化了 $2d\cos\alpha$，反射镜面移动与相移量的关系为

$$\Delta\delta = 4\pi d\cos\alpha \tag{3.21}$$

PZT 相移器的精度可以达到几纳米的级别，而且可以直接通过简单的操作就可以完成相移。但是，压电陶瓷驱动相移法也有一些无法忽视的缺点，PZT 的伸缩形变过程中的非线性误差容易受到环境干扰的特性，给实验系统带来了较为严重的非线性系统误差和环境噪声随机误差，在使用 PZT 进行相移时，往往需要辅助其他的方法进行系统的误差标定，以消除 PZT 非线性误差可能造成的影响，有

时还需要设置单独的反馈系统来提高 PZT 相移的精度，这给实验带来了较大的困扰。而且，由于国外高精度的 PZT 价格过于昂贵，国内又没有可以取代国外产品的国产产品，所以对于很多实验室和研究机构来说是一个较大的负担。

3. 偏振器件相移法

偏振器件相移法[9]是利用偏振片和波片改变物光及参考光的偏振态，从而实现相移的方法。图 3.2 为偏振器件相移法原理示意图，其中干涉系统使用马赫-曾德尔干涉方式，偏振片和 1/4 波片构成偏振相移器。

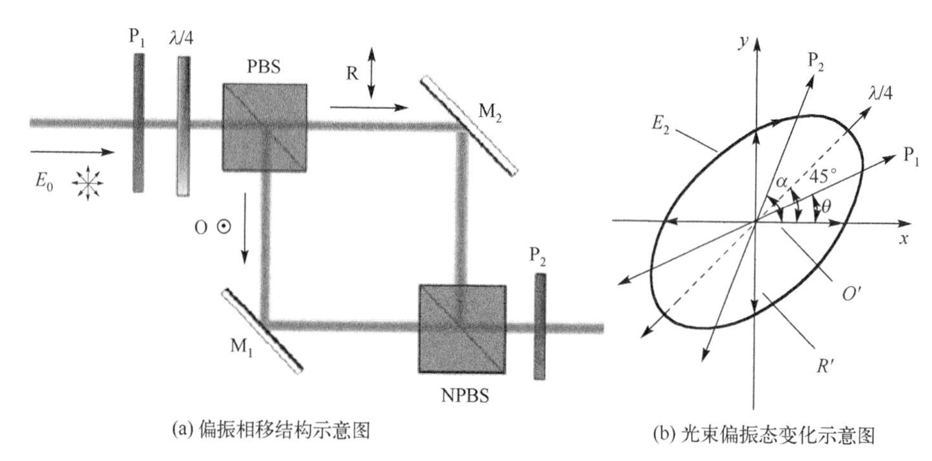

(a) 偏振相移结构示意图　　(b) 光束偏振态变化示意图

图 3.2　偏振器件相移法原理示意图

假设偏振片的透振方向与水平方向成 θ 角，随机偏振光 E_0 正入射偏振片 P_1，经过 P_1 后，随机偏振光 E_0 变为线偏振光，可以表示为

$$E_1 = E_0 \begin{pmatrix} \cos\theta \\ \sin\theta \end{pmatrix} \tag{3.22}$$

1/4 波片的琼斯矩阵表示为

$$Q = \frac{1}{\sqrt{2}} \begin{bmatrix} 1 & -\mathrm{j} \\ -\mathrm{j} & 1 \end{bmatrix} \tag{3.23}$$

经过 1/4 波片后，出射光束 E_2 为

$$E_2 = Q \cdot E_1 = \frac{1}{\sqrt{2}} \begin{bmatrix} 1 & -\mathrm{j} \\ -\mathrm{j} & 1 \end{bmatrix} E_0 \begin{pmatrix} \cos\theta \\ \sin\theta \end{pmatrix} = \frac{E_0}{\sqrt{2}} \begin{pmatrix} \exp(-\mathrm{j}\theta) \\ \exp\left[-\mathrm{j}\left(\dfrac{\pi}{2} - \theta\right)\right] \end{pmatrix} \tag{3.24}$$

线偏振光 E_1 经过 1/4 波片之后变成椭圆偏振光 E_2，E_2 的长轴方向与水平方向

呈 45°角。经过偏振分束镜后，E_2 分为偏振方向相互正交的两束光，分别为物光和参考光，用琼斯矩阵表示为

$$\begin{cases} O = \dfrac{E_0}{\sqrt{2}} \exp(-\mathrm{j}\theta) \begin{pmatrix} 1 \\ 0 \end{pmatrix} \\ R = \dfrac{E_0}{\sqrt{2}} \exp\left[-\mathrm{j}\left(\dfrac{\pi}{2} - \theta\right)\right] \begin{pmatrix} 0 \\ 1 \end{pmatrix} \end{cases} \tag{3.25}$$

当偏振片 P_2 透振方向与水平方向夹角为 α 时，其琼斯矩阵可以表示为

$$P_2 = \begin{bmatrix} \cos^2\alpha & \sin\alpha\cos\alpha \\ \sin\alpha\cos\alpha & \sin^2\alpha \end{bmatrix} \tag{3.26}$$

因此可以得到出射平面的光场分布为

$$E = P_1 \cdot (O + R) = \frac{{E_0}^2}{2}[1 + \sin(2\alpha)\sin(2\theta)] \tag{3.27}$$

由式(3.27)可知，旋转偏振片 P_1，调节 P_1 的透振方向与水平方向的夹角 θ，可以调节物光波和参考光波之间的相移量，当偏振片 P_1 旋转的角度为 $\Delta\theta$ 时，相移量为 $2\Delta\theta$；旋转偏振片 P_2，调节 P_2 的透振方向与水平方向的夹角 α，可以调节物光波和参考光波之间的相对光照强度。

偏振器件相移法只需要普通的偏振片和 1/4 波片就可以实现相移，装置结构简单、易于操作而且成本较低，可以在多种结构的干涉仪中使用，是常用的一种相移方式，尤其是偏振相移法可以在物光波和参考光波的光程都不发生改变的情况下完成相移，这使得某些干涉光程不易改变的干涉仪结构更加容易实现。

4. 空间涡旋调制相移法

空间涡旋调制相移法[10]为通过螺旋相位盘旋转产生相移的方法。如图 3.3 所示，其中 SPP(spiral phase plate)为空间涡旋调制相移法中的螺旋相位盘，用来调制参考光的相位分布。通过 SPP 后，参考光相位变为

$$E_1 = E_0 \exp[\mathrm{j}m(\delta + \theta)] \tag{3.28}$$

式中，δ 为参考光的初相位；m 通常取整数；θ 为调制的角度。当 m 取 1 时旋转的角度就是参考光的相位变化。将 $\theta = \pi/2$ 设为相移步长并记录四幅干涉图，可以完成标准四步相移全息。

空间涡旋调制相移法的优点是能够较精确地实现参考光的相位变化，可以免去定标的烦琐工作。但是需要精密的螺旋相位盘，且其精度受到螺旋相位盘旋转角度的影响。

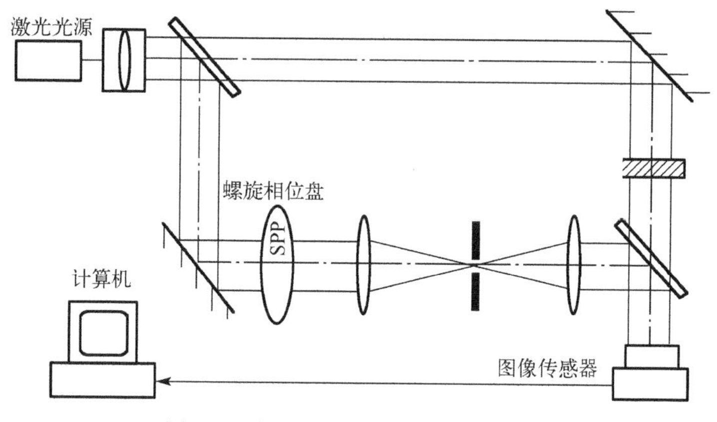

图 3.3　空间涡旋调制相移法装置图

5. 衍射光栅相移法

衍射光栅相移法[11]是一种利用衍射光栅实现分束并引入相移的方法。以一维正弦衍射光栅为例，简单地对衍射光栅平移实现相移的原理进行说明，如图 3.4 所示。

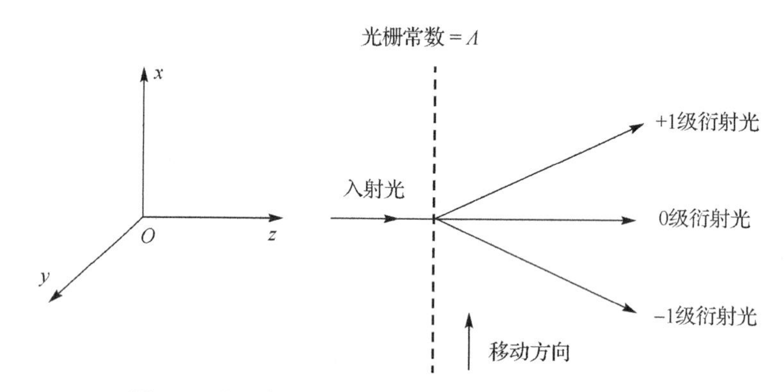

图 3.4　基于衍射光栅平移实现相移的原理示意图

如图 3.4 所示，在 xOy 平面内放置一个周期为 Λ 的一维正弦衍射光栅，衍射光栅的栅线垂直于 x 轴，入射光波沿着 z 轴方向传播，光栅常数为 Λ，则该衍射光栅的透过率函数可以表示为

$$t(x,y)=1+m\cos\left(\frac{2\pi x}{\Lambda}\right)=1+\frac{m}{2}\mathrm{e}^{\frac{\mathrm{j}2\pi x}{\Lambda}}+\frac{m}{2}\mathrm{e}^{\frac{-\mathrm{j}2\pi x}{\Lambda}} \tag{3.29}$$

式中，m 为调制系数。零级、±1 级衍射光分别对应于式(3.29)右端的三项。当衍射光栅沿 x 轴方向平移距离 d 后，透过率函数可以表示为

$$t(x-d,y)=1+m\cos\left(\frac{2\pi x}{\Lambda}\right)=1+\frac{m}{2}\mathrm{e}^{\frac{\mathrm{j}2\pi d}{\Lambda}}\mathrm{e}^{\frac{\mathrm{j}2\pi x}{\Lambda}}+\frac{m}{2}\mathrm{e}^{\frac{-\mathrm{j}2\pi d}{\Lambda}}\mathrm{e}^{\frac{-\mathrm{j}2\pi x}{\Lambda}} \tag{3.30}$$

当衍射光栅平移距离 d 后，±1 级衍射光波均产生了 $\frac{2\pi d}{\Lambda}$ 的相移量，即引入了相移。由于相移量 $\frac{2\pi d}{\Lambda}$ 与平移距离 d 呈线性关系，所以通过控制光栅平移不同的距离，可以引入不同的相移量，衍射光栅移动 K 次，可以使±1 级衍射光波引入 K 步相移。

衍射光栅相移法结构简单，一个衍射光栅就可以完成所需要的相移，只有光栅性能和移动的距离 d 可以改变相移，波长或其他条件都无法改变相移，因此非常适合于多波长的相移干涉术。

6. 声光调制相移法

声光调制相移法的原理与衍射光栅相移法类似，如图 3.5 所示。声光调制器的调制引入了衍射光栅，它对物光和参考光进行调频，引起频率微小变化产生相位差。假设两个声光调制器 AOM_1 与 AOM_2 的频率分别为 ω_1 和 ω_2，其角频率差为

$$\Delta\omega=\omega_1-\omega_2 \tag{3.31}$$

相邻两幅干涉图的相移量为

$$\Delta\delta=2\pi\Delta\omega/\omega_0 \tag{3.32}$$

式中，ω_0 为 CCD 记录干涉图的角频率。当 $\frac{\Delta\omega}{\omega_0}=1/4$ 时，相移量 $\Delta\delta=\pi/2$，该方法可以比较精确地控制相移量的大小，但是仪器装置和调节较为复杂。

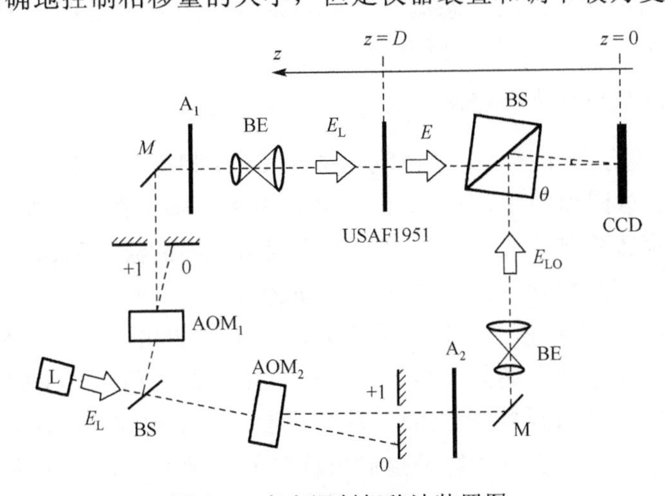

图 3.5　声光调制相移法装置图

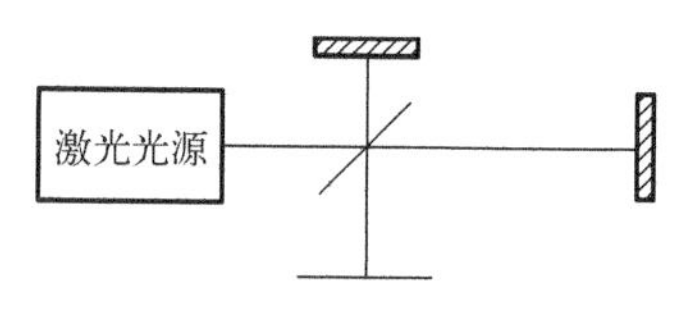

图 3.6　波长相位调制法的相移实现装置

7. 波长相位调制法

波长相位调制法是通过改变光的波长对相位进行调制，从而实现相移的一种方法。波长相位调制法的相移实现装置如图 3.6 所示。

相位差与光程差的关系为

$$E = E_0 \exp[\mathrm{j}(\varphi_0 - 2\pi \upsilon t)] \tag{3.33}$$

式中，φ_0 为初始相位差；υ 为光源频率。当光源频率变化为 $\Delta\upsilon$ 时，相位变化为

$$E = E_0 \exp\{\mathrm{j}[\varphi_0 - 2\pi(\upsilon + \Delta\upsilon)t]\} \tag{3.34}$$

引入的相位差为

$$\Delta\delta = 2\pi\Delta\upsilon t \tag{3.35}$$

通过调节光源频率 $\Delta\upsilon$，可以实现相移。光源频率的调节可以通过可调节波长的激光器实现。波长相位调制法优点是无须移动器件，缺点是调节能力受光程差限制，并对光程差有一定的要求。

3.2.2　空间调制法

空间调制法(称为并行相移或空域相移)指的是在同一时间不同位置处获取多幅具有恒定相移的干涉图像，然后利用相移运算获取待测物体的波前和相位信息[12]。空间调制法是同时采集图像，所以又称为同步相移干涉技术。空间调制法可以实时检测待测物的动态变化，克服了分步相移数字全息技术只能对静态和缓变过程检测的局限性。因此动态测量是空间调制法最大的优势，也是其最重要的应用。下面对空间调制法进行详细介绍。

1. 多 CCD 棱镜分束相移法

多 CCD 棱镜分束相移法是一种利用 4 个 CCD 相机和分束镜完成并行相移的方法，其原理示意图如图 3.7 所示，测量光和参考光耦合在一起进入 4 个 CCD 的系统，利用分束镜将耦合光分成 4 束，然后利用不同的波片和偏振片引入不同的相移，最后这 4 束光分别进入不同的 CCD 成像。

多 CCD 棱镜分束相移法可以根据需要产生不同的相位差，引入不同的相移，利用多个 CCD 成像使采集的干涉图像解调后可以得到和单个 CCD 相等的分辨率，但是这种方案要用到多个 CCD，系统的设计成本比较高，而且每个 CCD 之间很难做到完全一样，所以不容易控制采样时间并使其保持一致性。

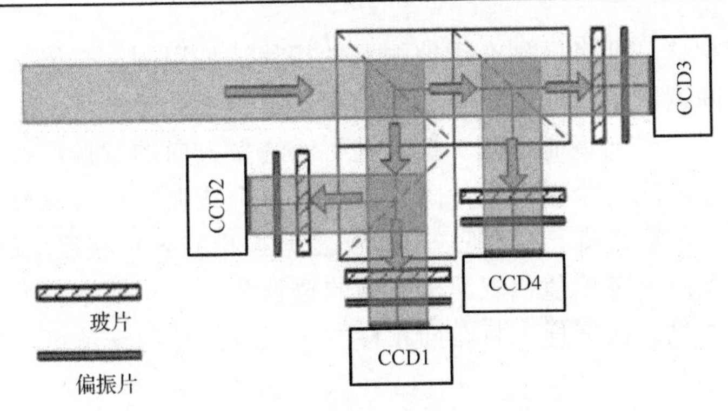

图 3.7　多 CCD 棱镜分束相移法原理示意图

2. 衍射光栅分束相移法

与衍射光栅相移法不同，衍射光栅分束相移法中光栅的作用只用于分束，相移需要使用其他器件实现。图 3.8 是一套采用衍射光栅分束相移法实现并行相移干涉测量的系统原理图，经过参考镜和待测镜反射回来的线偏振光经过 1/4 波片变成了圆偏振光，然后经过一个二维的正交光栅，在正交方向产生($\pm m$，$\pm n$)级衍射光。光栅后透镜的焦平面上放置一个特殊光阑，只允许(± 1，± 1)级光通过，然后这四组光最终在经过一组投射方向相差$\pi/4$的偏振片阵列，同时获得四幅相移相差$\pi/2$的干涉图，再利用四步相移算法得到检测结果。

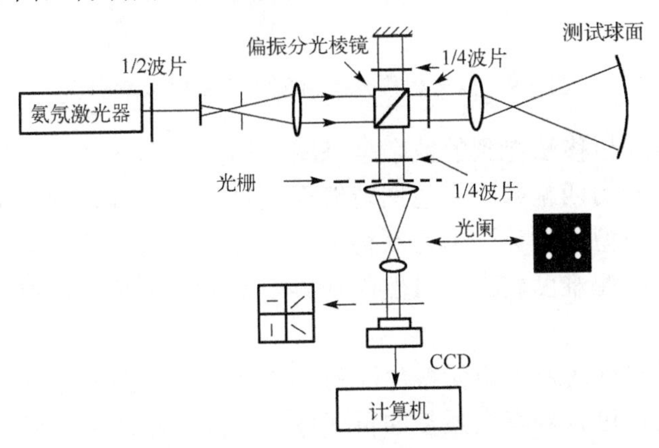

图 3.8　采用衍射光栅分束相移法实现并行相移干涉测量的系统原理图

衍射光栅分束相移法具有抗干扰能力强、结构紧凑等优点，但是系统较为复杂，且光栅分束、偏振片阵列等都会带来误差，影响系统精度。

3. 偏振相移阵列相移法

与偏振器件相移法相同，偏振相移阵列相移法的基本原理同样是利用 1/4 波片产生不同的相移。两者区别在于偏振器件相移法使用同一个偏振片旋转产生相移，是一种时间调制法。而偏振相移阵列相移法是不同透振角度的偏振片产生不同的相移，是一种空间调制方法。把这些不同透振方向的偏振片按照一定的规律排列组合在一起形成一个微偏振片阵列，并且每个透振方向对应相机上的一个像素，每个像素点和相移值一一对应。图 3.9 是偏振相移阵列相移法的原理示意图，偏振相移阵列上四个灰度值代表四个不同的透振角度，每四个正方形方格作为一个单元，这样相机一次采样，将相同相移的像素点拼接起来就可以得到四幅不同相移的数字全息图。

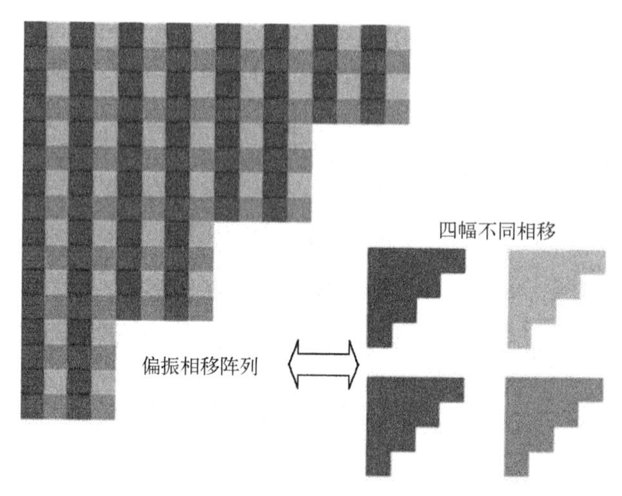

图 3.9　偏振相移阵列相移法的原理示意图

偏振相移阵列相移法得到的数字全息图是测量光和参考光同时到达记录靶面得到的，因此得到的四幅数字全息图能够得到良好的配准，受周围环境影响小且集成度高，利于小型化设计。但是获得偏振相移阵列的工艺较为复杂，将其和相机上像素点完全匹配难度较大，虽然能获得四幅数字全息图，但分辨率降为相机分辨率的 1/4。

使用的偏振相机嵌入了微偏振片阵列，能够同时得四幅相移相差的数字全息图，经过解调处理可以获得高质量的再现像。下面介绍的并行四步相移数字全息成像系统示例也是基于此原理搭建的。

3.3　并行四步相移数字全息成像系统示例

3.2 节介绍了相移的基本原理及相移方法，本节介绍一个并行四步相移数字全息成像系统示例。

3.3.1　基本光路结构

并行四步相移数字全息成像系统的主要探测目标是水下微生物，具有体积小、透过率大等特点，选择透射式的光路能够较为完整地保存待测目标的信息。此外，还要尽量使系统结构紧凑、调试简单、稳定性强，因此本书介绍的实例为改进马赫-曾德尔光路的系统方案。

并行四步相移数字全息成像系统示例的光路图如图3.10所示，激光由半导体激光器发出，首先穿过1/2波片(half wave plate，HWP)，准直后的平行光束经过一次反射，然后由偏振分束镜(polarizing beam splitter，PBS)获得两束偏振方向相互垂直的线偏振光，其中线偏振P光的偏振方向平行于系统所在平面，将其作为测量光，线偏振S光的偏振方向垂直于系统所在平面，将其作为参考光。最终，携带目标信息的测量光和参考光经过非偏振分束镜(beam splitter，BS)耦合在一起，经过1/4波片，准确调整1/4波片的角度，可以使P光和S光变为两束旋向相反的圆偏振光进入相机靶面完成干涉成像。

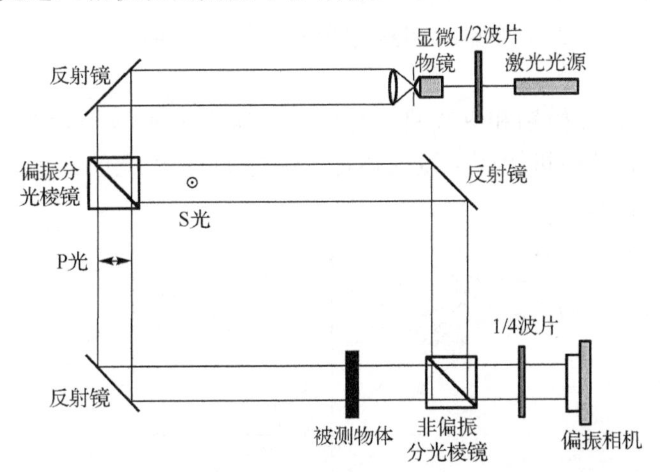

图3.10　并行四步相移数字全息成像系统示例的光路图

光路中，1/2波片是用来调节激光器发出的光束在垂直于平面和平行于平面两个方向上的偏振分量，从而可以调节PBS分出的P光和S光的强度比。显微物镜(MO)、准直透镜(L)和精密针孔(P)组成空间滤波系统，完成对光束的扩束和准直。此外，还能滤除光束中的高频噪声，获得具有平滑高斯分布的光。

并行四步相移数字全息成像系统所使用的相机是偏振相机，在相机芯片上还覆盖微偏振片相移阵列和微透镜阵列，微偏振片相移阵列是由2×2单元周期排列的微偏振片组成的，透振角度为π/4、π/2、π3/4 和 0。因此偏振相机一次曝光可以获得四幅相移相差为π/2 的全息图，可以通过四步相移算法解得相机靶面上全息图的光场分布，四步相移算法可以避免在图像重现时出现零级项和孪生像干扰的问题。

3.3.2 并行四步相移数字全息成像系统模型与仿真

下面将利用数学描述的方法进行系统的建模与仿真，详细介绍并行四步相移数字全息成像系统是如何实现波前记录、波前再现的。

光路中1/2波片的作用主要是调节激光发出的各方向偏振光在穿过1/2波片时各偏振方向光的量，不会改变线偏振光的偏振态，因此不对其进行数学分析。假设在到达 1/4 波片时，测量光和参考光的光场分布为

$$\begin{cases} O(x,y) = a\exp(\mathrm{j}\varphi_{\mathrm{O}}) \\ R(x,y) = b\exp(\mathrm{j}\varphi_{\mathrm{R}}) \end{cases} \tag{3.36}$$

式中，x 和 y 表示光场的空间位置坐标，其坐标系以 P 光和 S 光为坐标轴组成，$O(x,y)$ 与 $R(x,y)$ 分别表示测量光和参考光的光场复振幅；a 和 b 表示光的振幅；φ_{O} 和 φ_{R} 表示相位分布。

以 P 光与 S 光为横轴和纵轴建立坐标系，假设 P 轴与 1/4 波片的快轴与慢轴的夹角为 45°，假设相机靶面上微偏振片透振方向与 P 光的夹角为 α，偏振光示意图如图 3.11 所示。

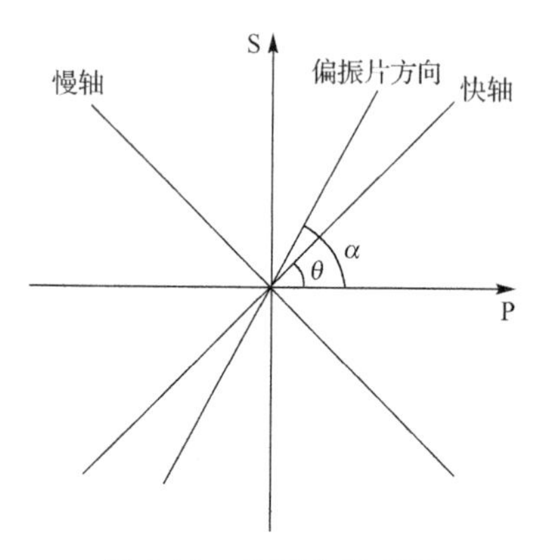

图 3.11 偏振光示意图

利用琼斯矩阵来描述光学元件的偏振特性，利用琼斯矢量来描述光的偏振态，可以更直观地观察偏振特性的变化，因此将利用琼斯矩阵和琼斯矢量描述系统中光束的状态，并对并行四步相移数字全息成像系统光路进行数学分析。

测量光的琼斯矩阵为

$$O = \begin{pmatrix} 0 \\ a \end{pmatrix} \exp(\mathrm{j}\varphi_{\mathrm{O}}) \tag{3.37}$$

参考光的琼斯矩阵为

$$R = \begin{pmatrix} b \\ 0 \end{pmatrix} \exp(\mathrm{j}\varphi_{\mathrm{R}}) \tag{3.38}$$

1/4 波片的琼斯矩阵表示为

$$Q = \frac{1}{\sqrt{2}} \begin{bmatrix} 1 & -\mathrm{j} \\ -\mathrm{j} & 1 \end{bmatrix} \tag{3.39}$$

两束光经过 1/4 波片，只需要用 1/4 波片的琼斯矩阵分别乘以测量光和参考光的琼斯矩阵，可以得到

$$O' = Q \cdot O = \frac{1}{\sqrt{2}} \begin{bmatrix} 1 & -\mathrm{j} \\ -\mathrm{j} & 1 \end{bmatrix} \begin{pmatrix} 0 \\ a \end{pmatrix} \exp(\mathrm{j}\varphi_{\mathrm{O}}) = \frac{a\exp(\mathrm{j}\varphi_{\mathrm{O}})}{\sqrt{2}} \begin{pmatrix} -\mathrm{j} \\ 1 \end{pmatrix} \tag{3.40}$$

$$R' = Q \cdot R = \frac{1}{\sqrt{2}} \begin{bmatrix} 1 & -\mathrm{j} \\ -\mathrm{j} & 1 \end{bmatrix} \begin{pmatrix} b \\ 0 \end{pmatrix} \exp(\mathrm{j}\varphi_{\mathrm{R}}) = \frac{b\exp(\mathrm{j}\varphi_{\mathrm{R}})}{\sqrt{2}} \begin{pmatrix} 1 \\ -\mathrm{j} \end{pmatrix} \tag{3.41}$$

两束光经过 1/4 波片后，变成了旋向相反的圆偏振光，测量光为左旋，参考光为右旋。将测量光和参考光变成圆偏振光可以使两束光在经过相机靶面不同透振方向的线偏振片相移阵列后，能够发生干涉，从而确保获得数字全息图。

偏振片透振方向与 P 光夹角为 α 时，其琼斯矩阵可以表示为

$$P = \begin{bmatrix} \cos^2\alpha & \sin\alpha\cos\alpha \\ \sin\alpha\cos\alpha & \sin^2\alpha \end{bmatrix} \tag{3.42}$$

因此偏振相机所记录的光场分布为

$$E = P \cdot Q \cdot (O + R) = \frac{1}{2} \begin{pmatrix} \cos\alpha \\ \sin\alpha \end{pmatrix} \{b\exp[\mathrm{j}(\varphi_{\mathrm{R}} - \alpha)] - \mathrm{j}a\exp[\mathrm{j}(\varphi_{\mathrm{O}} + \alpha)]\} \tag{3.43}$$

令 $\varphi = \varphi_{\mathrm{O}} - \varphi_{\mathrm{R}}$ 为测量光和参考光的初始相位差，则偏振相机记录的全息图的光场强度为

$$I = I_{\mathrm{O}} + I_{\mathrm{R}} + 2\sqrt{I_{\mathrm{O}} I_{\mathrm{R}}} \cos(2\alpha + \varphi) \tag{3.44}$$

可以看出，偏振相机靶面所获得的全息图强度与 P 光和偏振片透振方向的夹角 α 的两倍有关。上面曾讲到并行四步相移数字全息成像系统方案的光路中使用的偏振相机靶面上覆盖着微偏振片相移阵列，相移阵列每 4 个透振方向为一个单元，4 个方向与 P 轴夹角分别为π/4、π/2、π3/4 和 0，将这 4 个夹角代入式(3.44)可以得到

$$\begin{cases} I_1 = I_O + I_R + 2\sqrt{I_O I_R}\cos\varphi \\ I_2 = I_O + I_R - 2\sqrt{I_O I_R}\sin\varphi \\ I_3 = I_O + I_R - 2\sqrt{I_O I_R}\cos\varphi \\ I_4 = I_O + I_R + 2\sqrt{I_O I_R}\sin\varphi \end{cases} \tag{3.45}$$

经过计算可以得到

$$\varphi = \arctan\left(\frac{I_4 - I_2}{I_1 - I_3}\right) \tag{3.46}$$

然后进行偏振相机靶面光场的解调，并将式(3.36)代入，可得

$$\begin{aligned} I &= (I_1 - I_3) - \mathrm{j}(I_2 - I_4) = 2\sqrt{I_O I_R}(\cos\varphi - \mathrm{j}\sin\varphi) \\ &= [(O^* R + OR^*) + (-O^* R + OR^*)] = 2\sqrt{I_O I_R}\exp(\mathrm{j}\varphi) \end{aligned} \tag{3.47}$$

式中，O 与 R 分别为测量光和参考光的光场分布；O^* 与 R^* 分别为 O 和 R 的复共轭。这种方法称为四步相移算法，I 为全息图的光场信息，由于在计算中 O^*R、I_O 及 I_R 都被抵消掉，因此通过四步相移算法可以消除再现图像中孪生像和零级项的干扰。

3.3.3 并行四步相移数字全息成像系统搭建与测试

下面开始搭建并测试系统。

1. 桌面实验系统的搭建

根据上面介绍的并行四步相移数字全息成像系统的光路图，在实验平台上搭建调试光路。

由激光器发出的光首先经过 1/2 波片，然后进入显微物镜、精密针孔和准直透镜组成的空间滤波系统，得到高质量的平行光，由偏振分束镜起偏分束，最后参考光和携带目标信息的测量光经非偏振分束镜耦合，再经过 1/4 波片变成旋向相反的圆偏振光，在偏振相机靶面干涉，最终偏振相机采集得到四幅相移差为 π/2 的数字全息图。利用偏振相机获得全息图后，由计算机记录下来，然后进行预处理、图像再现和再处理。

2. 并行四步相移数字全息成像系统分辨率测试

并行四步相移数字全息成像系统最后得到的再现图像的分辨率的高低是衡量系统性能的一个重要标准。为了验证该系统对待测物在桌面空气中和水中分辨率的大小，选择如图 3.12 所示光学分辨率检验板负片作为待测目标进行定量分析。

光学分辨率检验板又称为分辨率板，由 8 组(0～7 组)元素组成，每组有 6 个元素，每个元素由相互垂直的双向图案组成，每个组中的不同元素对应着不同的分辨率，可以对系统进行定量的测量。在实际检测的过程中，将再现图像中能够清晰地分辨出的黑白线条的线宽和最大线对数作为全息系统分辨率的表征，其原理是瑞利判据，当一个艾里斑的中心与另一个艾里斑的第一级暗环重合时，恰好能分辨出两个像。

将再现结果对照光学分辨率检验板元素对应表，能够获得系统的成像分辨率，如图 3.13 所示。

图 3.12　光学分辨率检验板

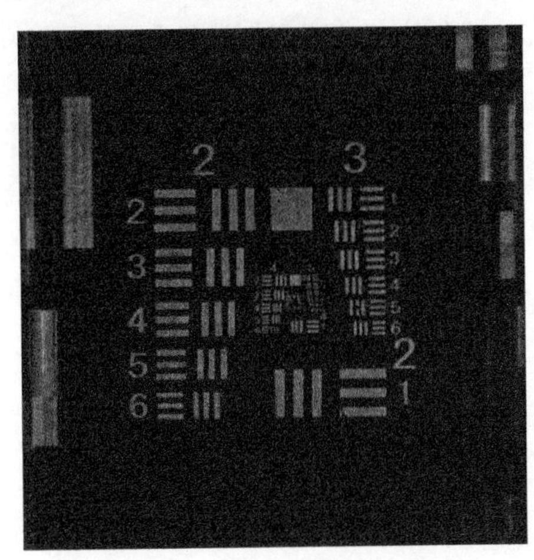

图 3.13　实验所得再现图像

参 考 文 献

[1] 樊元朋. 水下并行相移数字全息成像系统的理论与实验研究[D]. 长春: 中国科学院大学, 2020.

[2] 李杰. 广义相移数字全息相移提取算法及应用研究[D]. 济南: 山东大学, 2014.

[3] 李杰, 王玉荣, 孟祥锋. 广义相移干涉术相移提取算法的分类与评估方法[J]. 中国激光, 2013, 40(12): 172-178.

[4] 梁洲鑫. 单层衍射光栅位移传感器的设计与实现[D]. 太原: 中北大学, 2020.

[5] 宋仁康. 广义相移数字全息干涉术算法理论及实验研究[D]. 哈尔滨: 哈尔滨理工大学, 2020.

[6] 位文广. 相移干涉数字全息技术研究 [D]. 开封: 河南大学, 2019.

[7] 徐先锋. 广义相移数字全息干涉术相移提取及波前再现算法的理论及实验研究[D]. 济南:

山东大学, 2008.

[8] 徐媛媛, 时刻, 王亚伟, 等. 相移干涉技术及相移获取方法研究进展[J]. 激光与光电子学进展, 2018, 55(2): 36-49.

[9] 杨柳, 程筱胜, 崔海华. 免疫于伽马非线性的八步相移法[J]. 激光与光电子学进展, 2016, 53(11): 167-173.

[10] 张悦萌, 蔡萍, 隆军, 等. 多波长数字全息计量技术综述[J]. 激光与光电子学进展, 2020, 57(10): 24-35.

[11] 张志伟. 基于数字频谱分析的数字全息探测与处理[D]. 青岛: 中国石油大学, 2018.

[12] 郑东晖. 空间相移干涉测量方法及其关键技术研究[D]. 南京: 南京理工大学, 2019.

第 4 章　水下光纤耦合动态全息系统实现与应用

4.1　光纤耦合传输特性分析

对于光纤传输的理论研究，目前最主要的研究方法主要有光线理论和波动理论这两种。而光纤全息系统中光纤模块使用的是单模光纤，其芯径通常为 8～12μm。根据单模光纤的损耗曲线可知，其低损耗传输的波长通常在 1310nm 和 1550nm 处，这使得单模光纤的纤芯与光波波长处于同一量级，如果采用几何近似将存在较大的误差，而且使用光线理论无法解释模式分布、模式耦合及光场分布等现象。

因此，在分析单模光纤时，通常采用波动理论，通过求解电磁波所遵从的麦克斯韦方程，结合光纤满足的边界条件，求解波导场方程，从而导出本征值方程，进而精确地分析单模光纤的传输耦合特性。

4.1.1　光纤的波动理论传输基础

1. 麦克斯韦方程组

麦克斯韦方程组全面地反映了电磁波的基本传播性质，其微分形式为

$$\nabla \times \boldsymbol{E} = -\frac{\partial \boldsymbol{B}}{\partial t} \tag{4.1}$$

$$\nabla \times \boldsymbol{H} = J + \frac{\partial \boldsymbol{D}}{\partial t} \tag{4.2}$$

$$\nabla \cdot \boldsymbol{B} = 0 \tag{4.3}$$

$$\nabla \cdot \boldsymbol{D} = \rho \tag{4.4}$$

式中，$\boldsymbol{D}$、$\boldsymbol{E}$、$\boldsymbol{H}$、$\boldsymbol{B}$、ρ、J 分别为电位移矢量、电场强度、磁场强度、磁感应强度、自由电荷密度和介质中的传导电流密度。

光纤作是一种介质波导，其可以将光波谱段的电磁波能量限制在特定的空间范围内传播，光纤具备如下特点：

(1) 无传导电流（$J=0$）。

(2) 无自由电荷（$\rho=0$）。

(3)介质各向同性。

由(1)与(2)可以得出光纤介质中的麦克斯韦方程组：

$$\nabla \times \boldsymbol{E} = -\frac{\partial \boldsymbol{B}}{\partial t} \tag{4.5}$$

$$\nabla \times \boldsymbol{H} = \frac{\partial \boldsymbol{D}}{\partial t} \tag{4.6}$$

$$\nabla \cdot \boldsymbol{B} = 0 \tag{4.7}$$

$$\nabla \cdot \boldsymbol{D} = 0 \tag{4.8}$$

此外，在式(4.5)～式(4.8)中，$\boldsymbol{D}$ 和 $\boldsymbol{E}$，以及 $\boldsymbol{B}$ 和 $\boldsymbol{H}$ 之间的关系与空间传输介质有关，在均匀、各向同性介质中，它们的关系为

$$\boldsymbol{D} = \varepsilon \boldsymbol{E} = \varepsilon_0 \varepsilon_r \boldsymbol{E} \tag{4.9}$$

$$\boldsymbol{B} = \mu \boldsymbol{H} = \mu_0 \mu_r \boldsymbol{H} \tag{4.10}$$

式中，ε 和 μ 为介质中的介电常数与磁导率；ε_0 和 μ_0 为真空中的介电常数与磁导率；ε_r 和 μ_r 为介质相对于真空的相对介电常数与相对磁导率。正因为它们的关系与空间传输的介质有关，所以式(4.9)、式(4.10)也称为物质方程。

但是在麦克斯韦方程组中，既有电场和磁场的交互变化，也有空间与时间相互影响，所以想要得到一个易于求解的方程，就必须对式(4.5)～式(4.8)进行分离变换处理。首先借助矢量表达式：

$$\nabla \times (\nabla \times \boldsymbol{E}) = \nabla(\nabla \cdot \boldsymbol{E}) - \nabla^2 \boldsymbol{E}$$

然后将式(4.9)代入式(4.8)，可得

$$\nabla \cdot \boldsymbol{D} = \nabla \cdot (\varepsilon \boldsymbol{E}) = \nabla \varepsilon \cdot \boldsymbol{E} + \varepsilon \nabla \cdot \boldsymbol{E} = 0$$

化简变换后可得

$$\nabla \cdot \boldsymbol{E} = -\frac{\nabla \varepsilon}{\varepsilon}$$

所以矢量表达式可以变换成

$$\nabla \times (\nabla \times \boldsymbol{E}) = -\nabla\left(\frac{\nabla \varepsilon}{\varepsilon} \boldsymbol{E}\right) - \nabla^2 \boldsymbol{E}$$

此外，由式(4.5)、式(4.6)、式(4.9)和式(4.10)，可得

$$\nabla \times (\nabla \times \boldsymbol{E}) = -\nabla \times \left(\frac{\partial \boldsymbol{B}}{\partial t}\right) = -\mu \frac{\partial}{\partial t}(\nabla \times \boldsymbol{H}) = -\mu\varepsilon \frac{\partial^2 \boldsymbol{E}}{\partial t^2}$$

所以可以得出一个电场强度的波动方程：

$$\nabla\left(\frac{\nabla\varepsilon}{\varepsilon}\boldsymbol{E}\right)+\nabla^2\boldsymbol{E}=\mu\varepsilon\frac{\partial^2\boldsymbol{E}}{\partial t^2} \tag{4.11}$$

同理可以得到磁场强度的波动方程：

$$\left(\frac{\nabla\varepsilon}{\varepsilon}\right)\times\left(\nabla\times\boldsymbol{H}\right)+\nabla^2\boldsymbol{H}=\mu\varepsilon\frac{\partial^2\boldsymbol{H}}{\partial t^2} \tag{4.12}$$

式(4.11)和式(4.12)称为矢量波动方程，因为不存在任何近似，所以这也是一个普遍适用的精确方程，但是其求解的难度也是非常大的。

对于单模阶跃光纤这种折射率 n 变化非常缓慢的均匀介质而言，其介电常数可以视为常数。故在不影响解的精确度的情况下，矢量波动方程的简化是相当可行且有效的。

所以对于光纤（$\nabla\varepsilon=0$或者$\nabla\varepsilon\approx 0$），矢量波动方程可以简化成如下形式：

$$\nabla^2\boldsymbol{E}-\frac{n^2}{c^2}\cdot\frac{\partial^2\boldsymbol{E}}{\partial t^2}=0 \tag{4.13}$$

$$\nabla^2\boldsymbol{H}-\frac{n^2}{c^2}\cdot\frac{\partial^2\boldsymbol{H}}{\partial t^2}=0 \tag{4.14}$$

式中，n为介质中光的折射率，且$n=\sqrt{\varepsilon\mu/\varepsilon_0\mu_0}\approx\sqrt{\varepsilon/\varepsilon_0}=\sqrt{\varepsilon_r}$（光纤作为非磁性介质，其$\mu_r=1$）；$c$为真空中的光速，且$c=1/\sqrt{\mu_0\varepsilon_0}$。式(4.13)和式(4.14)可称为简化的矢量波动方程。

2. 光纤满足的边界条件

由电磁场法向分量边值关系可知：

$$n\cdot(\boldsymbol{D}_2-\boldsymbol{D}_1)=\rho_s\,,\qquad n\cdot(\boldsymbol{B}_2-\boldsymbol{B}_1)=0$$

同理，由电磁场的切向边值关系可知：

$$n\times\left(\boldsymbol{E}_2-\boldsymbol{E}_1\right)=0\,,\qquad n\times\left(\boldsymbol{H}_2-\boldsymbol{H}_1\right)=J_s$$

对于光纤这种非磁性、非导电介质，其分界面上不存在自由电荷（$\rho_s=0$），可以认为不存在传导电流（$J_s=0$），所以边值关系可以简化为

$$n\cdot(\boldsymbol{D}_2-\boldsymbol{D}_1)=0 \tag{4.15}$$

$$n\cdot(\boldsymbol{B}_2-\boldsymbol{B}_1)=0 \tag{4.16}$$

$$n\cdot(\boldsymbol{E}_2-\boldsymbol{E}_1)=0 \tag{4.17}$$

$$n\cdot(\boldsymbol{H}_2-\boldsymbol{H}_1)=0 \tag{4.18}$$

4.1.2 基于波动法的耦合传输模型分析

1. 亥姆霍兹方程及相应的纵向场表达式(波导场方程)

在光纤中传输的电磁波，通常是具有确定振荡频率 f，角频率 $\omega = 2\pi f$ 的单色平面光波，现在我们假设光纤中传输的是单色平面波，电磁场分布可以认为其中电场和磁场在传播时彼此正交，且与传播方向垂直，则表达式可以表示为

$$\boldsymbol{E} = E_0 \mathrm{e}^{\mathrm{j}(\omega t - \boldsymbol{k} \cdot \boldsymbol{r})} \tag{4.19}$$

$$\boldsymbol{H} = H_0 \mathrm{e}^{\mathrm{j}(\omega t - \boldsymbol{k} \cdot \boldsymbol{r})} \tag{4.20}$$

又因为光纤是均匀的线性传输介质，在光纤内电磁场可以分解成时间、空间分量的叠加，所以式(4.19)和式(4.20)可以分离成

$$\boldsymbol{E}(\boldsymbol{r},t) = \boldsymbol{E}(\boldsymbol{r})\mathrm{e}^{\mathrm{j}\omega t} \tag{4.21}$$

$$\boldsymbol{H}(\boldsymbol{r},t) = \boldsymbol{H}(\boldsymbol{r})\mathrm{e}^{\mathrm{j}\omega t} \tag{4.22}$$

式中，$\partial / \partial t = \mathrm{i}\omega$ (此结果根据书写习惯不同，其结果也不同)。将式(4.21)和式(4.22)代入矢量波动方程中，就可以得到矢量形式的亥姆霍兹方程：

$$\nabla^2 \boldsymbol{E}(\boldsymbol{r}) + k^2 \boldsymbol{E}(\boldsymbol{r}) = 0 \tag{4.23}$$

$$\nabla^2 \boldsymbol{H}(\boldsymbol{r}) + k^2 \boldsymbol{H}(\boldsymbol{r}) = 0 \tag{4.24}$$

式(4.23)和式(4.24)对于在缓变型传输介质中传输的任何电磁波都适用，结合光纤满足的边界条件，即可以求出在光纤中的对应光波场分布，即波导场方程。

同理，由电磁波的特性可知，其场分布沿轴向的变化只体现在相位上，场的幅值不随轴向传播距离变化而变化(假设无模式耦合，也不存在损耗与增益)，所以式(4.21)和式(4.22)可以进一步分解为

$$\boldsymbol{E}(x,y,z) = \boldsymbol{E}(x,y)\mathrm{e}^{-\mathrm{j}\beta z}\mathrm{e}^{\mathrm{j}\omega t} \tag{4.25}$$

$$\boldsymbol{H}(x,y,z) = \boldsymbol{H}(x,y)\mathrm{e}^{-\mathrm{j}\beta z}\mathrm{e}^{\mathrm{j}\omega t} \tag{4.26}$$

考虑到 $k = n\omega / c = nk_0$，并且可以忽略时间项，式(4.23)和式(4.24)可以变化为

$$\nabla^2 \boldsymbol{E}(x,y,z) + (k^2 - \beta^2)\boldsymbol{E}(x,y,z) = 0 \tag{4.27}$$

$$\nabla^2 \boldsymbol{H}(x,y,z) + (k^2 - \beta^2)\boldsymbol{H}(x,y,z) = 0 \tag{4.28}$$

此外由于电磁场可以进行横纵分离，我们同样可以把算子 ∇^2 改写成 $\nabla_t^2 + \partial^2 / \partial_{z^2}$，式中下标 z 与 t 分别代表纵向和横向。所以矢量亥姆霍兹方程可以改写成

$$\nabla_t^2 \boldsymbol{E}_t + (k^2 - \beta^2)\boldsymbol{E}_t = 0 \tag{4.29}$$

$$\nabla_t^2 \boldsymbol{H}_t + (k^2 - \beta^2)\boldsymbol{H}_t = 0 \tag{4.30}$$

$$\nabla_t^2 E_z + (k^2 - \beta^2)E_z = 0 \tag{4.31}$$

$$\nabla_t^2 H_z + (k^2 - \beta^2)H_z = 0 \tag{4.32}$$

但是本节用的光纤是一种典型的圆柱形结构，采用笛卡儿坐标系求解会非常复杂，为了简化运算通常采用柱坐标系来求解，可将式(4.29)～式(4.32)转化为

$$\frac{\partial^2}{\partial r^2}\begin{pmatrix} E_z \\ H_z \end{pmatrix} + \frac{1}{r}\frac{\partial}{\partial r}\begin{pmatrix} E_z \\ H_z \end{pmatrix} + \frac{1}{r^2}\frac{\partial^2}{\partial \theta^2}\begin{pmatrix} E_z \\ H_z \end{pmatrix} + (k^2 - \beta^2)\begin{pmatrix} E_z \\ H_z \end{pmatrix} = 0 \tag{4.33}$$

$$\frac{\partial^2}{\partial r^2}\begin{pmatrix} \boldsymbol{E}_z \\ \boldsymbol{H}_z \end{pmatrix} + \frac{1}{r}\frac{\partial}{\partial r}\begin{pmatrix} \boldsymbol{E}_z \\ \boldsymbol{H}_z \end{pmatrix} + \frac{1}{r^2}\frac{\partial^2}{\partial \theta^2}\begin{pmatrix} \boldsymbol{E}_z \\ \boldsymbol{H}_z \end{pmatrix} + (k^2 - \beta^2)\begin{pmatrix} \boldsymbol{E}_z \\ \boldsymbol{H}_z \end{pmatrix} = 0 \tag{4.34}$$

式(4.33)为标量方程，式(4.34)为矢量方程，由于矢量方程无法分解成柱坐标的单一分量$(E_r, E_\varphi, H_r, H_\varphi)$的标量方程，所以求解分量的电磁场的表达式只能先求出纵向分量E_z, H_z，然后根据纵向分量和横向分量的关系去求解其他分量参数。

但是对于本节使用的光纤，其纤芯的折射率n_1和包层折射率n_2相差甚小，即$n_1 \approx n_2$，这类光纤对于电磁波的约束和传输作用相对于其他光纤要弱得多，通常也称为弱导光纤。也就是说当相对折射率$\varDelta$很小时，沿光纤光轴和近轴传播的光波仍然近似为平面波，偏振态大体上保持不变，而且光纤中传输的场近似是横电磁的，因此波导场方程的横向分量更能反映场的分布特性。

2. 弱导近似下光纤波动方程的普遍解

弱导近似下，在光纤中传输的电磁场可以近似地看成平面波，所以可以采用一组正交的线性体系来进行进一步简化分析，通过不同幅值的线性叠加，可以使其场分布呈现任一方向，从而构成一种具有线偏振特性的简化模式，称为线偏振模(linear polarization mode)，一般用LP_{mn}表示。

现假设电场强度矢量主要是x分量，磁场强度分量主要为y分量(以电场为例)：

$$E_{(r,\theta,z)} = R(r)\varPhi(\theta)\mathrm{e}^{-\mathrm{j}\beta z} \tag{4.35}$$

式中，$E_x = R(r)\varPhi(\theta)$，然后将其代入式(4.33)，并对结果进行变量分离

$$\frac{r^2}{R(r)}\frac{\mathrm{d}^2 R(r)}{\mathrm{d}r^2} + \frac{r}{R(r)}\frac{\mathrm{d}R(r)}{\mathrm{d}r} + r^2(k^2 - \beta^2) = -\frac{1}{\varPhi(\theta)}\frac{\mathrm{d}^2\varPhi(\theta)}{\mathrm{d}\theta^2} \tag{4.36}$$

要想使两个不相关参数形成的函数相等，方程两边只能等于某一常数。设该常数为 m^2，则可以将方程分解为径向函数 R 和角向函数 Φ 各自满足的微分方程：

$$\frac{\mathrm{d}^2 R(r)}{\mathrm{d}r^2}+\frac{1}{r}\frac{\mathrm{d}R(r)}{\mathrm{d}r}+\left(k^2-\beta^2-\frac{m^2}{r^2}\right)R(r)=0 \tag{4.37}$$

$$\frac{\mathrm{d}^2\Phi(\theta)}{\mathrm{d}\theta^2}+m^2\Phi(\theta)=0 \tag{4.38}$$

式中，常数取作 m^2，式(4.38)中的角函数 $\Phi(\theta)$ 必须是以 2π 为周期的周期函数，而且 m 只能取整数，并且为了满足场在边界上的匹配关系，芯区和包层中的 $\Phi(\theta)$ 应该按照相同的周期变化规律，为了简化运算假设 E_z 选择 $\Phi(\theta)=\cos(m\theta)$，则 H_z 选择 $\Phi(\theta)=\sin(m\theta)$，反之也成立。然后为了得到分布函数 $R(r)$，我们需要求解式 (4.38)，该式也称为 Bessel 方程，其解也有多种形式，解的形式如下：

$$R(r)=\begin{cases}AJ_m\left[r\sqrt{k_0^2n_1^2-\beta^2}\right]+BY_m\left[r\sqrt{k_0^2n_1^2-\beta^2}\right], & r\leqslant a\\ CI_m\left[r\sqrt{\beta^2-k_0^2n_2^2}\right]+DK_m\left[r\sqrt{\beta^2-k_0^2n_2^2}\right], & r>a\end{cases}$$

式中，J_m、Y_m、I_m、K_m 的函数曲线如图 4.1～图 4.4 所示。

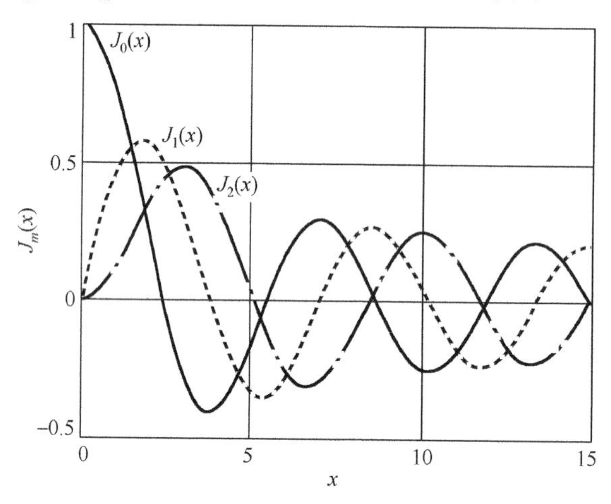

图 4.1　J_m 的前三阶函数曲线

但考虑到光纤及实际应用场景，对于芯区而言，其电场幅值必然有界，而且随着 r 值做振荡变化，因此芯层应该选用第一类 Bessel 函数 $J_m(r)$；在包层区，当 r 趋向于无穷时，电场应趋于零，但起始点不从零处取值，故包层应选用第二类变形 Bessel 函数 $K_m(r)$，所以分布函数 $R(r)$ 的解可以简化成

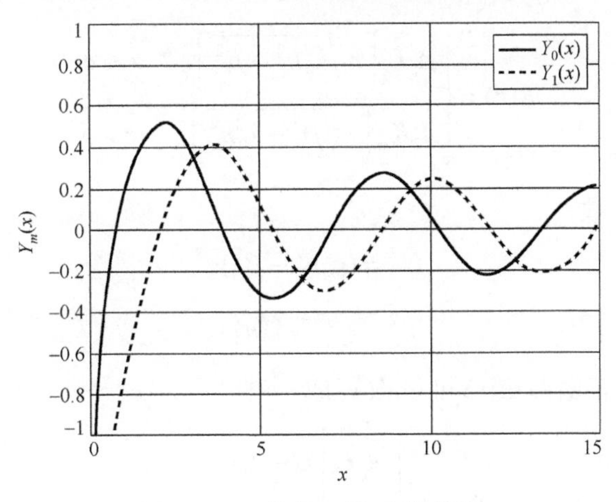

图 4.2　Y_m 的前二阶函数曲线

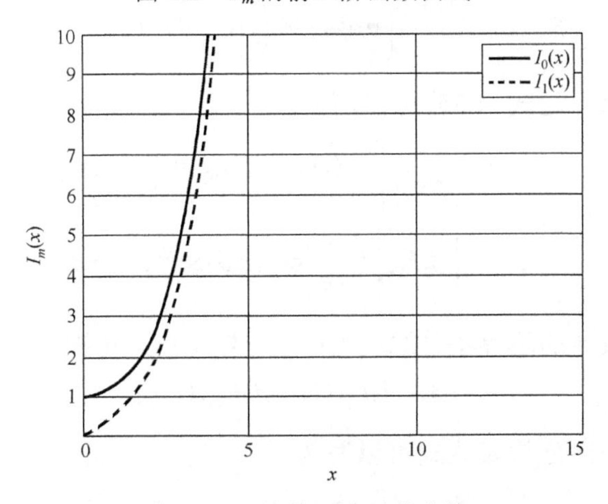

图 4.3　I_m 的前二阶函数曲线

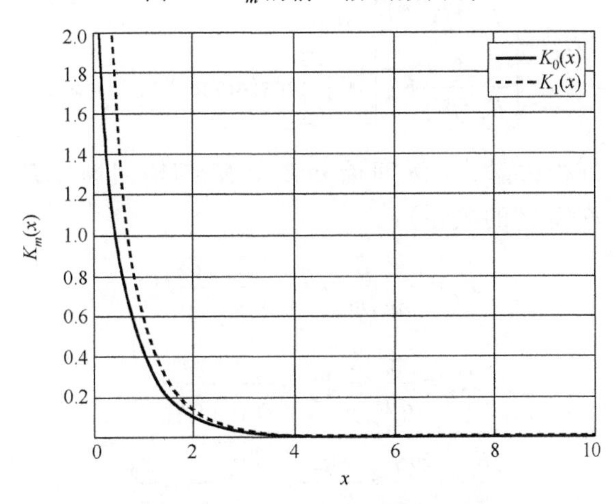

图 4.4　K_m 的前二阶函数曲线

$$R(r)=\begin{cases} A_1J_m\left[r\sqrt{k_0^2n_1^2-\beta^2}\right], & r\leqslant a \\ A_2K_m\left[r\sqrt{\beta^2-k_0^2n_2^2}\right], & r>a \end{cases} \tag{4.39}$$

同时引入实参数：

$$U^2=(k_0^2n_1^2-\beta^2)a^2 \tag{4.40}$$

$$W^2=(\beta^2-k_0^2n_0^2)a^2 \tag{4.41}$$

式(4.39)的分布函数 $R(r)$ 可以改写成

$$R(r)=\begin{cases} A_1J_m\left[U\dfrac{r}{a}\right], & r\leqslant a \\ A_2K_m\left[W\dfrac{r}{a}\right], & r>a \end{cases} \tag{4.42}$$

所以横向分量表达式(4.35)可以写为

$$E_{(r,\theta,z)}=\begin{cases} A_1J_m\left[U\dfrac{r}{a}\right]\cos(m\theta)\mathrm{e}^{-\mathrm{j}\beta z}, & r\leqslant a \\ A_2K_m\left[W\dfrac{r}{a}\right]\cos(m\theta)\mathrm{e}^{-\mathrm{j}\beta z}, & r>a \end{cases} \tag{4.43}$$

由光纤介质波导的边界条件(式(4.15)～式(4.18))可得

$$A=A_1J_m(U)=A_2K_m(W)$$

所以电场的横向分量表达式可以写为

$$E_x=\begin{cases} \dfrac{A}{J_m(U)}J_m\left[U\dfrac{r}{a}\right]\cos(m\theta)\mathrm{e}^{-\mathrm{j}\beta z}, & r\leqslant a \\ \dfrac{A}{K_m(W)}K_m\left[W\dfrac{r}{a}\right]\cos(m\theta)\mathrm{e}^{-\mathrm{j}\beta z}, & r>a \end{cases} \tag{4.44}$$

利用麦克斯韦方程分量式，纵向场分 E_z、H_z 与横向场分 E_y、H_x 的关系式(横向电场磁场之间存在特定的关系)：

$$E_z=\frac{\mathrm{j}}{\omega\varepsilon}\frac{\partial}{\partial y}H_x=\frac{\mathrm{j}Z_0}{n^2K_0}\frac{\partial}{\partial y}H_x$$

$$H_z=\frac{\mathrm{j}}{\omega\mu}\frac{\partial}{\partial x}E_y=\frac{\mathrm{j}}{K_0Z_0}\frac{\partial}{\partial x}E_y$$

$$\frac{E_t}{H_t}=\frac{\omega\mu}{\beta}\approx\frac{\omega\mu}{K_0n_1}=\sqrt{\frac{\mu_0}{\varepsilon_0}}\frac{1}{n_1}=\frac{Z_0}{n_1}$$

我们可以很容易地得出横向分量表达式：

$$E_z=\begin{cases}\dfrac{\mathrm{j}AU}{2aK_0n_1J_m(U)}\left[J_{m+1}\left(U\dfrac{r}{a}\sin(m+1)\theta+J_{m-1}U\dfrac{r}{a}\sin(m-1)\theta\right)\right], & r\leqslant a\\ \dfrac{\mathrm{j}AW}{2aK_0n_2K_m(W)}\left[K_{m+1}\left(W\dfrac{r}{a}\sin(m+1)\theta-K_{m-1}W\dfrac{r}{a}\sin(m-1)\theta\right)\right], & r\leqslant a\end{cases}\tag{4.45}$$

3. 利用边界条件求得特征方程

根据式(4.45)的边界条件，考虑到弱导光纤的 $n_1\approx n_2$，式(4.45)可以进一步简化，从而可以获得以下两个等式：

$$\frac{UJ_{m+1}(U)}{J_m(U)}=\frac{WK_{m+1}(W)}{K_m(W)}\tag{4.46}$$

$$\frac{UJ_{m-1}(U)}{J_m(U)}=\frac{WK_{m-1}(W)}{K_m(W)}\tag{4.47}$$

式(4.46)和式(4.47)可由 Bessel 函数递推关系证明两者等价，这就是弱导光纤标量解的特征方程，即线偏振模的特征方程。对于特定的 U、W 和传播常数 β，从而可以确定弱导光纤中线偏振模的场分布，对于确定的 m 值，特征方程会有一系列满足导模条件的解。

特别地，当 $m=0$ 时，LP_{0n} 模的场分布与 θ 无关，横向场分布有两种相互正交的线偏振态，根据色散曲线可知，最低阶的 LP_{01} 模，即归一化频率 $V_c=0$，此模不存在截止态，是光纤的主模或者基模。

对于弱导光纤，这样建立起来的线偏振模体系，是方便实验观察的，但是该体系成立的前提是 $n_1=n_2$。可是实际情况中，由于 $n_1\neq n_2$，它们之间的微小差别使得原本相互正交的模式稍有差别，换句话说，合成的模场将沿着传播方向发生周期性的变化，如图 4.5 所示。

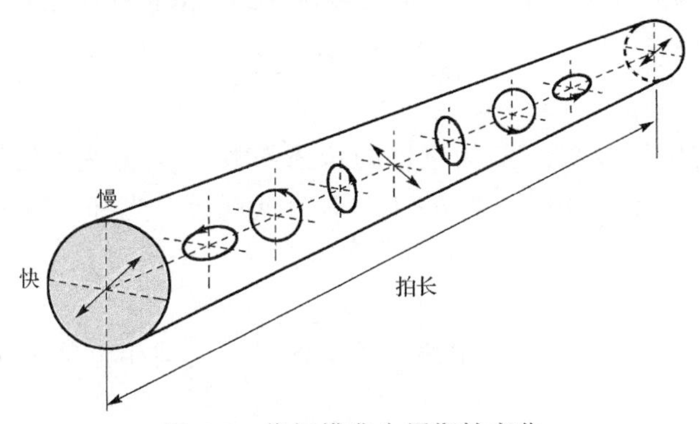

图 4.5　偏振模发生周期性变化

4. 保偏光纤

实际上，以上的分析都是假设 $n_1 = n_2$，当假设成立的情况下，光纤中两个正交模式将以相同的速度向前传播，因而在传播过程中偏振态会保持不变，可实际上 n_1 和 n_2 不可能相等，因此对于一般的单模光纤中传输的两个正交模式的传播常数 β 不可能绝对相等，即两者的相速并不完全相同，造成的结果就是电磁波在向前传播的过程中，其场将沿着传播方向做线偏振波-椭圆偏振波-圆偏振波-椭圆偏振波-线偏振波的周期性变化。

而且在实际的光纤中，应力或者形状效应破坏了理想单模光纤这种二重简并模态，使得单模光纤具有残余的双折射，于是当光波在单模光纤传播时，这种随机产生的双折射会使得传输的偏振态非常不稳定。因此一般的单模光纤不能用于传输偏振光，为此发展了能维持偏振态的偏振保持光纤，即保偏光纤。

保偏光纤通过人为放大这种双折射效应，使两个振动方向相互垂直的两个模式的有效折射率不同，将两个正交模的传播常数 $\Delta\beta$ 变大，使这两个模式相互耦合的概率变小，假设偏振光只能保持在光纤一个主轴平行方向上线性偏振传播，那么光就能在光纤传输中保持其偏振态不变。但如果在传输时，在其他方向上被线性偏振，偏振态必将会发生变化，这种变化是模正交分量间相位差造成的结果，相位差是由它们的传播常数之间的差别产生的，拍长度越短，光纤对偏振的不规则性效应就越具有弹性，光纤对线偏振光的偏振态保持能力就越强。

5. 保偏光纤主要参数

对保偏光纤的偏振保持能力的描述常常会用到下面几个参量。

1) 模双折射

模双折射又称归一化双折射，是描述保偏光纤偏振特性的重要参数之一。将模双折射定义为保偏光纤中两个主轴方向线偏振模的有效折射率之差，用 B 表示，即

$$B = \frac{\Delta\beta}{k_0} = \frac{\beta_x - \beta_y}{k_0} \tag{4.48}$$

式中，k_0 为真空中的波数；β_x 为慢轴的传播常数；β_y 为快轴的传播常数。一般单模光纤的 B 值为 $10^{-6} \sim 10^{-5}$，当 $B < 10^{-6}$ 时为低双折射光纤，当 $B > 10^{-5}$ 时为高双折射光纤。

2) 拍长 L_p

拍长 L_p 表征高双折射光纤中两个正交偏振模之间相位差达到 2π 时所传输的长度，定义为

$$L_p = \frac{2\pi}{\Delta\beta} = \frac{\lambda}{B} \tag{4.49}$$

对于某一确定波长，测得的拍长越小，则光纤中的双折射越大，也就是说两偏振模之间相位差越大，意味着激励其中一个偏振模时，其功率很难耦合到另一个偏振模。因此增大光纤的双折射不仅可以降低模间交叉耦合，而且可以实现单偏振传输，对于一般高双折射光纤来说，其 L_p 一般为 1～10mm。

3) 消光比

消光比反映了光纤保持偏振态的优劣程度，当偏振光偏振方向与其中一个轴对齐后，产生轴向偏振分量与垂直偏振分量的比值，我们将这个比值称为消光比。假设在光纤初始端激励了 x 方向的线偏振模，其功率为 P_x，由于耦合在光纤的输出端出现了 y 方向的线偏振模，其功率为 P_y，用消光比 η 和功率耦合系数 h 来表征这一对正交线偏振模的耦合作用。

消光比定义为

$$\eta = 10\lg\frac{P_x}{P_y} \approx 10\lg[\tan(hz)]$$

式中，h 为功率耦合系数；z 为光纤的长度，η、h 越大，保偏效果越好。

6. 保偏光纤分类

从光纤双折射产生的原因来看，可以把光纤分为感应双折射光纤和本征双折射光纤两种，感应双折射光纤是由光纤的弯曲、侧向变压及外场作用、扭曲等因素引起的，光纤传感技术应用中大多采用外场引起的双折射。本征双折射光纤包括几何形状双折射光纤和应力双折射光纤两种。

从折射率分布和光纤横截面来分，我们可以将保偏光纤分成非圆均匀光纤和非圆非均匀光纤，前者表示折射率均匀地分布在每个内部区域内，而区域的边界中至少存在一个不是同心圆，如椭圆光纤、领结光纤；后者表示折射率的等值曲线簇并非圆曲线簇。

保偏光纤的主要类型如表 4.1 所示。在光纤内产生双折射的原因有两点，即所受应力和几何椭圆度。所以针对这两点原因，我们有两种产生高双折射的方法，一种是人为地增加纤芯的椭圆度改变其形状来增加双折射，以达到高双折射的目的；另一种是人为地在包层内构造一个非圆对称的应力区来达到高双折射的目的。下面介绍几种目前应用较多的保偏光纤类型。

(1) 椭圆纤芯型保偏光纤。椭圆纤芯型保偏光纤纤芯的截面是椭圆形，这就使沿椭圆主轴的两个方向上具有不同的折射率，因为线性双折射 B 是随折射率差 (Δn) 增大而增大的，为了能够得到足够大的双折射率，就必须要使两个主要方向上的折射率差尽可能大，所以要使椭圆芯的尺寸很小才可以增大双折射。

表 4.1　保偏光纤的主要类型

		应力双折射	几何形状双折射
高双折射	双折射	高平包层型	椭圆纤芯型
		蝴蝶结型	边槽型
		熊猫型	边隧道型
		椭圆包层型	哑铃纤芯型
		椭圆套层型	四区纤芯型
	单偏振	扁平包层型	边隧道型
		蝴蝶结型	边槽型
		熊猫型	
低双折射		扭转型	旋转型

(2) 熊猫型保偏光纤。熊猫型保偏光纤就是偏振吸收还原和偏振保持，其纤芯在对称的位置有两个小孔，为了得到线性双折射，我们在每个圆孔中插入一个尺寸相当的掺硼预制棒。熊猫型保偏光纤是光纤间耦合非常困难的一种光纤，但它的纤芯跟激光器的圆心很相似，所以也给它与激光器之间的耦合带来了方便。

(3) 蝴蝶结型保偏光纤。蝴蝶结型保偏光纤扇形区材料是掺锗的石英玻璃。其应力区的掺硼材料区域热压力的不同导致光纤中出现强大的内应力进而产生高双折射。其中扇形应力区越接近光纤的纤芯，其双折射效应就越大，但如果无限地接近光纤芯，就会在光纤包层中产生额外损耗的衰减场。

总而言之，对于我们光纤全息系统来说，在光的传输过程中是不允许偏振态发生变化的，所以普通的光纤并不能满足我们的要求，而保偏光纤作为一种特殊的单模光纤，能够保持线偏光的偏振态在传输时不发生变化，所以本章的水下光纤全息系统的光纤模块采用的是保偏光纤。

4.2　水体光学特性分析

水下光学特性研究是一门完整的学科，其中涉及光辐射学、光度量学、散射光学等光学分支。本节将仅仅从水下全息的角度出发介绍基本的水体光学知识。如果读者希望深入研究水体光学特性，我们推荐您阅读以下五本经典著作。第一部是 Kerker 等编著的 *The Scattering of Light and Other Electromagnetic Radiation*。

第二部是 van de Hulst 等编著的 *Light Scattering by Small Particles*。第三部是 Bohren 和 Huffman 编著的 *Absorption and Scattering of Light by Small Particles*。第四部是 Mishchenko 等编著的 *Scattering, Absorption, and Emission of Light by Small Particles*，中文翻译版本为《微粒的光散射、吸收和发射》。第五部是 Mobley 等编著的 *Light and Water: Radiative Transfer in Natural Waters*。

天然的水，无论是淡水还是盐水，都是由溶解物和颗粒物组成的混合物。这些溶质和粒子在光学上都很重要，而且种类和浓度变化很大。因此，自然水域的光学特性显示出巨大的时间和空间变化，很少类似于纯水。

光学特性与自然水和物理环境的生物、化学和地质成分之间的联系决定了光学在水生研究中的关键作用。水文光学利用的是生物学、化学、地质学和物理学的分支学科——湖沼学和海洋学的成果，同样，这些分支学科也包含了光学。这种协同作用体现在生物光学海洋学、海洋光化学、混合层动力学、激光测深、生物生产力、泥沙负荷或污染物的遥感等领域。

水的整体或大规模的光学特性可以很方便地分为两种相互排斥的类别：固有的和表观的。固有光学特性(inherent optical properties，IOP)是指仅依赖于介质的特性，因此与介质内的环境光场无关。两个基本的 IOP 是吸收系数和体积散射函数。其他的 IOP 还包括折射率、光束衰减系数和单散射反照率。表观光学特性(apparent optical properties，AOP)既依赖于 IOP 又与环境光场的几何(定向)结构特性息息相关。常用的 AOP 是辐照反射率、平均余弦值和各种漫衰减系数。辐射传输理论提供了 IOP 和 AOP 之间的联系。水体的物理环境如表面的波浪、底部的特性、天空的入射光等可以通过辐射传输理论进行求解。

IOP 规定了自然水域的光学特性，其形式适合于辐射传输理论。假设现有一个光谱辐射能力为 $\Phi_i(\lambda)$ (单位为 $W \cdot nm^{-1}$)、单色光体积为 ΔV、厚度为 Δr 的水体，如图 4.6 所示。

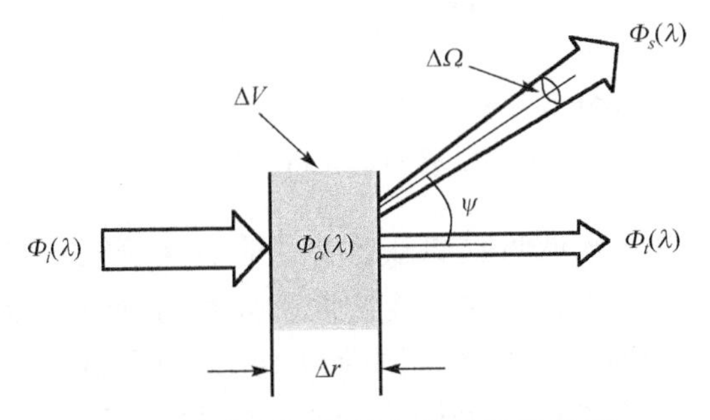

图 4.6　水体固有的光学特性示意图

入射功率 $\Phi_i(\lambda)$ 的一部分 $\Phi_a(\lambda)$ 被吸收到水的体积中。部分 $\Phi_s(\psi;\ \lambda)$ 以一个角

度ψ散射出光束，剩余的功率$\Phi_t(\lambda)$通过体积传输，方向不变。设$\Phi_s(\lambda)$是散射到各个方向的总能量。此外，假设没有发生非弹性散射，即假设在散射过程中没有光子发生波长变化。然后通过能量守恒，有

$$\Phi_i(\lambda) = \Phi_a(\lambda) + \Phi_s(\lambda) + \Phi_t(\lambda) \tag{4.50}$$

将式(4.50)进行变形，则光谱吸收系数$A(\lambda)$、光谱散射系数$B(\lambda)$及光谱透过率$T(\lambda)$分别为

$$A(\lambda) \equiv \frac{\Phi_a(\lambda)}{\Phi_i(\lambda)} \tag{4.51}$$

$$B(\lambda) \equiv \frac{\Phi_s(\lambda)}{\Phi_i(\lambda)} \tag{4.52}$$

$$T(\lambda) \equiv \frac{\Phi_t(\lambda)}{\Phi_i(\lambda)} \tag{4.53}$$

显然，$A(\lambda) + B(\lambda) + T(\lambda) = 1$。

很容易与吸光度$A(\lambda)$混淆的一个量是吸光度$D(\lambda)$（又称为光密度），定义为

$$D(\lambda) = \lg \frac{\Phi_i(\lambda)}{\Phi_s(\lambda) + \Phi_t(\lambda)} = -\lg[1 - A(\lambda)] \tag{4.54}$$

水文光学通常采用的固有光学性质是光谱吸收系数和散射系数，即介质单位距离中的光谱吸收系数和散射系数。在图 4.6 的几何关系中，光谱吸收系数$a(\lambda)$定义为

$$a(\lambda) \equiv \lim_{\Delta r \to 0} \frac{A(\lambda)}{\Delta r} \quad (\mathrm{m}^{-1}) \tag{4.55}$$

光谱散射系数$b(\lambda)$为

$$b(\lambda) \equiv \lim_{\Delta r \to 0} \frac{B(\lambda)}{\Delta r} \quad (\mathrm{m}^{-1}) \tag{4.56}$$

定义谱束衰减系数$c(\lambda)$为

$$c(\lambda) = a(\lambda) + b(\lambda) \quad (\mathrm{m}^{-1}) \tag{4.57}$$

为了推动我们对自然水域吸收和散射特性的后续研究，我们需要对这些水域的组成有一些了解。天然水体中含有连续大小分布的颗粒，范围从约为 0.1nm 的水分子，到约为 1nm 的有机小分子，到约为 10nm 的有机大分子，到约为 100nm 的病毒，到约为 10m 的鲸鱼，以及约为 100m 的潜艇。因此严格地说，水完全是由微粒组成的。

因此，在过滤水样时，通常采用孔径约为 0.4μm 的过滤器进行区分，凡是能

够通过过滤器的微粒都称为溶解物，凡是留在过滤器上的都称为颗粒。这条分界线更多的是由我们检查留在滤片上的物质性质决定的，而不是由物质的化学、生物或光学特性的任何区别特征决定的。因此，传统光学显微镜无法分辨比溶解物质和颗粒物质之间的历史分界线更小的单个颗粒。

自然水体的每一个组成部分，不管它们是如何分类的，都在某种程度上决定了一个给定水体的光学特性值。

纯海水由纯水加上各种溶解盐组成。这些盐比纯水增加了约30%散射度。这些盐对可见波长的吸收影响很小，但它们很可能在一定程度上增加了紫外线波长的吸收。

淡水和咸水都含有不同浓度的溶解有机物。这些有机物是在植物物质腐烂过程中产生的，主要由各种腐殖酸和黄腐酸组成。这些化合物的颜色通常是棕色的，如果浓度足够大，水就会变成棕黄色。由于这个原因，这种化合物通常称为黄色物质或有色可溶解有机物(colored dissolved organic matter，CDOM)。黄色物质对红色的吸收很少，但其吸收随波长的减少而迅速增加，对蓝色和紫外线的吸收显著。它的主要来源之一是腐烂的陆地植被。因此，通常在受河流径流影响的湖泊、河流和沿海水域中浓度最高。在这样的水域中，黄色物质可能是光谱蓝端主要的吸收物。在海洋中，黄色物质的吸收通常比其他成分的吸收少，但一些黄色物质可能是浮游植物腐烂的结果，特别是在水华结束时。

有机颗粒以多种形式存在。

病毒：天然海水中含有的病毒粒子浓度为$10^{12}\sim10^{15}\mathrm{m}^{-3}$。这些粒子(20～250nm)通常比可见光的波长要小得多。尽管病毒数量众多，但它们不太可能对自然水体的吸收和总散射特性做出重大贡献，因为在每个粒子的基础上，它们是非常低效的吸收和散射体。然而，非常小的粒子可以是有效的后向散射体，有推测认为，病毒有时可能对后向散射系数b_b有显著贡献，至少在非常清澈的水域中，在蓝色波长中是这样的。请注意，按照传统的定义，病毒将被视为溶解物质。

胶体：0.4～1.0μm大小的无生命胶体粒子的典型浓度为$10^{13}\mathrm{m}^{-3}$，粒径小于0.1μm的胶体的浓度为$10^{15}\mathrm{m}^{-3}$。传统解释中部分归因于溶解物的吸收可能是因为胶体，类似于电子显微镜中的黄腐酸。基于Mie散射理论的模拟结果表明，胶体对后向散射有显著的贡献。

细菌：0.2～1.0μm大小的活细菌的典型浓度为$10^{11}\sim10^{13}\mathrm{m}^{-3}$。直到最近人们才认识到，细菌可以是光的重要散射体和吸收体，特别是对蓝色波长，以及在大型浮游植物相对稀少的清澈海洋中。细菌可能是微粒后向散射最重要的微生物。

浮游植物：这些无处不在的微型植物在种类、大小、形状和浓度上都具有令人难以置信的多样性。它们的细胞大小从小于1μm到大于200μm，有些物种会形成更大的单个细胞链。人们早就认识到，浮游植物是决定大多数海洋水域光学特性的主要因素。它们的叶绿素和相关色素强烈吸收蓝色与红色的光，因此，当浓度较高时，它们在决定海水光谱吸收方面占主导地位。这些粒子尺寸通常远大于可见光的波长，是有效的散射体，强烈地影响海水的总散射特性。虽然大粒子在较小的散射角时散射强烈，从而对 b_b 有贡献，但在大的散射角时散射弱。因此，较大的浮游植物对 b_b 的贡献相对较小。

有机碎屑：浮游植物死亡留下的细胞碎片，浮游动物的粪便等构成了各种大小的非生物有机碎屑颗粒。即使这些碎屑颗粒在产生时含有色素，它们也会迅速被光氧化，失去活的浮游植物特有的吸收光谱。有间接证据表明，亚微米、低折射率的碎屑颗粒是海洋中主要的后向散射体。

大颗粒：大于100μm的颗粒包括浮游动物(大小为几十微米到两厘米的活动物)和较小颗粒的易碎的无定形几何体(如“海洋雪”，大小为 0.5mm 到几十厘米)。这些粒子的数量变化很大，从零到每立方米几千个。即使在相对较大的浓度下，这些大颗粒也容易被光学仪器忽略，光学仪器只能随机抽取几立方厘米的水样本，或者产生湍流，这会使聚集物分解。大的“蓬松的”粒子在所有散射角度上都是有效的光散射体。因此，聚集体可能会显著地影响水的光学特性(特别是后向散射)。

无机颗粒通常由细磨的石英砂、黏土矿物或金属氧化物组成，尺寸为远小于1μm 到几十微米。虽然人们认识到无机颗粒有时比有机颗粒在光学上更重要，但对此类颗粒在海水中的光学效应并未给予足够的关注。

4.2.1　水体光学吸收特性

吸收测量：测定天然水域的光谱吸收系数 $a(\lambda)$ 是一项困难的任务。首先，水本身对近紫外和蓝色波长的吸收很弱，所以需要非常灵敏的仪器。其次，散射永远不会被忽略，因此必须仔细考虑散射效应对吸收测量可能造成的混叠。在波长 $\lambda=370\sim450$nm 的纯水中，分子散射提供 20%～25%的光束衰减，$c(\lambda)=a(\lambda)+b(\lambda)$。在高颗粒负荷的水域散射效应可以支配所有可见波长的吸收。由于制备未污染的标准水样难度较大，所以也间接地增加了纯水的吸收率测定的困难程度。

水本身的吸收通常是已知的。我们真正感兴趣的是水样的成分。水体成分有助于将水体的光学性质与地球化学特征联系起来。

因为这些成分的浓度通常很低，所以在进行吸收测量之前，有必要对样品进行浓缩。通过过滤水样保留颗粒物，颗粒物 $a_p(\lambda)$ 的光谱吸收系数通过分束光度计来测定。

尽管吸收测量法已经使用多年，但由于滤垫测量固有的误差，使得该方法仍存在一些缺陷。滤片测量的主要问题是滤片内的强烈散射和收集的粒子增加了光子通过样品的平均距离，从而增加了表观吸收。修正必须适用于光子路径长度的增加，这是一个不确定的过程。除此之外，还可以通过测量滤片反射的光来确定吸收情况。

将纯水的吸收 $a_w(\lambda)$ 加入 $a_p(\lambda)$ 中，得到海洋水样的总吸收，假设溶解的有机物(黄色物质)的吸收可以忽略不计。然而，即使在开阔的海洋中，这一假设也并不总是有效的，而且在近岸水域中也很少成立。如果希望被黄色物质 $a_y(\lambda)$ 吸收，那么首先过滤样品以去除颗粒，然后测量滤液的吸光度，取 $a_y(\lambda)$ 为 $a_{\text{filtrate}}(\lambda)-a_w(\lambda)$。一些测量 $a(\lambda)$ 的新仪器正在开发中，这些仪器有望避免滤片技术固有的问题。

4.2.2　水体光学散射特性

在最基本的微观水平上，所有的散射都来自光子和分子或原子之间的相互作用。自然水域中的散射分为随机分子运动引起的小尺度散射(远小于光波长)，以及湍流引起的真实折射率波动造成的大尺度散射(远大于光波长)。

散射测量：散射测量比吸收测量更难进行。虽然测量散射函数 $\beta(\psi;\ \lambda)$ 的仪器概念设计与图 4.6 相似，其中给定体积的散射函数可以表示为 $\beta(\psi;\ \lambda)=I_s(\psi;\ \lambda)/[E_i(\lambda)\Delta V]$。但是 $\beta(\psi;\ \lambda)$ 不易测定。对于一个给定的天然水样，散射强度从 $\psi=90°$ 到 $\psi=0.1°$ 通常会增加 5 个或 6 个数量级，而在给定角度 ψ 下的散射在水样之间可以变化 2 个数量级。因此，仪器所需的动态范围是很大的。而且，还必须校正样品体积内的吸收情况，以及仪器沿入射和散射光束路径的衰减问题。在小散射角度下，$\beta(\psi;\ \lambda)$ 的快速变化要求光学元件精准共轴，但是晃动的船实现精确对齐的困难程度极大。由于这些设计上的困难，仅有几台仪器被用于体积散射函数的现场测量，而且 $\beta(\psi;\ \lambda)$ 的测量方式也和常规方法有明显区别。

商业仪器可以在实验室于固定散射角测量 $\beta(\psi;\ \lambda)$，如 $\psi=5°$，其测量范围为 $-160°\sim-20°$。但这些仪器有其自身的问题，如样品在收集和测量过程中的变化问题。此外，在 ψ 的限定范围内 $\beta(\psi;\ \lambda)$ 的测量值不足以通过积分来确定 $b(\lambda)$。在实践中，在测量了光束的衰减和吸收后，散射系数 $b(\lambda)$ 通常由能量守恒关系 $b(\lambda)=c(\lambda)-a(\lambda)$ 确定。后向散射系数 $b_b(\lambda)$ 可以在实验室中使用结合积分球的分束光度计测量。

如果这些颗粒数量太少，无法在样品体积中可靠地捕获，那么现场和实验室仪器采集的水样本体积都很小(约为 1cm^{-3})，因此可能无法检测到具有光学意义的大团聚体(海洋雪)的存在，但这些粒子可以影响大面积水体的散射特性。

近前方($\psi<1°$)和近后方($\psi>179°$)的测量是非常困难的，但是 $\beta(\psi;\ \lambda)$ 在这些极端角度的行为是相当有趣的。在小角度准确的 ψ 值对于确定 b 值至关重要，因为近一半散射发生在小角度范围内。小角度散射在水下成像中具有重要意义，它与散射理论、粒子光学特性和粒子尺寸分布有关。

4.3　水下动态全息系统的实现方法

4.3.1　水下全息的辐射传递方程

当一个光子与一个原子或分子相互作用时，光子可能被吸收，使原子或分子处于较高的内部能量(电子、振动或转动)状态。分子辐射出一个与吸收过程具有相同能量的光子后，分子又返回到原有状态，这个过程称为弹性散射。然而，受激分子可能发射出比入射光子能量更少(波长更长)的光子。分子因此保持在一个中间激发态，并可能在以后的一段时间发射另一个光子并返回到它的原始状态，或者保留的能量可以转化为热能或化学能。事实上，如果分子最初处于激发态，它可能会吸收入射光子，然后发射出比吸收光子能量更大(波长更短)的光子，从而返回到较低的能态。在这两种情况下，散射(发射)的光子与入射(吸收)的光子具有不同的波长，这一过程称为非弹性散射或跨光谱散射。最后，被吸收的光子的全部或部分能量可以转化为热能(动能)或转化为化学能(如形成新的化合物)。光子的能量转换为非辐射能称为真正吸收。相反的过程也是可能的，如当化学能转化为光时，这个过程称为真发射。为了构建辐射传递方程，以下六个过程对于在现象水平上写出光子束的能量平衡方程是必要的和充分的。

(1)在波长不变的情况下，从光束散射到其他方向的光子的损失(弹性散射)。

(2)在波长变化(非弹性散射)的情况下，光束通过散射作用(可能向其他方向)损失的光子。

(3)将辐射能转化为非辐射能时光子发生衰减湮灭而造成的损失(真正吸收)。

(4)在波长不变的情况下(从其他方向)通过散射获得的光子(弹性散射)。

(5)随着波长变化(非弹性散射)，光束通过散射(可能来自其他方向)获得的光子。

(6)通过非辐射能转化为辐射能而产生光子(真发射)。

这些过程现在又将根据传递方程的需要给予定量形式。

由辐射度的 n^2 定律和辐射测量学的基本定理可知沿路径的辐射度可以改变。在没有吸收和散射的情况下，L/n^2 量(有时称为降低的辐射率)沿路径保持不变。

由于各种原因，水体的实际折射率并不均匀。局部折射率会随着分子运动、有机颗粒物、无机颗粒物、温度和盐度的波动发生变化。这种变化已经在纯水和粒子的体积散射函数中得到了解释。对于大多数情况，当发生小规模波动时，折射率 n 可以被视为常数。但是，当水温和盐度出现大规模变化时，n 有时在长路径长度(厘米到米)上波动。n 的这种变化可以引起射线传播方向的轻微变化，从而改变沿路径的亮度。

除了体积散射函数的参数化，之前出现的 L 也可以用 L/n^2 代替。

现在将 L/n^2 替换后的一般数学表达式与引起变化的物理项的和视为等价。结果是

$$\frac{1}{v}\frac{\partial}{\partial t}\left(\frac{L}{n^2}\right)+\xi\cdot\nabla\left(\frac{L}{n^2}\right)=-c\left(\frac{L}{n^2}\right)+\mathcal{L}_*^E+\mathcal{L}_*^I+\mathcal{L}_*^S \quad (\mathrm{Wm^{-3}sr^{-1}nm^{-1}}) \tag{4.58}$$

路径函数和源头项的脚本字母表示在 L 也合并了 n^{-2} 因子。注意式(4.58)中的 c 是光束衰减系数，而不是光速。式(4.58)是非极化辐射的辐射转移方程的一般形式。然而，我们关注的是水平均匀水体中具有恒定折射率且与时间无关的辐射传输。在这种情况下，式(4.58)两边除以 n^{-2}：

$$\frac{\partial L}{\partial t}=0 \tag{4.59}$$

$$\xi\cdot\nabla L=\xi_3\frac{\partial L}{\partial x_3}=\mu\frac{\mathrm{d}L}{\mathrm{d}z} \tag{4.60}$$

令 $z=x_3$ 表示几何深度，以 m 为单位，$\xi_3=\cos\theta=\mu$。因为只剩下一个空间变量 z，所以我们把偏导数换成了普通导数。辐射传递方程现在为

$$\frac{\mathrm{d}L}{\mathrm{d}r}=\mu\frac{\mathrm{d}L}{\mathrm{d}z}=-cL+\mathcal{L}_*^E+\mathcal{L}_*^I+\mathcal{L}_*^S \tag{4.61}$$

偏振光可以采用斯托克斯矢量-穆勒矩阵来描述，偏振光的辐射传递方程与非偏振光的辐射传递方程具有相同的形式。本质上，只需要用 S 代替 L，用相位矩阵 P 替换即可得到极化辐射公式：

$$\mu\frac{\mathrm{d}S(\xi)}{\mathrm{d}z}=-cS(\xi)+\int_{\Xi}P(\xi'\to\xi)S'(\xi')\mathrm{d}\Omega(\xi')+\mathrm{Source}(\xi) \tag{4.62}$$

4.3.2　水下动态全息的系统结构

透射式同步相移数字全息成像系统示意图如图 4.7 所示。激光器发出的光经过滤波准直后由偏振分束镜分成两束。一束光透过物体经 1/4 波片变成左旋偏振光进入相机。另一束光称为参考光束，它从分束镜反射，经 1/4 波片变成右旋偏振光进入相机与物光产生干涉。偏振成像相机内的线偏振片阵列与像素一一对应，数组细胞按照 4×4 排列，用相位分布 0、$\pi/2$、π、$3\pi/2$ 调节干涉波。

假设 A 为光波的振幅，δ 为光波的相位，那么出射左旋偏振光和出射右旋偏振光可以分别用琼斯矩阵表示为

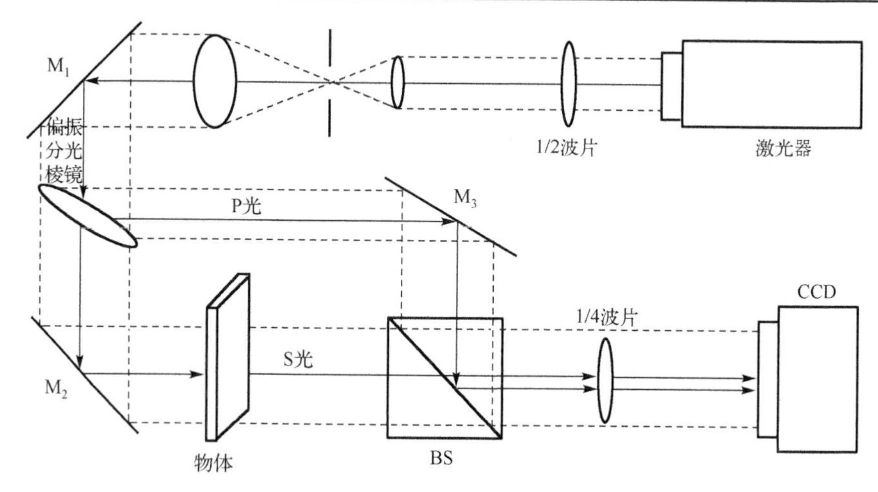

图 4.7　透射式同步相移数字全息成像系统示意图

$$E_{\mathrm{LCP}} = A\mathrm{e}^{\mathrm{j}\delta(x,y)}\begin{bmatrix}1\\ \mathrm{j}\end{bmatrix} \tag{4.63}$$

$$E_{\mathrm{RCP}} = A\mathrm{e}^{\mathrm{j}\delta(x,y)}\begin{bmatrix}1\\ -\mathrm{j}\end{bmatrix} \tag{4.64}$$

假设 α 为偏振角，线偏振片的琼斯矩阵为

$$\mathrm{LP}_\alpha = \begin{bmatrix}\cos^2\alpha & \sin\alpha\cos\alpha\\ \sin\alpha\cos\alpha & \sin^2\alpha\end{bmatrix} \tag{4.65}$$

左旋圆偏振光通过线偏振片之后可以表示为

$$E = \mathrm{LP}_\alpha E_{\mathrm{LCP}} = A\mathrm{e}^{\mathrm{j}[\delta(x,y)+\alpha]}\begin{bmatrix}\cos\alpha\\ \sin\alpha\end{bmatrix} \tag{4.66}$$

右旋圆偏振光通过线偏振片之后可以表示为

$$E = \mathrm{LP}_\alpha E_{\mathrm{RCP}} = A\mathrm{e}^{\mathrm{j}[\delta(x,y)-\alpha]}\begin{bmatrix}\cos\alpha\\ \sin\alpha\end{bmatrix} \tag{4.67}$$

我们假设目标光 T 的电场强度为 E_1，参考光 R 的电场强度为 E_2。干涉后总强度 I 可以表示为

$$\begin{aligned} I &= |E_1 + E_2|^2 \\ &= (E_1E_1^* + E_2E_2^*) + (E_1E_2^* + E_1^*E_2) \\ &= I_1 + I_2 + 2\sqrt{I_1I_2}\cos[\delta_1 - \delta_2 + 2\alpha] \end{aligned} \tag{4.68}$$

为了求出复光场，我们按照微偏振片阵列的四个角度将一个完整全息图分成四个全息图：

$$I(0)=I_{\mathrm{T}}+I_{\mathrm{R}}+2\sqrt{I_{\mathrm{T}}I_{\mathrm{R}}}\cos(\delta_{\mathrm{T}}-\delta_{\mathrm{R}}) \tag{4.69}$$

$$I\left(\frac{\pi}{2}\right)=I_{\mathrm{T}}+I_{\mathrm{R}}+2\sqrt{I_{\mathrm{T}}I_{\mathrm{R}}}\cos\left(\delta_{\mathrm{T}}-\delta_{\mathrm{R}}+\frac{\pi}{2}\right)=I_{\mathrm{T}}+I_{\mathrm{R}}-2\sqrt{I_{\mathrm{T}}I_{\mathrm{R}}}\sin\left(\delta_{\mathrm{T}}-\delta_{\mathrm{R}}\right) \tag{4.70}$$

$$I(\pi)=I_{\mathrm{T}}+I_{\mathrm{R}}+2\sqrt{I_{\mathrm{T}}I_{\mathrm{R}}}\cos(\delta_{\mathrm{T}}-\delta_{\mathrm{R}}+\pi)=I_{\mathrm{T}}+I_{\mathrm{R}}+2\sqrt{I_{\mathrm{T}}I_{\mathrm{R}}}\sin(\delta_{\mathrm{T}}-\delta_{\mathrm{R}}) \tag{4.71}$$

$$I\left(\frac{3\pi}{2}\right)=I_{\mathrm{T}}+I_{\mathrm{R}}+2\sqrt{I_{\mathrm{T}}I_{\mathrm{R}}}\cos\left(\delta_{\mathrm{T}}-\delta_{\mathrm{R}}+\frac{3\pi}{2}\right)=I_{\mathrm{T}}+I_{\mathrm{R}}+2\sqrt{I_{\mathrm{T}}I_{\mathrm{R}}}\sin(\delta_{\mathrm{T}}+\delta_{\mathrm{R}}) \tag{4.72}$$

计算得到像面的光场分布 $u(x,y)$ 为

$$u(x,y)=\frac{1}{4}\left\{[I(0)-I(\pi)]+\mathrm{j}\left[I\left(\frac{\pi}{2}\right)-I\left(\frac{3\pi}{2}\right)\right]\right\} \tag{4.73}$$

数字全息利用计算机进行数值衍射来模拟衍射传播的过程。我们利用角谱衍射算法来计算目标的光场分布 $U(x,y)$：

$$U(X,Y)=F^{-1}\left\{F[u(x,y)]\exp\left[\left(\frac{2\pi\mathrm{j}}{\lambda}\right)Z\sqrt{1-(\lambda f_x)^2-(\lambda f_y)^2}\right]\right\} \tag{4.74}$$

式中，Z 为目标与像面距离；$|U(X,Y)|^2$ 为目标图像。通过计算不同深度的聚焦图像，可以实现目标的三维图像重构。

4.3.3　水下动态全息的方法比较与测试结果

按照图 4.7 搭建透射式同步相移数字全息成像系统，将半导体激光器(Thorlabs CPS635R，635nm)作为光源，分别对 USAF1951 分辨率板、生物样本进行了实验。CCD 相机的像素数为 2248 像素×2048 像素，像素尺寸大小为 $3.45\mu m \times 3.45\mu m$。

图 4.8 是透射式同步相移数字全息成像系统对 USAF1951 分辨率板进行实验所得结果。图 4.8(a)为相机采集到的全息图，通过角谱衍射算法可以得到清晰的原始像。图 4.8(b)中的重建像显示其分辨率可达 28.5lp / mm。对于无透镜成像方式的同步相移同轴全息成像系统，采用准直光源照明的成像分辨率主要取决于探测器的像素尺寸，最高分辨率约为像素尺寸的 $\sqrt{2}$ 倍；采用点光源照明可以进一步提升成像分辨率，而且目标距离光源越近，分辨率越高，最高分辨率取决于光学显微成像的衍射极限。

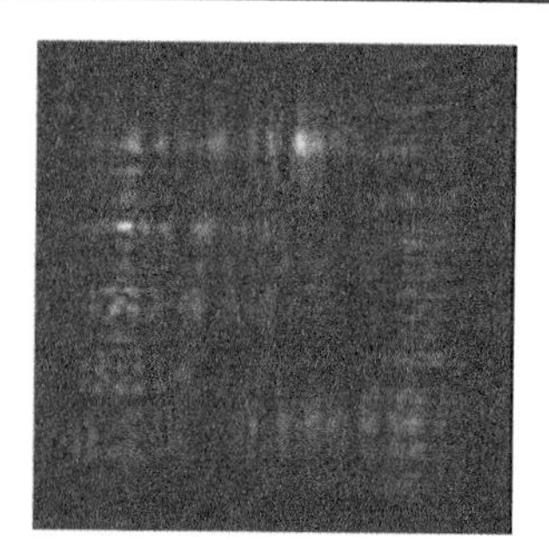

(a) 全息图

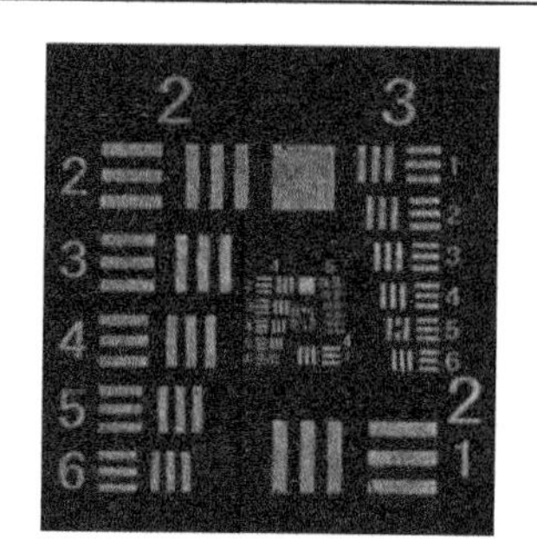

(b) 重建像

图 4.8　USAF1951 分辨率板全息图和重建像

为了更好地证明透射式同步相移数字全息成像系统的可行性，以动植物样本作为测试样品，在同一实验参数下得到的重建像如图 4.9 所示。

为了验证透射式同步相移数字全息成像系统在水中成像的能力，将生物样品放进水槽中进行成像实验。水槽实验装置如图 4.10 所示。

(a) 水棉

(b) 家蝇腿

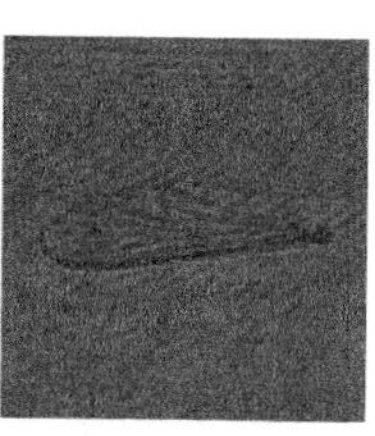

(c) 蚊子翅膀

(d) 雌果蝇

图 4.9　动植物样本的重建像

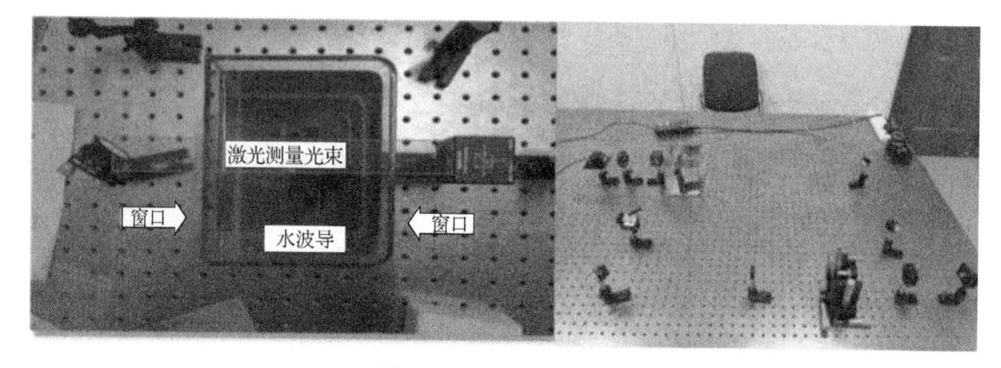

图 4.10　水槽实验装置

图 4.11 是以雌蚊作为测试样品分别在无水槽和水槽条件下的实验结果。实验结果显示透射式同步相移数字全息成像系统具有水下成像的能力，雌蚊的细节都得到保留。

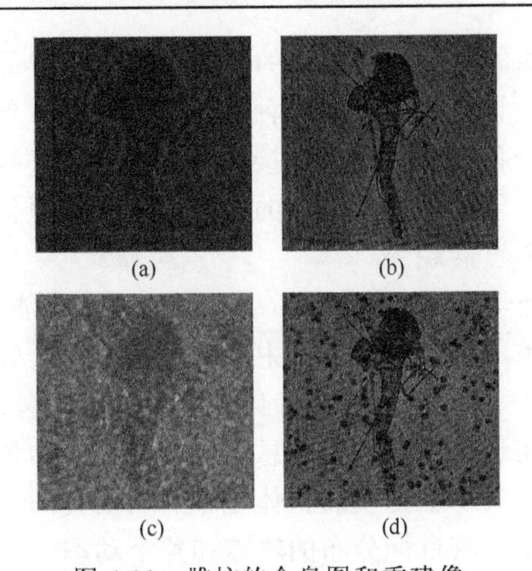

图 4.11　雌蚊的全息图和重建像

(a)与(b)分别为无水槽的全息图和重建像；(c)与(d)分别为在水槽中的全息图和重建像

4.4　水下动态全息的应用

深海占地球总面积的 50%以上，是生态环境的重要组成部分。深海蕴藏着丰富的资源、珍稀的生物及许多尚未发现的自然现象。人类对深海的探索从未停止，进入 21 世纪以来，国际上对于探索利用深海的竞争日益激烈。

深海中活跃着一些奇特的微生物，它们在特殊的生存环境中，形成了极为独特的生物结构、代谢机制。深海微生物在适应深海极端环境的过程中，进化出了抵抗极端环境的能力。研究深海微生物丰度、粒径、种群分布及生命代谢过程具有极高的价值[1]。开展深海微生物的观测识别、搜集分类、筛选分析，可以为其种群数量分布和遗传信息多样性的准确定量提供重要支持，促进对深海微生物在极端环境下生存与适应机制的研究，有助于探索地球生命起源及研发新的基因和药物，甚至有可能为人类生存环境改善和可持续发展等重大社会问题提供可行的解决方案[2]。

微塑料是深海中的另一种微观颗粒。2004 年，英国普利茅斯大学的 Thompson[3]提出了这一概念。无数的大型塑料碎片在世界各地的海洋中堆积，并可能会持续几个世纪。微塑料碎片和纤维广泛地分布在海洋中，并积累在浮游带和栖息地。微塑料会被海洋生物吸收，2018 年，中国国家海洋局在深海 4500m 的生物体内检测出了微塑料成分。这说明这种类型的污染具有广泛的空间范围，并且能够随着食物链不断积累。因此，我们需要深入开展一系列的海洋调查和研究，评估微塑料对海洋生态系统和人类健康的风险及影响。

目前，直接采样的方法是深海研究的主要手段，将样品取上岸以后再进行观察，对样品进行分析、计数和辨识。这种方法虽然可靠，但是其无法真实地体现局部种群结构和丰度变化细节。而且直接采样方法对采样设备要求高，容易对生物造成损伤，且不能实现实时观测生物的活动。因此，原位测量逐渐成为深海微生物研究的主流方法和发展趋势。

作为一类新兴的光学显微成像技术，动态全息显微镜能够实现微米级分辨率、大景深范围的实时三维成像，这为海洋中的粒子动力学研究提供了前所未有的观测视角。传统显微镜拥有非常小的景深，因此无法形象地体现海洋微生物的运动。全息成像的非凡之处在于一个单一的全息图包含了所有物体的信息[4-6]。有了足够的平面数量，就可以得到一个完整的物体分布的三维视图。当以视频的速度连续记录全息图时，还可以捕获目标分布的轨迹和整个动态。

1969 年，Brooks[7]用一种全息显微系统对海洋生物的全息成像进行了早期尝试。1978 年，Heflinger 等[8]改进了全息显微系统并用于全息图的离轴记录，在电影摄影机胶片上记录浮游生物全息图，记录速度可以达到 200 帧/秒。

部署水下全息照相系统后，就可以对活体浮游生物进行原位成像。1999 年，约翰斯·霍普金斯大学Malkiel 等[9]利用水下全息系统 Holocamera 照射长 287mm、直径为 63mm 的海水，然后以每 30s 一个全息图的最大速率进行记录。2006 年，美国约翰斯·霍普金斯大学的 Malkiel 等[10]借助 Katz 小组的全息相机，首次获得了桡足类水蚤和栉水母等海洋生物的原位高分辨率图像，利用全息成像技术获得了浮游生物的粒子密度及其随深度变化等分布信息。

2000 年，英国阿伯丁大学 Craig 等[11]研制出一种用于记录海洋生物和微粒的水下全息照相机，命名为 HoloCam。HoloCam 具有同时记录同轴全息图和离轴全息图的能力，测量范围从几微米到几毫米，并且可以提供每立方厘米粒子的浓度。2007 年，英国阿伯丁大学 Sun 等[12]开发了一种简化系统。该系统的 eHoloCam 使用 2208 像素×3000 像素的 CMOS，其像素间距为 3.5μm×3.5μm，相机可以采用 25Hz 的速率记录 36.5cm^3 水柱中的全息图。

2007 年，美国麻省理工学院 Li 等[13]利用同轴数字全息系统完成浮游生物的记录。他们能够探测浮游生物的尺寸为 5～2000μm，探测分辨率可以达到 2.2μm。2013 年，Bochdansky 等[14]对水下 6000m 深处的浮游生物和粒子进行探测。纵向探测范围为 100mm，横向探测范围为 15.15mm×15.15mm，探测的生物尺寸为 50μm 到几毫米。

2017 年，美国 Sequoia Scientific 公司推出 LISST-Holo2 全息相机，改进了原始 LISST-Holo 内置的技术，使其获取全息图速度提高了 100 倍。该全息相机能够对深海生物进行原位成像，探测范围为 25～2500μm，全息图捕获频率可达 20Hz，最大下潜深度为 600m。该全息相机精度仍然不够高，下潜深度较低。

加拿大的 4deep 公司推出了 4deep 水下多功能数字全息显微镜，最大下潜深度可达 5000m，可探测 1.2μm 大小的生物，帧速率为 16 帧/s，但设备体积较大。

国内用于海洋生物数字全息探测的研究较少。中国海洋大学于佳等[15]利用数字全息技术进行了水下气泡场探测、水下浮游生物探测等多项研究。合肥工业大学 Yu 等[16]利用离轴数字全息进行了水下微生物的多种探测研究。

随着对海洋探索更深层次需求的出现，从二维成像到三维成像的转变，对深海微观颗粒高实时性、高精度的原位观测成为深海探索的必然趋势。同步相移动态全息技术是一种不仅能瞬间测量三维场，还能在三维场中测量运动图像时间演变的新兴技术。该技术已经通过几种采用标准速度相机的同步相移动态全息系统进行了实验验证，从而实现了高速相机的构建和使用，三维运动和相位动态图像的捕获速度高达 262500 帧/s[17]。作为超快相位成像技术，一种采用飞秒脉冲激光器的同步相移动态全息系统也已经进行了实验验证[18]。

图 4.12 为基于同步相移干涉原理实现的光纤耦合动态全息显微成像测量系统样机。利用内置偏振光栅的同步偏振成像相机，通过对不同旋转方向的圆偏振光束进行合成测量，能够有效地实现同步相移干涉成像。激光器输出的线偏光通过偏振光纤分束器分为正交的两束线偏振光，然后通过 45°偏置的 1/4 波片调制为两束旋向相反的圆偏振光；合束测量部分将其输出到同步偏振成像相机。观测区域的光学窗口均采用窄带滤光设计，来避免其他波段光束对成像的影响。

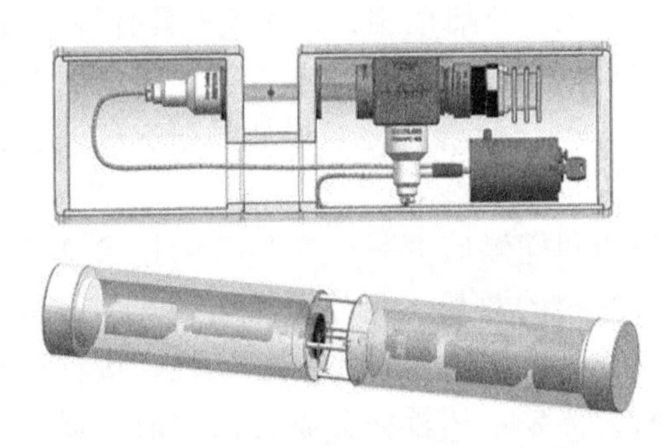

图 4.12　成像系统的预期形式图

4.4.1　海洋浮游生物的原位观测

海洋表层浮游生物种类繁多、数量巨大，是海洋生物的主要成员，其研究对近海渔业生产、环境保护及全球生态系统的稳定都有十分重要的意义。浮游生物与生态系统中传统食物链连接起来，为整个海洋生态系统的运转提供了动力。浮游生物运动能力较弱，其行为活动主要依靠自身形态在水中漂浮。在近海水产养殖业中，浮游生物是主要的食物来源。有的浮游生物的数量分布可提示鱼类索饵洄游的路线；有的本身就是渔业资源；有的浮游植物和浮游动物是水中生物幼苗的食物；还有部分浮游生物具有净化污染的重要作用。所以浮游生物的研究对海洋表层生态系统的研究十分关键。

随着我国经济的迅速发展，工业废水的排出量也日益增多，许多工厂没有经过合格的处理就将其排入附近的水域，废水中的磷等物质会使藻类在短时间内剧增，导致城市用水和海洋被污染，目前淡水资源比较紧缺，水污染必须做好防范和治理。2017 年夏季，温州附近的海域就曾多次发生赤潮，导致水域含有大量的有毒物质，给当地用水和环境造成了巨大污染。但是，如果利用海洋浮游生物探测设备对水下有可能造成污染的浮游生物进行检测，可以预防水污染。此外，浮游生物能够快速地处理污水中的磷、氮等污染物，浮游生物处理方法具有可重复利用、经济高效等优点，浮游生物状态的检测结果可以反映污水的治理效果。因此，水下浮游生物的探测在环境监测、预防和治理等方面有着不可忽视的作用。

目前人类对海洋生物资源开发应用最多的方向是海洋浮游生物制药，海洋浮游生物可以为人类社会提供种类繁多、作用高效、无添加剂、化学组成新颖的天然产品，如可以从某些微生物身上提取得到一些稀有的物质，包括已经提取出的蛋白质、酶类等，这些特殊物质有的可以直接作用于疾病，有的则可以加快新型药物的研发。所以海洋浮游生物在制药上对于人类发展有着重大意义，是海洋浮游生物资源利用的重要方向。与陆地相比，海洋中具有特殊甚至极端的生活环境，浮游生物为适应这种环境，日积月累，使其在基因组成、分泌产物、形态特征和物种等方面具有多样性。海洋浮游生物多样性的研究能够为人类探索生命起源和进化、基因组成等方面提供重要线索。

海洋浮游生物的观测和探测研究是一个复杂的技术难题。需要精确地获取各种浮游生物群在不同水域中的数量、尺寸和密度谱，用于建立浮游生物的分布数据库；同时也需要研究单个浮游生物的形态学属性，进行种类和特征识别。传统探测手段已不能满足研究需要，用浮游生物拖网和取水器进行取样极易造成浮游生物死亡，既不利于对种群数量进行测量，更不利于对其动态行为的观测。为此，无干扰的原位探测方法被引入浮游生物数量调查和监测研究领域。但现有的原位探测方法也存在一定的局限性。无图像探测方法无法分辨浮游生物颗粒和其他类型颗粒，造成探测结果的误差较大，精度较低。基于图像的各种光学原位探测方法虽然能给出浮游生物图像并通过图像测量来提供更精确的探测数据，但是，受成像景深和放大率成反比这一规律的制约，难以实现较大探测范围内的高精度探测。

显微成像技术是微生物科研领域的重要技术之一，从列文虎克发明第一台显微镜以来，显微成像技术就成为生物学家打开微观大门的一把钥匙，到现在为止，显微成像技术也发展出了如光学显微和电子显微等十几种显微成像细分技术。其中数字全息显微成像技术是光学显微领域内一种重要的非接触式三维显微成像技术。它可以实现亚纳米级分辨率的高精度三维测量，并可以实现数字调焦，从而获取任意深度的聚焦图像。数字全息三维成像测量技术目前已经应用于工业加工制造、材料科学、生命科学等领域，具体应用包括生产线检测、材料和器件表面测量、生物样本显微成像等。

为了实现精确测量，数字全息技术普遍采用多步相移方法，可以避免零阶衍射和重影等因素干扰。但是由于目前采用的分时相移方法，数字全息的动态测量能力受到很大制约，无法实现实时的动态测量，而且分时相移方法受振动等环境因素的影响很大，导致数字全息测量的鲁棒性较差。

为了解决上述问题，能够实现同时相移的动态全息技术近年来引起了广泛关注并得到了深入研究。基于同时相移方法的动态全息三维成像测量技术具有高精度、高鲁棒性、高实时性等优势，可以满足工业生产线的在线检测、材料和器件的动态测量分析、生物样本的动态显微成像等多方面的实时精确测量需求。动态全息显微技术在检测海洋微生物方面的优异表现获得了生物学界的普遍认可，国外一些大学和研究机构都推出了自己的实验样机，但国内的研究机构还未有高性能的用于海洋微生物探测的动态全息原位显微系统出现。

4.4.2　海洋环境的实时监测与治理

加拿大国家海洋生物科学研究所的 Lewis 等[19]采用数字同轴全息显微镜追踪了几种海洋甲藻在特定温度下驯化后对温度的响应。全息图的数值重建产生了高对比度的三维图像的轨迹，许多运动细胞在整个样本容器内同时游动。在 8～24℃的温度范围内，测定了几种分离株的游动速度和游动轨迹。这些菌株在生长和耐受性方面对温度的响应不同，这是驯化反应和遗传因素的作用，反映了菌株的起源。在 24℃的温度下，微小梭菌的最快游泳速度被记录下来。虽然最快的游泳速度并不总是出现在最适合生长的温度下，但这三种物种的驯化菌株在较低的温度下游泳速度明显较慢。固定期培养的老化细胞比指数生长期的细胞游动得慢。来自快速分裂培养的双体比来自相同培养的单体游动得更快，这证实了成对细胞的推进优势。全息显微技术是一种强大的工具，可以在适当的时间(亚秒)和空间(微米)尺度上以三维轨迹的形式详细地观察微藻细胞的游泳行为。

传统显微镜的视场深度较浅，妨碍了快速鞭毛藻的三维游泳行为分析，它们的运动影响了这些细胞的大型组合，形成经常观察到的密集的“花”。目前，数字全息显微术能够同时跟踪和表征悬浮中游动的数千个细胞。约翰斯·霍普金斯大学的 Jian 等[20]重点研究了剧毒卡尔藻、费氏藻、异养的鞭毛藻及它们的猎物。两种鞭毛藻物种都表现出复杂的高度可变的游泳行为，以半径、螺距、速度和角速度为特征。卡尔藻在左旋和右旋中游动，而费氏藻只在右旋中游动。当猎物出现时，速度较慢的剧毒卡尔藻降低了它的速度、半径和螺距，但增加了它的角速度，这种变化减少了它的水动力特征，同时仍然像“旋转的天线”扫描它的环境。相反地，较快的费氏藻增加了它的速度、半径和角速度，但在猎物(红藻属)面前，费氏藻稍微降低了它的螺距，这表明了不同的“猎手”具有不同的捕食策略。

图 4.13 为数字全息显微镜的实验装置及样品容器。

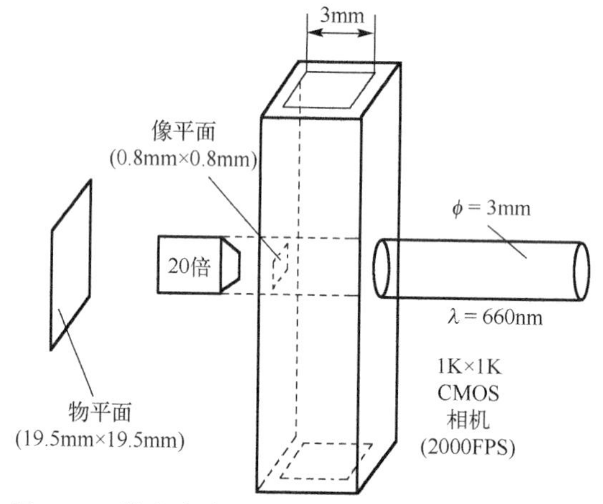

图 4.13　数字全息显微镜的实验装置及样品容器

4.4.3　深海微生物种群分析

深海是地球上最大的未知区域，蕴藏着人类社会未来发展所需的各种战略资源。深海中活跃着一些奇特的微生物，它们在独特的物理、化学和生态环境中，以及在高压、剧变的温度梯度、极微弱的光照条件形成了极为独特的生物结构、代谢机制。深海微生物是海洋生态系统的组成部分，了解和掌握它的种类、数量、分布等信息是判断海洋生态系统健康状态的依据之一，因此深海浮游生物的检测是海洋科学研究的重要内容。

开展对深海微生物原位识别、搜集分类、筛选及分析研究，并以此为基础研究微生物原位检测和分析的方法、技术和设备，可以填补我国在深海微生物检测领域的空白，为我国深海微生物检测提供重要的技术基础和设备支撑，对我国走向深蓝的战略方向具有重要的支撑作用。

动态全息显微成像技术将为海洋中的粒子动力学提供前所未有的视角，其功能类似于原子力显微镜和共聚焦显微镜，可以提供实时微米级三维测量功能。该技术可以直接对浮游生物/颗粒处于自然、未受干扰的状态进行三维可视化测量，同时测量环绕和影响它们的流场。动态全息显微成像技术将成为我国海洋生物学家的一个有力工具，对于包括深海微生物的形态、群落、生存环境乃至深海生态环境、生命起源等在内的科研领域产生显著的积极帮助。该技术可以动态地测量目标的三维图像，无须调焦即可聚焦到任意深度。这些特性将在深海的科学考察工作中发挥较强的作用。该技术具有结构紧凑、体积小、功耗低、易于密封、鲁棒性强的直观优点，同时其光纤设计还具有有效消除全息图中零级衍射、孪生像及光线反射的影响，以及重构图像的成像质量较高的技术优点。

参考文献

[1] Jaffe J S. Underwater optical imaging: The past, the present, and the prospects[J]. IEEE Journal of Oceanic Engineering, 2015, 40(3): 683-700.

[2] Erickson J S, Hashemi N, Sullivan J M, et al. In situ phytoplankton analysis: There's plenty of room at the bottom[J]. Analytical Chemistry, 2012, 84(2): 839-850.

[3] Thompson R C. Lost at sea: Where is all the plastic?[J]. Science, 2004, 304(5672): 838.

[4] 张敏敏, 田珍耘, 熊元康, 等. 非相干光自干涉数字全息成像技术研究[J]. 红外与激光工程, 2019, 48(12): 319-326.

[5] 张文辉, 曹良才, 金国藩. 大视场高分辨率数字全息成像技术综述[J]. 红外与激光工程, 2019, 48(6): 17.

[6] 张佳琳, 陈钱, 张翔宇, 等. 无透镜片上显微成像技术: 理论、发展与应用[J]. 红外与激光工程, 2019, 48(6): 111-143.

[7] Brooks C. Holographic motion picture microscopy[J]. Proceedings of the Royal Society of London, 1969, 174(1034): 115-121.

[8] Heflinger L O, Stewart G L, Booth C R. Holographic motion pictures of microscopic plankton[J]. Applied Optics, 1978, 17(6): 951-954.

[9] Malkiel E, Alquaddoomi O, Katz J. Measurements of plankton distribution in the ocean using submersible holography[J]. Measurement Science and Technology, 1999, 10(12): 1142.

[10] Malkiel E, Abras J N, Widder E A, et al. On the spatial distribution and nearest neighbor distance between particles in the water column determined from in situ holographic measurements[J]. Journal of Plankton Research, 2006, 28(2): 149-170.

[11] Craig G, Alexander S J, Anderson S, et al. HoloCam: A subsea holographic camera for recording marine organisms and particles[J]. Proceedings of SPIE-International Society for Optics and Photonics, 2000, 4076: 111-119.

[12] Sun H, Hendry D C, Player M A, et al. In situ underwater electronic holographic camera for studies of plankton[J]. IEEE Journal of Oceanic Engineering, 2007, 32(2): 373-382.

[13] Li W, Loomis N C, Hu Q, et al. Focus detection from digital in-line holograms based on spectral l(1) norms[J]. Journal of the Optical Society of America A, 2007, 24(10): 3054-3062.

[14] Bochdansky A B, Jericho M H, Herndl G J, et al. Development and deployment of a point-source digital inline holographic microscope for the study of plankton and particles to a depth of 6000 m[J]. Limnology and Oceanography: Methods, 2013, 11(1): 28-40.

[15] 于佳，聂亚茹，王添，等. 用于海洋原位浮游生物探测的同轴数字全息显微技术研究[J]. 激光生物学报, 2014, 23(6): 547-552.

[16] Yu X, Jia Y, Feng J, et al. Measurement of bubble field in the liquid for the simulation of cloud droplets particle detection using digital holography[C]. Selected Papers of the Chinese Society for Optical Engineering Conferences Held October and November, Suzhou, 2017.

[17] Kakue T, Fujii M, Shimozato Y, et al. 262500-Frames-Per-Second phase-shifting digital holography[J]. Optical Society of America, 2011.

[18] Kakue T, Itoh S, Xia P, et al. Single-shot femtosecond-pulsed phase-shifting digital holography[J]. Optics Express, 2012, 20(18): 20286-20291.

[19] Lewis N I, Xu W B, Jericho S K, et al. Swimming speed of three species of Alexandrium (Dinophyceae) as determined by digital in-line holography[J]. Phycologia, 2006, 45(1): 61-70.

[20] Jian S, Malkiel E, Katz J, et al. Digital holographic microscopy reveals prey-induced changes in swimming behavior of predatory dinoflagellates[J]. Proceedings of the National Academy of Sciences, 2007, 104(44): 17512-17517.

第 5 章　数字显微全息技术

5.1　数字显微全息技术实现方法

数字全息显微技术具备非接触式、无标记、高分辨率、低成本、快速重建等优点，是定量相位测量领域最具代表性的技术之一，在纳米微粒追踪、微流体、活细胞观测、微光学元件表征、微机电系统(micro electro mechanical systems，MEMS)测量、生命科学等领域有着广泛应用。它可以通过单幅全息图同时获得物体的强度信息和相位信息[1]。

5.1.1　无透镜傅里叶变换全息显微法

无透镜数字全息显微成像技术是在传统数字全息技术的基础上进行改进后发展而来的。无透镜即在被观察物与成像器件之间不使用透镜，可简化系统结构并避免透镜引入的像差等[2]。

理论上，无透镜数字显微系统可以看作一个数值孔径与放大率皆为 1 的传统光学显微镜，这意味着与传统光学显微镜相比其空间带宽积提高了两个量级[3]。

数字全息系统可以分为两个部分：全息图记录和再现。在记录过程中，球面参考光相比其他光波，更容易满足采样和分离条件，可以记录到更多信息[4]，可以提高全息的分辨率[5]，也更有利于在记录面上形成近似等间距的干涉条纹，可以更充分地利用 CCD 的有限带宽。另外，以球面波作为参考光波记录物体全息图，以相同波长平面波再现，系统可获得大于 1 的横向放大率。在无透镜傅里叶变换中，我们使用球面波作为参考光。

1. 全息图记录

在数字全息记录光路中，设物面与 CCD 面平行，物面为(x_0,y_0)平面，CCD 为(x,y)平面，z 轴穿过两平面中心，两面相距为 Z_0，CCD 平面与参考光点源距离为 Z_R，且 $Z_R > Z_0$，参考光点源坐标为$(x-x_R, y-y_R, z-z_R)$。设 CCD 参数：像元尺寸为Δx、Δy，像元数为N_x、N_y，则靶面有效尺寸为 $L_x = N_x\Delta x$，$L_y = N_y\Delta y$。根据菲涅耳衍射公式可知，在近轴条件下，可以忽略常数相位因子，则可以得到到达 CCD 靶面的物光波为

$$U(x,y)=\iint O(x_0,y_0)\exp\left\{\frac{\mathrm{j}k}{2z_0}\left[(x-x_0)^2+(y-y_0)^2\right]\right\}\mathrm{d}x_0\mathrm{d}y_0 \tag{5.1}$$

到达 CCD 靶面的参考光波为

$$R(x,y)=R_0\exp\left\{\frac{\mathrm{j}k}{2z_{\mathrm{R}}}\left[(x-x_{\mathrm{R}})^2+(y-y_{\mathrm{R}})^2\right]\right\} \tag{5.2}$$

根据式(5.1)和式(5.2)，可得全息平面上干涉光强分布为

$$I(x,y)=|U+R|^2=|U|^2+|R|^2+UR^*+U^*R \tag{5.3}$$

式中，UR^*代表原始像，将$U(x,y)$和$R(x,y)$代入式(5.1)并整理可得

$$UR^*=\iint a(x_0,y_0)\exp\left\{\frac{\mathrm{j}k}{2}\left[\left(\frac{1}{z_0}-\frac{1}{z_{\mathrm{R}}}\right)(x^2+y^2)-2x\left(\frac{x_0}{z_0}-\frac{x_{\mathrm{R}}}{z_{\mathrm{R}}}\right)-2y\left(\frac{y_0}{z_0}-\frac{y_{\mathrm{R}}}{z_{\mathrm{R}}}\right)\right]\right\}\mathrm{d}x_0\mathrm{d}y_0 \tag{5.4}$$

其中

$$a(x_0,y_0)=R_0O(x_0,y_0)\exp\left[-\frac{\mathrm{j}k}{2z_{\mathrm{R}}}(x_{\mathrm{R}}^2+y_{\mathrm{R}}^2)+\frac{\mathrm{j}k}{2z_0}(x_0^2+y_0^2)\right] \tag{5.5}$$

2. 全息图再现

传统光学全息术的再现过程是通过一束光直接照射干板所记录的全息图，形成衍射来实现物光的重现。数字全息术的重建过程则有所不同，其基于光学的标量衍射理论和傅里叶变换方法，利用计算机模拟光学衍射过程，再现出数字化的物光波，并可进一步实现数字化显示等处理。一般采用的再现方法有 3 种：菲涅耳法、卷积法、角谱法，本章采用的是角谱法。

角谱法是利用衍射角谱理论数值再现物光波场的方法，严格遵守亥姆霍兹方程，并可以应用到任何衍射情况，是从频域的角度描述衍射现象。角谱理论的衍射公式为

$$G(f_x,f_y)=G_0(f_x,f_y)G_v(f_x,f_y) \tag{5.6}$$

式中，$G_v(f_x,f_y)$为光波传递函数的频谱形式；$G_0(f_x,f_y)$为衍射平面上光波场的频谱形式。因此，式(5.6)可以反映光波从衍射平面到空间任意距离的观察平面的频谱变化情况。

当传播距离为Z_I时：

$$G_v(f_x,f_y)=\exp\left[\mathrm{j}\frac{2\pi}{\lambda}Z_I\sqrt{1-(\lambda f_x)^2-(\lambda f_y)^2}\right] \tag{5.7}$$

再现照明光波一般等于参考光波或者参考光波的共轭光波，当用参考光波 $R(x,y)$ 再现物光场时，衍射至全息图后表面的光波场的频谱为

$$G_0(f_x,f_y)=\text{FFT}\{R(x,y)I(x,y)\} \tag{5.8}$$

根据角谱理论，可以得到像平面 (x_1,y_1) 上再现光场的频谱，对该频谱进行傅里叶逆变换就可以将其还原为再现物光场的复振幅分布：

$$O'=\text{IFFT}\{\text{FFT}\{R\cdot I\}\cdot G_v\} \tag{5.9}$$

根据得到的物光场的复振幅分布，可由式(5.10)与式(5.11)得到待测样品的光强和相位分布：

$$I(k,l)=\left|U(k,l)\right|^2 \tag{5.10}$$

$$\psi(k,l)=\arctan\left\{\frac{\text{Im}U(k,l)}{\text{Re}U(k,l)}\right\} \tag{5.11}$$

5.1.2　物镜预放大式全息显微法

预放大式数字全息显微法是指在 CCD 前加入显微物镜，以此记录放大的物光波场[6]。

如图 5.1 所示，其中显微物镜已用单透镜等效表示；从左至右的 4 个平面依次表示物平面、透镜平面、全息图平面和像平面；R 为记录平面参考光波，d_0 为物距；$d_\varphi+d$ 为像距，d 为全息图的记录距离。物体经 MO(显微物镜)放大并成像于像平面上，放大的物光波与参考光波干涉形成全息图，被 CCD 记录，然后送往计算机进行数值再现。

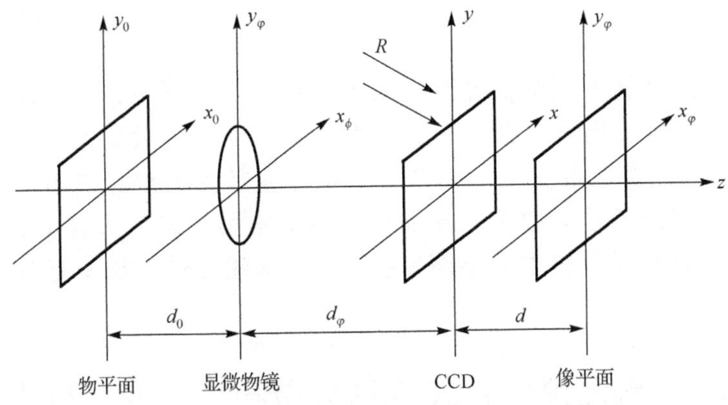

图 5.1　平面参考光离轴预放大式数字全息显微法系统坐标示意图

为了表达上的简洁，以下分析中只给出一维的情况。将物体视为一点，设其

位于 x_0 轴上 x_p 点，根据菲涅耳衍射公式，忽略无关紧要的常数项因子，则记录在 CCD 上的物光波复振幅 $O(x)$ 分布为

$$O(x)=\exp\left(\frac{\mathrm{j}k}{2d_\varphi}x^2\right)\int_{-\infty}^{\infty}\mathrm{rect}\left(\frac{x_\varphi}{r}\right)\exp\left(\frac{\mathrm{j}\pi}{\lambda L_\varphi}x_\varphi^2\right)\exp\left[-\mathrm{j}2\pi\left(\frac{x_p}{\lambda d_0}+\frac{x}{\lambda d_\varphi}\right)x_\varphi\right]\mathrm{d}x_\varphi \tag{5.12}$$

式中，$k=\dfrac{2\pi}{\lambda}$ 为波数，λ 为激光波长；$\mathrm{rect}\left(\dfrac{x_\varphi}{r}\right)$ 为 MO 的孔径函数；r 为 MO 的孔径半径；L_φ 满足 $\dfrac{1}{L_\varphi}=\dfrac{1}{d_0}+\dfrac{1}{d_\varphi}-\dfrac{1}{f}$，$f$ 为 MO 的焦距；d_φ 为显微物镜到 CCD 平面的距离。

设 CCD 沿 x 方向的像元尺寸及像素数分别为 Δx 和 N，不考虑 CCD 像元的抽样影响，则在 CCD 上记录的干涉条纹强度分布为

$$H(x)=\left[|O(x)|^2+|R(x)|^2+O(x)R^*(x)+O^*(x)R(x)\right]\mathrm{rect}\left(\frac{x}{N\Delta x}\right) \tag{5.13}$$

用原平面参考光波 R 再现物场，由于平面参考光波的复振幅分布是一个线性的相位因子，降低了再现光波中记录距离 d（实验测量值）对再现精度的影响，因此无须做自动聚焦也能得到较为精准的再现像。忽略菲涅耳衍射公式中的常数项，化简整理后在 MO 像面上得到的对应于原始像的点扩散函数：

$$\begin{aligned}h(x_i,x_p)&=\int_{-\infty}^{\infty}O(x)\mathrm{rect}\left(\frac{x}{N\Delta x}\right)\exp\left[\frac{\mathrm{j}k}{2d}(x_i-x)^2\right]\mathrm{d}x\\&=\exp\left[\frac{\mathrm{j}k}{2d}x_i^2\right]\times\sin c\left[\left(\frac{r}{\lambda d_i}\right)(x_i+Mx_p)\right]\otimes\left\{\sin c\left[\left(\frac{N\Delta x}{\lambda d}\right)(x_i+Mx_p)\right]\exp\left(-\frac{\mathrm{j}\pi d_\varphi}{\lambda d d_i}x_i^2\right)\right\}\end{aligned} \tag{5.14}$$

后放大记录是利用显微物镜对全息图进行放大后再记录，CCD 记录的是全息图的放大像。虽然记录时物光和参考光经过相同的显微放大单元不会引入附加相位，但由于 CCD 靶面尺寸有限，只能记录放大后全息图的一部分，应用范围受限。该光路是早期数字全息显微记录的常用光路。随着 CCD 性能的逐步提高和数字全息显微技术的不断完善，该方法逐渐被无透镜记录和预放大记录光路所取代。

5.2　物镜预放大式全息显微相位畸变与校正

数字全息显微系统常使用显微物镜来提高物体成像的横向分辨率。使用显微

物镜引入的二次相位畸变是数字全息显微定量相位测量的另外一个重要的畸变源。为了消除二次相位畸变，出现了物理补偿法和数值补偿法。二次相位畸变补偿方法可以分为物理补偿法(physical compensation method)和数值补偿法(numerical compensation method)。物理补偿法的基本思路是在参考光路人为地引入与物光路相同的二次相位畸变，或者优化系统结构，让物光路波前相位分布和参考光路波前相位分布相匹配，即物参光的波前相位分布之差为零。数值补偿法的基本思路是利用数值的方法求解出相位畸变模板。获取相位畸变模板的方法有手动调整重建参数、二次曝光法、频谱低通滤波法、一维曲线拟合法、二维曲面拟合法、泽尼克多项式拟合法、主成分分析法、波前折叠法、基于深度学习方法等。数值补偿法可以直接应用在预处理后的全息图上，也可以应用于最后相位测量结果上[6]。

5.2.1 物镜二次相位畸变模型

预放大式菲涅耳数字全息图记录的基本原理图如图 5.2 所示。在物体与 CCD 之间加入一个显微物镜，将物体在像平面上形成一个清晰放大的实像，当 CCD 置于该像之前时，物光在到达像平面之前就被 CCD 拦截了，所以该像对于 CCD 来说是虚物，CCD 与其之间的距离 d 即为全息图的记录距离[7]。二次相位畸变是由成像过程引起的，其特征值与显微物镜的参数有关[8]。

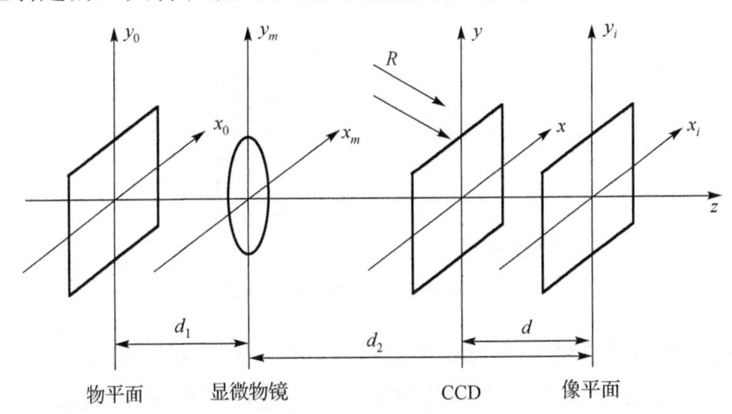

图 5.2 预放大式菲涅耳数字全息图记录的基本原理图[9]

d_1 与 d_2 分别为物距和像距

二次相位畸变的数学表达式为

$$\varphi(x_i, y_i) = \exp\left[\frac{\mathrm{j}k}{\lambda d_2} \cdot \frac{d_1 + d_2}{d_2}(x_i^2 + y_i^2)\right] \tag{5.15}$$

5.2.2 相位畸变数值补偿法

数值补偿法的基本思路是利用计算机数值仿真模拟实际光路中显微物镜、倾斜参考光等因素引入的相位畸变分布，通过在预处理后的全息图或最后相位测量的结果上，减去数值生成的补偿相位，实现对最终相位成像的数值补偿。

图 5.3 为数字全息显微记录示意图(y 轴垂直于纸面，图中未画出)，其中 MO 为显微物镜，R 为参考光波，(x_o, y_o) 为物平面，(x_φ, y_φ) 为显微物镜平面，(x, y) 为 CCD 平面(全息平面)，(x_i, y_i) 为像平面，z 轴垂直通过四个平面的中心。测量光束经显微镜放大后与参考光束在 CCD 靶面干涉，CCD 记录此干涉条纹，CCD 平面与物体成像平面(像平面)之间的距离 d 为全息图的记录距离。在 CCD 上记录的数字全息图可以表示为

$$I(k,l) = I(x,y)\mathrm{rect}\left(\frac{x}{L},\frac{y}{L}\right)\sum_{k=-N/2}^{N/2}\sum_{l=-N/2}^{N/2}\delta(x-k\Delta x, y-l\Delta y) \tag{5.16}$$

式中，k、l 为整数；L 为 CCD 的光敏面尺寸；Δx、Δy 为 CCD 像素大小，且 $\Delta x = \Delta y = L/N$。

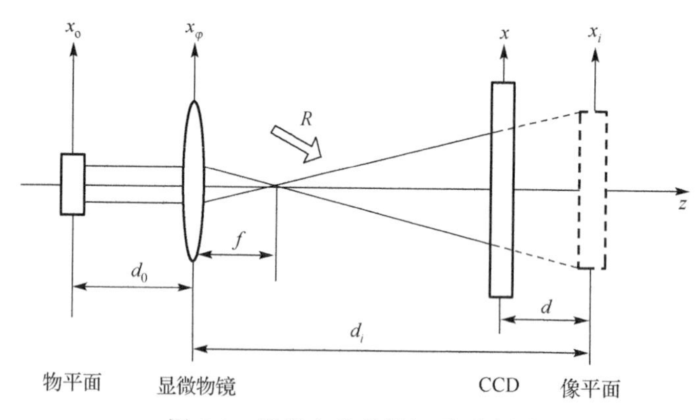

图 5.3　数字全息显微记录示意图

数字全息图的再现过程依据标量衍射理论，利用计算机数值模拟光学衍射[8]。在傍轴条件下，以 CCD 平面与像平面之间的距离 d 为再现距离，重建波前可以表示为

$$\psi(m,n) = A\exp\left[\frac{\mathrm{j}\pi}{\lambda d}(m^2\Delta x_i^2 + n^2\Delta y_i^2)\right]\times \mathrm{FFT}\left\{I(k,l)\exp\left[\frac{\mathrm{j}\pi}{\lambda d}k^2\Delta x^2 + l^2\Delta y^2\right]\right\} \tag{5.17}$$

式中，d 为再现距离；λ 为波长；k、l、m、n 均为常数；Δx_i、Δy_i 为再现像平面的采样间隔；Δx、Δy 为全息平面的采样间隔；FFT 为快速傅里叶变换。

在数字显微技术中，CCD 记录的物光是放大的实像，由于显微物镜的相位调制作用，携带有相位因子的物光波经过菲涅耳衍射后，再现相位存在明显的畸变。

以数字全息显微相位畸变自动补偿方法为例，将显微物镜共轭相位因子作用于再现波前，通过衍射积分计算获得无畸变物体的相位信息。首先将 CCD 记录的数字全息图自动聚焦以得到物体精确的再现距离，然后调整数字相位掩模进行物体无畸变复振幅信息重构，最后将所得相位信息解包裹，得到物体的精确相位信息。此方法仅需记录一幅数字全息图，通过计算机自动快速地调整系统参数，得到无畸变的物体相位信息。

在数字全息实验中，由显微物镜引入的相位因子为 $\Phi(x,y)$，根据透镜的透射函数及傅里叶变换性质，位于像平面的物镜相位因子可以表示为

$$\Phi_{\mathrm{MO}}(m,n)=\exp\left[\frac{\mathrm{j}\pi}{\lambda d_i}(m^2\Delta x_i^2+n^2\Delta y_i^2)\right] \tag{5.18}$$

式中，m、n 为常数；Δx_i、Δy_i 为再现像平面的采样间隔；$d_i=d_1+f$，其中 d_i 为物体的像到显微物镜的距离，f 为显微物镜的焦距。根据物像关系：

$$\frac{1}{f}=\frac{1}{d_o}+\frac{1}{d_i} \tag{5.19}$$

像平面的二次相位因子可以表示成

$$\Phi_{\mathrm{MO}}(m,n)=\exp\left[\frac{\mathrm{j}\pi}{\lambda C}(m^2\Delta x_i^2+n^2\Delta y_i^2)\right] \tag{5.20}$$

对比式(5.18)和式(5.10)，并依据物像关系，可得

$$\frac{1}{C}=\frac{1}{d_i}\left(1+\frac{d_o}{d_i}\right) \tag{5.21}$$

式中，d_o 为物体到显微物镜的距离；d_i 为物体的像到显微物镜的距离。

因此，为了补偿由显微物镜引起的相位畸变，以获取物体准确的相位信息，需将该二次相位因子的共轭像作用于重建波前。本章定义此共轭像为数字相位掩模，其表达式如下：

$$\Phi(m,n)=\exp\left[-\frac{\mathrm{j}\pi}{\lambda C}(m^2\Delta x_i^2+n^2\Delta y_i^2)\right] \tag{5.22}$$

由式(5.21)可知，选择合适的参数 C，即选择合适的 d_o 和 d_i，则可以补偿相位畸变。在实验中，由于物体到 CCD 平面的距离固定，依据物像关系，d_i 值也随之确定，只需要调整 d_o 值直至再现相位中的畸变条纹消失。

在传统全息显微中，通常采用原参考光照明全息图再现，在数字全息显微中则选用数字参考光 R_D 来模拟衍射再现过程，R_D 可以写为

$$R_D(k,l)=A\exp\left[\mathrm{j}\frac{2\pi}{\lambda}(k_x k\Delta x+k_y l\Delta y)\right] \tag{5.23}$$

式中，Δx、Δy 为 CCD 的像元尺寸；k_x、k_y 为数字参考光的两个波矢分量。将 R_D 移至菲涅耳积分外，改变 k_x、k_y 不会引起再现像移动，为相位补偿区域的确定及相位解包裹带来了便利。

则修正后的虚拟参考光为

$$R(k,l)=R_D(k,l)\exp\left\{\frac{\mathrm{j}\pi\lambda}{d}\left[\left(\frac{k_x}{\lambda}\right)^2+\left(\frac{k_y}{\lambda}\right)^2\right]\right\} \tag{5.24}$$

再现波前的离散形式可以表示为

$$\varPsi(m,n)=\mathrm{AR}(k,l)\varPhi(m,n)\exp\left[\frac{\mathrm{j}\pi}{\lambda d}(m^2\Delta x_i^2+n^2\Delta y_i^2)\right]\times\mathrm{FFT}\left\{I(k,l)\exp\left[\frac{\mathrm{j}\pi}{\lambda d}(m^2\Delta x^2+n^2\Delta y^2)\right]\right\} \tag{5.25}$$

式中，d 为再现距离；λ 为波长；k、l、m、n 均为常数；Δx_i、Δy_i 为再现像平面的采样间隔；Δx、Δy 为全息平面的采样间隔；FFT 为快速傅里叶变换；$\varPhi(m,n)$ 为数字相位掩模。

实验所采用的透射型数字全息显微实验光路如图 5.4 所示。波长为 532.8nm 的 Ar+激光器发出的激光经分束镜 BS_1 分成两束：一束经显微物镜 MO_1、针孔滤波器 PH(pinhole)和透镜 L 扩束准直，作为参考光；另一束经 M_2 反射后照射物体，物体由显微物镜 MO_2 放大形成物光。两束光由合束镜 BS_2 在 CCD 靶面上干涉，形成数字全息图。

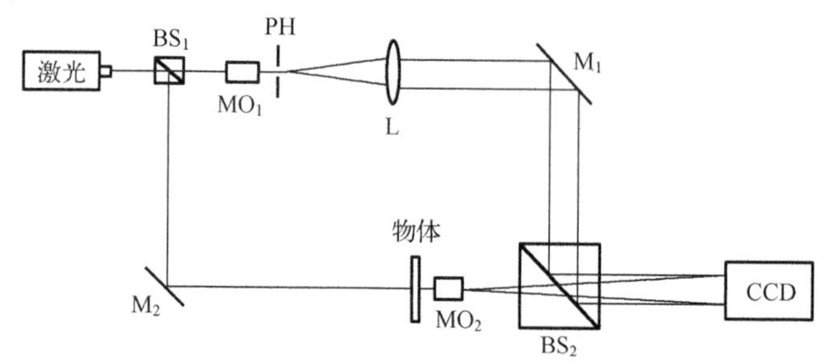

图 5.4　透射型数字全息显微实验光路

实验采用的 CCD 光敏面大小为 8.47mm×7.10mm，像元尺寸为 3.45μm×3.45μm，像元数为 1024×1024，显微物镜 MO_2 的放大倍率为 20 倍，数值孔径为 0.25，实验样品是 USAF1951 分辨率板。图 5.5 为实验记录分辨率板第 7 组数字全息图。

首先将实验记录的数字全息图(图 5.5)进行切趾滤波，再依据式(5.9)进行数字再现并提取相位，根据平均梯度判据函数确定最佳再现距离为 20.6mm。图 5.6(a)是未进行相位畸变补偿得到的包裹相位信息，物体的相位存在明显的二次相位扭

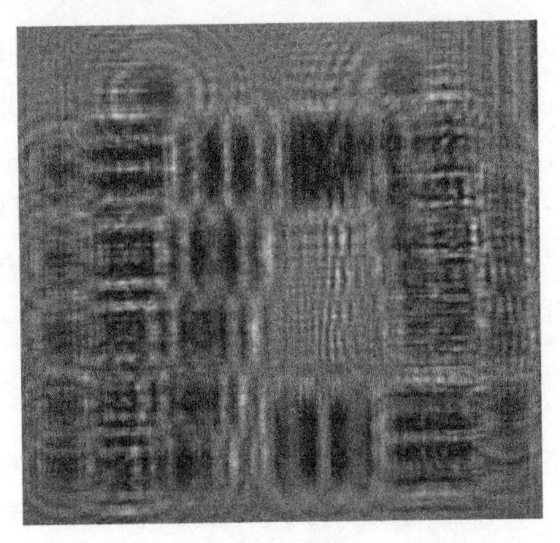

图 5.5　实验记录分辨率板第 7 组数字全息图

曲；图 5.6(b)是依据本章方法进行相位畸变补偿得到的包裹相位信息，其二次扭曲相位已消失；图 5.6(c)是对图 5.6(a)解包裹后得到的相位信息；图 5.6(d)是对图 5.6(b)解包裹后得到的相位信息；为了更好地说明本章方法的有效性，选择未经任何几何图案的同一位置直线(图 5.6(c)和(d)中的虚线)提取相位轮廓图，图 5.6(e)为图 5.6(c)的相位分布，二次相位弯曲明显；图 5.6(f)为图 5.6(d)的相位分布，相位轮廓较为平坦；图 5.6(g)和(h)分别为图 5.6(c)与(d)的三维相位分布图。

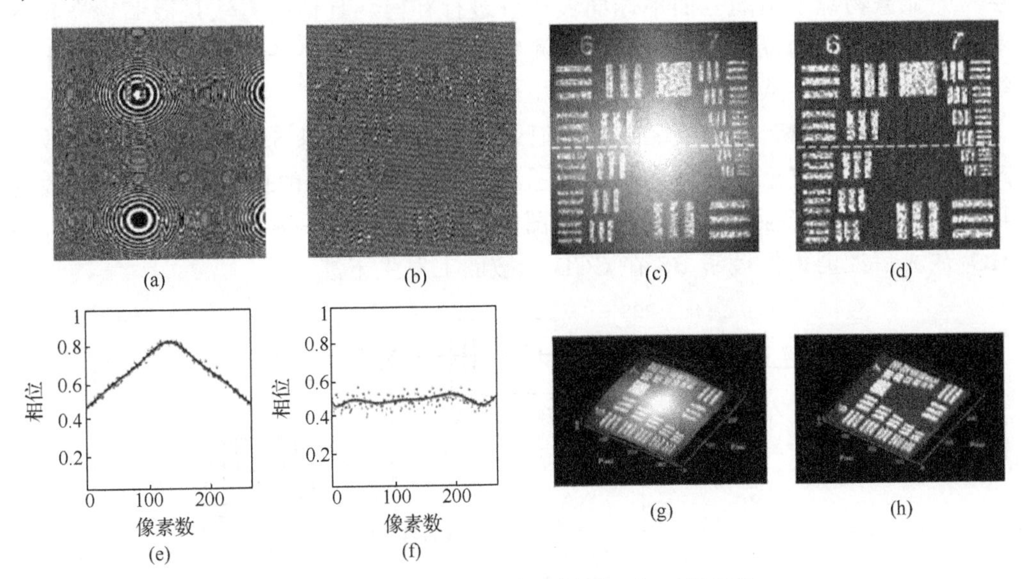

图 5.6　USAF1951 分辨率板第 7 组再现相位

图 5.6(a)中的圆条纹是由显微物镜引起的相位弯曲；图 5.6(c)的解包裹相位中心部分也存在明显的亮斑，此亮斑就是由显微物镜引起的相位凸起；选取不经

过物体中任何几何图案处的轮廓数值(图 5.6(c)中的虚线)进行拟合得到的相位高度分布如图 5.6(e)所示；图 5.6(g)的三维相位分布更清晰地显示了相位凸起。为了补偿此相位凸起，采用本章的方法得到补偿后的相位(图 5.6(b)、图 5.6(d)、图 5.6(f)、图 5.6(h))，图 5.6(b)中的由二次相位引起的条纹已得到很好的补偿，图 5.6(d)为图 5.6(b)解包裹后的相位，中心无亮斑，图 5.6(f)的轮廓拟合趋近直线，图 5.6(h)的三维相位分布已比较平坦，证明了本章方法的有效性。

5.2.3 相位畸变物理补偿法

物理补偿法的基本思路是在参考光路人为地引入二次相位畸变，即物参光的波前相位分布之差为零。补偿的主要方式有在参考光路放置一个相同倍率的显微物镜，或者放置一个透镜，人为调整透镜位置来实现物光和参考光相位曲率分布的匹配，以及在物光光路引入一个透镜，透镜和显微物镜组成远心系统，从而实现二次相位畸变的校正。基于一些特殊光学器件搭建的共路数字全息显微系统也可以补偿二次相位畸变[10]。

以在参考光路引入一个倍率相同的显微物镜为例。在预放大式数字全息系统中参考光路中放置一个与测量光路相同的显微物镜，可以直接消除二次相位畸变[11]。该方法的原理是物光显微物镜发出的球面波引起的二次相位畸变可以由参考光显微物镜发出的等曲率球面波相位进行补偿。具体的方法是微调物光和参考光中显微物镜的位置，在未放置待测物条件下，使干涉条纹从弯曲分布到平行等间距直线分布，从而实现消除二次相位畸变的目的。

预放大式离轴菲涅耳数字全息图记录系统示意图如图 5.7 所示，采用预放大式离轴菲涅耳数字全息光路记录全息图。其中，$\lambda/2$ 波片的作用是配合 PBS 改变物光和参考光的光强比，以提高全息图的信噪比。物光与参考光分别被 MO_1 和 MO_2 放大后经消偏振棱镜 BS 在 CCD 光敏面上发生干涉。

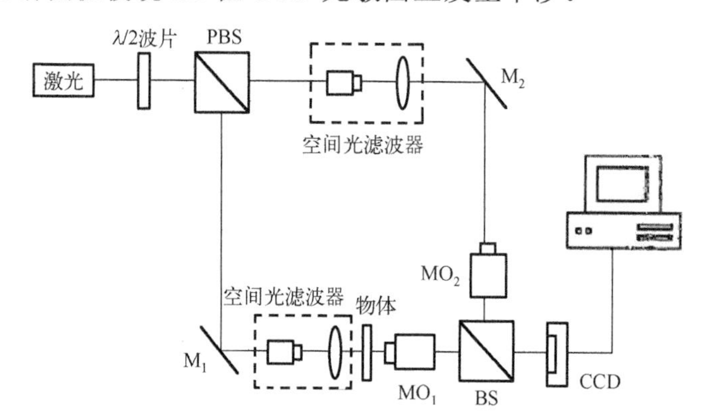

图 5.7　预放大式离轴菲涅耳数字全息图记录系统示意图[12]

实验系统的元件参数如下：激光器波长 $\lambda = 632.8\text{nm}$ 、功率 $P = 60\text{mW}$ ；MO1 和 MO2 的放大倍率为 10，数值孔径为 0.25；被测物体为 USAF1951 分辨率板，CCD 分辨率为 2048×2048 ，像素尺寸为 $3.45\mu\text{m} \times 3.45\mu\text{m}$ 。实验中，需要仔细调节 BS_2 的位置，使物光和参考光分开足够大的角度，实现离轴全息的记录，干涉条纹的条纹间距越小，物光与参考光光轴间夹角越大。但是又不能太小，否则会超出 CCD 的分辨极限。

由图 5.7 中的光路记录的分辨率板的预放大离轴菲涅耳数字全息图如图 5.8 所示。

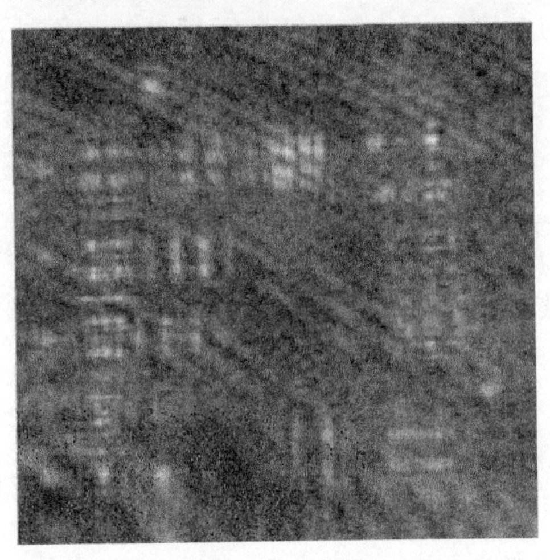

图 5.8　分辨率板的预放大离轴菲涅耳数字全息图

确定了再现像的聚焦位置以后，代入卷积再现算法，设置不同的参考光角度 α 对全息图进行再现，角度 β 可直接由图像处理软件测量干涉条纹的倾斜角得到，β=43°，再现结果如图 5.9 所示。

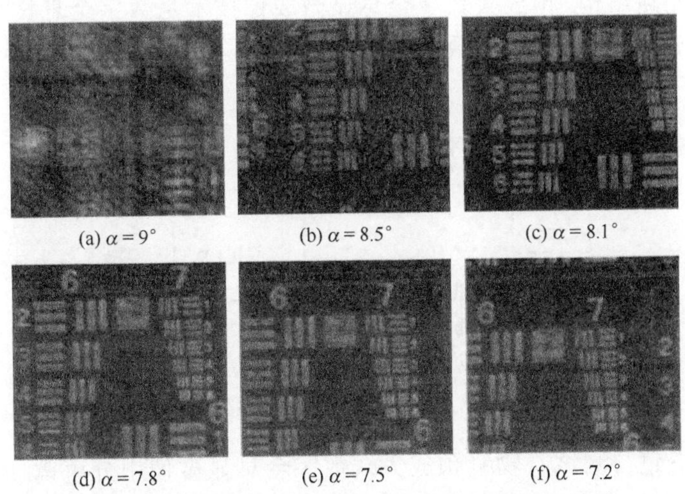

(a) $\alpha = 9^\circ$　(b) $\alpha = 8.5^\circ$　(c) $\alpha = 8.1^\circ$

(d) $\alpha = 7.8^\circ$　(e) $\alpha = 7.5^\circ$　(f) $\alpha = 7.2^\circ$

图 5.9　卷积算法在不同参考光角度下的再现结果

由图 5.9 可以看出：卷积算法的再现图尺寸大小不变，适合微尺寸物体的测量，但是随着参考光的偏置角度变化，再现像会沿对角线方向平移，当参考光的偏置角度 $\alpha = 7.8°$，$\beta = 43°$ 时得到居中、清晰的再现像，证明该方法是可行的，同时由于设置了参考光的偏置角度，解决了由垂直光照射引起的一次相位畸变。对再现图做相位提取，得到其包裹相位。

由图 5.10 可以看出：在参考光路中引入与物光光路相同的显微物镜，直接消除了图 5.10(a)所示的二次相位畸变，避免了烦琐的相位补偿算法操作。

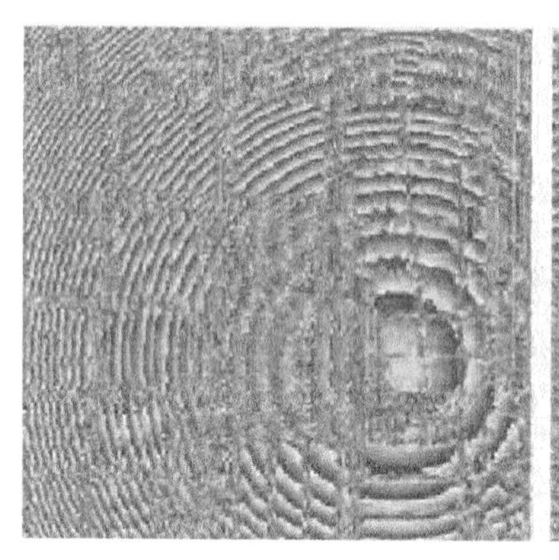

(a)二次相位畸变　(b)相位畸变消除结果图

图 5.10　二次相位畸变及其消除结果图

5.3　物镜预放大式全息显微系统实现与测试

(1)基本光路结构。预放大数字全息显微成像技术是数字全息技术和显微技术相结合的产物，物镜预放大式数字全息显微光路原理图如图 5.11 所示。

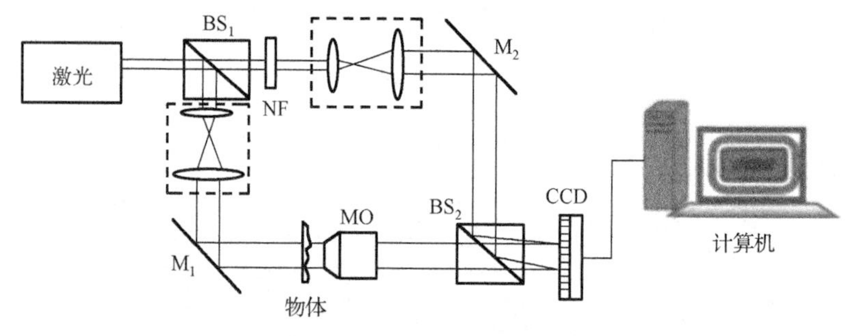

图 5.11　物镜预放大式数字全息显微光路原理图

(2)系统搭建与测试。物镜预放大式数字全息显微使用分束镜(BS_1)将激光束分成两束，一束作为参考光，另一束作为物光波，两束光又经 BS_2 合束，在 CCD

记录面相遇干涉形成全息图。不同在于记录光路中加入了显微物镜(MO)对样品进行显微放大成像。显微物镜的大数值孔径保证收集样品尽可能多的频谱信息，同时利用放大成像将物光波的频率信息压缩到满足 CCD 的采样频率，压缩率和放大倍率成反比。CCD 相机可置于像平面或像平面前后。在系统中，可将显微放大像看作记录物体，像平面和 CCD 之间的距离看作记录距离。

参 考 文 献

[1] 邓定南. 数字全息显微定量相位测量技术研究[D]. 深圳: 深圳大学, 2018.

[2] 盛海见, 吴育民, 文永富, 等. 无透镜数字全息显微成像技术与应用[J]. 影像科学与光化学, 2017, 35(2): 99-105.

[3] 马骁. 无透镜显微成像技术[J]. 长江信息通信, 2021, 34(6): 235.

[4] 钟丽云, 张以谟, 吕晓旭, 等. 球面参考光波数字全息的一些特点分析及实验[J]. 光学学报, 2004(9): 1209-1213.

[5] 董可平, 钱晓凡, 张磊, 等. 数字全息显微术对细胞的研究[J]. 光子学报, 2007, 36(11): 4.

[6] 王华英, 刘飞飞, 宋修法, 等. 预放大数字全息显微系统的特性分析[J]. 强激光与粒子束, 2013, 25(6): 1365-1369.

[7] Cuche E, Marquet P, Depeursinge C. Simultaneous amplitude-contrast and quantitative phase-contrast microscopy by numerical reconstruction of Fresnel off-axis holograms [J]. Applicata Optica, 1999, 38(34): 6994-7001.

[8] 王华英. 数字全息显微成像的理论和实验研究[D]. 北京: 北京工业大学, 2008: 88-90.

[9] 赵宝群, 栗军香, 江夏男, 等. 像前与像后预放大与数字全息显微成像比较[J]. 影像科学与光化学, 2016, 34(1): 68-74.

[10] Kim M K, Ling F Y, Mann C J. Digital Holography and 3D Display: Principle and Applications [M]. New York: Springer, 2006: 38-50.

[11] 邸江磊, 赵建林, 范琦, 等. 数字全息显微术中重建物场波前的相位校正[J]. 光学学报, 2008, 28(1): 56-61.

[12] 王添, 于佳, 杨宇, 等. 数字全息显微测量中相位畸变的矫正方法[J]. 红外与激光工程, 2014, 43(11): 3615-3620.

第 6 章　数字全息定量相位成像技术

6.1　相位测量技术简介

6.1.1　定性相位测量技术

定性相位测量技术是利用细胞等透明物体如相移特性对该物体进行定性测量的技术。这类技术得到的图像并不能定量地测量待测物体的形状或厚度等参数。定性相位测量技术主要包括相差显微(phase-contrast microscopy，PCM)[1]技术、微分干涉差显微(differential interference contrast microscope，DICM)技术[2]和 Hoffman 调幅差显微(Hoffman modulation contrast microscope，HMCM)技术等。下面分别对这些技术进行详细介绍。

1. 相差显微技术

相差(或相衬)显微技术[1]基于相位反衬法。该方法是泽尼克提出的，其通过空间滤波的方法将相位变化转变为强度变化。该方法首次实现了无标记活体细胞的高对比度光学成像。相衬显微镜能够把相位差变为振幅差来观察生物细胞，是一种实用的相位成像方法，在多领域，尤其是医学领域有广泛应用。图 6.1 是现代相衬显微镜的工作原理示意图。

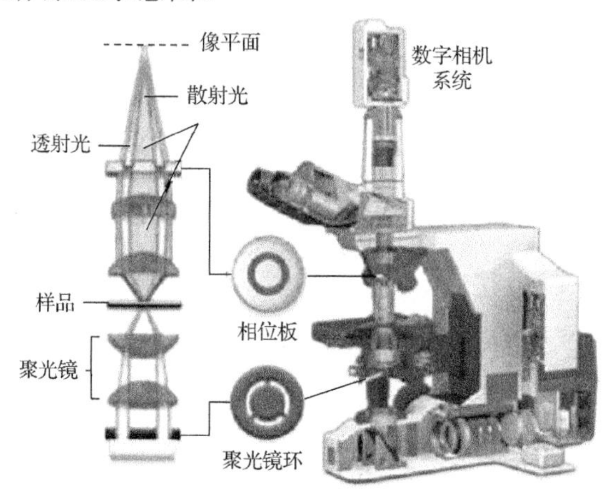

图 6.1　现代相衬显微镜的工作原理示意图

现代相衬显微镜的关键部分主要包括相位板、光阑和可调节望远目镜等，其中相位板将透明细胞的相位差分布转换为探测器可测量的光场振幅变化，从而实现定性相位成像功能。

相差显微技术克服了普通显微技术难以观测无色透明样品的不足，使此类样品相位可见。利用相板推迟样品直射光或衍射光的相位，使两光束干涉后的合成光的振幅大于背景光振幅(明相差)或小于背景光振幅(暗相差)，以实现把人眼无法分辨的相位差变为相应的可见的振幅差，从而增强图像的对比度，达到透明样品可见的目的。

相差显微技术最大的优点是无须标记细胞或使用造影剂，就能获取透明样品如活细胞、微生物、薄组织切片和亚细胞颗粒等的高对比图像，也因此相差显微技术被广泛地应用于各领域，特别是细胞生物学和医学等方面的研究中。相差显微技术的主要缺点是在相移梯度突变的样品边界会出现光环效应，从而降低边界分辨率，阻碍了其在定量测量细胞尺寸和结构方面的应用。

2. 微分干涉差显微技术

微分干涉差显微技术[2]是相差显微技术的衍生技术。微分干涉差显微技术利用偏振分束镜将光束分解成两束振动方向相互垂直且强度相等的光，两束偏振光在距离很近的两点(小于显微镜的分辨率)分别通过样品，产生微小相位差。两束偏振光再经过一个偏振分束镜重新组合，并经过检偏器使它们振动方向一致形成干涉。通过测量干涉条纹可以获取光束的相位差信息。微分干涉差显微技术把两物体与厚度和折射率相关的相位差转化成强度差，可以获取物体的三维图像。

在 1955 年，Nomarski 在相衬显微镜的基础上发明了微分干涉差显微镜[2]。微分干涉差显微镜又称 Nomarski 显微镜，采用了双光束偏振光干涉方法，该方法的优势是克服了相衬显微技术中的光晕效应，同时具有空间光学分层能力，能够将光学厚度梯度如实地反映出来，最后显示出物体的三维立体投影影像，图 6.2 为微分干涉差显微镜的光路原理示意图。

3. Hoffman 调幅差显微技术

微分干涉差显微技术优点为无边界光环效应，但缺点在于不能用于任何塑料培养皿。为了改进其缺点，Hoffman 在 1975 年提出了 Hoffman 调幅差显微技术。Hoffman 调幅差显微技术同样把相位梯度变化转变成幅值变化，其主要是由一个放置在物镜后焦平面的振幅空间滤波器和一个放置在聚光器前焦平面的起偏器组成的。由于微分干涉差显微技术能够对塑料培养皿中的样品进行成像，所以其得到了广泛应用。

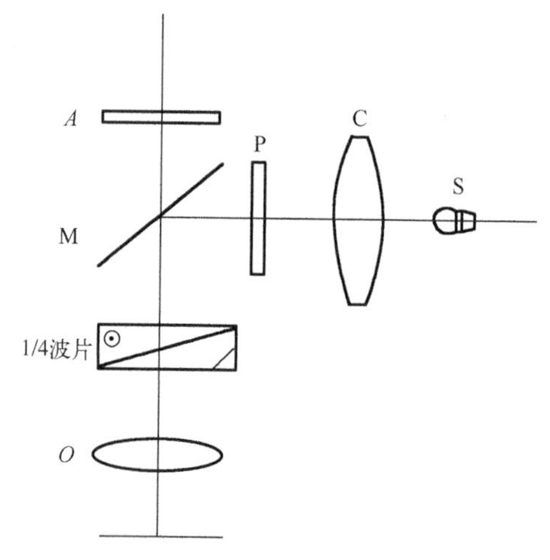

图 6.2　微分干涉差显微镜的光路原理示意图

相衬显微术及其衍生技术(如微分干涉差显微技术)能够将光通过透明样品的相位差转化成强度差，增强了样品图像的对比度，实现对生物细胞等透明样品的成像。这些定性相位成像技术具有成像速度快的优点，已普遍应用于生物细胞定性检测中。但是由于这些传统的相位成像技术中强度与相位之间的分布呈非线性关系，使其只能用于定性分析，不能用于定量测量物体折射率的相位分布信息。为了解决这些问题，业内发展出了定量相位测量技术。下面介绍用于定量成像的技术。

6.1.2　定量相位测量技术

定量相位测量技术[3-6]可定量地提供细胞的纳米尺度与折射率信息来进行后续细胞动力学等分析，是生物细胞定量检测和研究的强有力工具，因此在过去一段时间里受到了科学界，尤其是医学、生物学领域广泛的关注。对于一束单色光波，其光场可以表示为

$$E(x,y)=A(x,y)\exp[\mathrm{j}\varphi(x,y)] \tag{6.1}$$

式中，$A(x,y)$为光波的振幅；$\varphi(x,y)$为光波的相位。当光波通过一些薄且透明的组织如生物细胞时，光波的波长和振幅并不会有明显的改变，因此在使用传统的显微镜对其进行观察时，无法对物体实现清晰的成像、测量和观察。图 6.3 为测量传统光强度的示意图。通常数字成像器件由于其响应速度远低于光波的频率，因此其只能测量时间平均信号，即光强度。基于强度的光学成像系统只能用来满足宏观的观测需要，无法进行对微生物(如活体细胞)的观测。

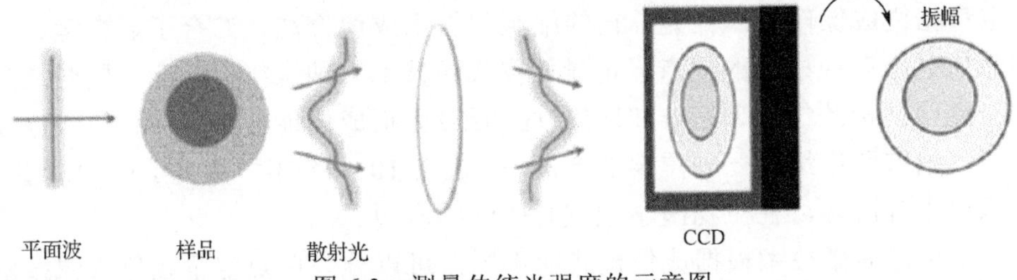

图 6.3　测量传统光强度的示意图

光波通过透明的生物细胞等样品时[3-5]，其相位会因为观测样品内部折射率的不同而产生变化，但由于光波的时间频率高，同时现有光传感器的带宽有限，直接记录光相位信息非常困难，这种相位改变无法通过光探测器来记录。上面介绍的相衬显微镜只能用于定性地对生物细胞等透明物体进行观察，无法对这些透明细胞或组织进行定量相位测量，因此需要定量相位成像技术来定量地对透明生物细胞或组织进行观察成像，将相位的变化转化为光强度变化并使用图像传感器进行探测。

定量相位显微成像解决的就是光学成像中的相位问题，其作为一种光学显微成像技术，它能够使包括振幅和相位信息在内的光场图像定量可视化。图 6.4(a)为二维定量相位成像技术。如图 6.4(a)所示，当入射光通过样品时，其内部折射率的不同使得光波的相位发生改变，通过定量相位测量技术和数字全息技术相结合，可以测量光通过样品引起的光波相位变化。定量相位成像技术也可以用于对透明生物细胞等物体的三维成像，用不同入射角测量光场图，通过光学衍射层析成像可以重建三维折射率分布，如图 6.4(b)所示。

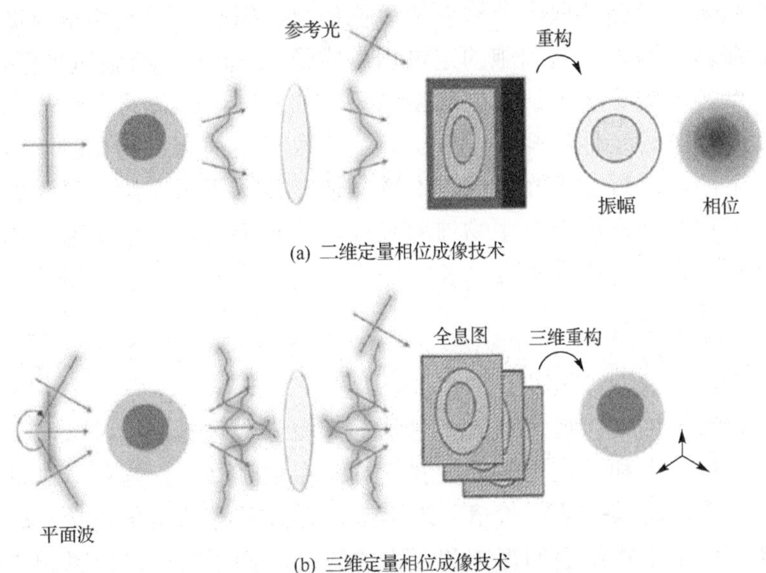

(a) 二维定量相位成像技术

(b) 三维定量相位成像技术

图 6.4　二维与三维定量相位成像技术示意图

定量相位成像作为一种无标记的细胞和组织成像方法，结合了显微镜、全息术和光散射这三种技术的优点。定量相位成像技术有纳米级灵敏度，同时还具有对完全透明结构的二维、三维和四维(时间维)无损成像能力。定量相位成像技术作为研究细胞和组织的一种重要的方法，在过去10～15年中取得了巨大进步，很多技术已十分成熟，在生物医学领域有广泛的应用。

定量相位显微技术根据成像模式的不同，可以分为单点定量相位成像技术和全场定量相位成像技术。下面分别对单点定量相位成像技术和全场定量相位成像技术进行介绍。

1. 单点定量相位成像技术

单点定量相位成像技术[7]是光学相干层析成像(optical coherence tomography，OCT)的推广技术，该技术可以提供生物细胞给定点的定量光相移信息，被广泛地应用于生物细胞检测领域。单点定量相位成像技术可以用光纤实现，也可以用单个光探测器对给定点进行高速单点相位检测。此外，采用单点定量相位成像技术通过移动光探测器或光纤对待测生物细胞进行层析扫描可以实现生物细胞的全场成像。

典型的单点定量相位成像技术包括偏振灵敏光相干层析技术、相散显微技术、相散光层析技术、微分相差光相干显微技术和谱域相位显微技术等。

偏振灵敏光相干层析技术可以对生物细胞组织进行双折射成像。相散显微技术基于基光和二次谐波光干涉原理，可以对色散和弱散射样品的相位进行检测，弥补了传统的 PCM 对弱散射体观察能力不足的缺点。相散光层析技术基于低相干光的相位测量，能够获取高分辨率的相位信息。微分相差光相干显微技术不仅可以用于亚细胞范围内个体细胞的定量相位成像，还能记录细胞的光程定量变化。谱域相位显微技术能够用于活细胞的纳米尺度的实时动态测量，该技术比时域方法具有更高的相位稳定性，与时域方法必须获取稳定的相位相比较，该技术也不需要双光束干涉，通过加大光源的谱宽就能使该技术用于三维定量相差成像。虽然这些技术能在某种程度上对生物细胞进行定量相位成像，但是这些相位成像技术都是单点式的，显微成像需要光栅扫描，实现过程耗时长，应用范围有限，因此不对其进行详细介绍。

2. 全场定量相位成像技术

与单点定量相位成像技术不同，全场定量相位成像技术[8]可以同时提供样品上大量点的信息，有利于进行生物细胞的时间和空间测量，与单点定量相位成像技术相比更优越，更具有实用价值。近年来，各式各样的全场定量相位显微成像技术已逐渐应用于生物细胞的形态和行为的研究。典型的全场定量相位成像技术包括傅里叶相位显微技术 [8]、希尔伯特相位显微技术 [9]、衍射相位显微技术 [10] 和层析相位显微技术 [11]等。

傅里叶相位显微技术是结合了相差显微技术和相移干涉技术产生的技术，是一种基于数字全息的相位成像方法。傅里叶相位显微是一种典型的同轴干涉定量相位成像技术，光路图如图 6.5 所示。该技术通过将样品的像场分解为空间变化场和平均场，分别作为参考光场与物光场互相干涉，同时在频谱面上采用可编程的相位调制器对参考光场进行移相处理，从而可以分时采集到 4 幅干涉图样，再根据四步相移原理反演出物体的相位图像。

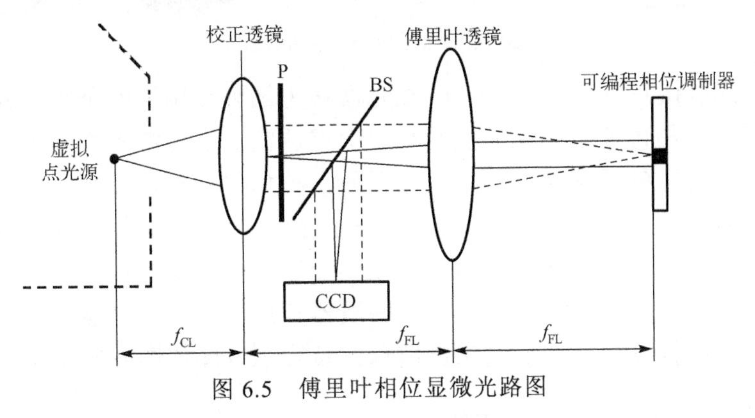

图 6.5　傅里叶相位显微光路图

在对得到的相位进行解包裹后，才能得到完整的样品相位信息，相位解包裹方法将在 6.2 节进行详细介绍。通过相位信息可以反演物体的参数，如形态、折射率、光学厚度等，由于无须标记，傅里叶相位显微技术在生物样品免标记观测领域具有广泛应用。希尔伯特相位显微技术是一种基于离轴光路的相位显微技术，能够提供毫秒范围内的生物细胞定量相位信息。希尔伯特相位显微技术采用马赫-曾德尔干涉仪光路，通过物光和参考光干涉产生空间相位调制干涉图样。希尔伯特相位显微技术将复解析信号的概念引入空间域，对干涉图信号进行变换处理，能够实现从单一的干涉图中获取定量相位图像。

衍射相位显微技术是一种离轴全息相位成像技术，是由 Popescu 等[12]在 2006 年提出的。衍射相位显微技术是一种结合傅里叶相位显微技术和希尔伯特相位显微技术产生的技术，其既有傅里叶相位显微共光路的优点，也有希尔伯特相位显微仅需单次采集的优点，在保持系统稳定性的前提下极大地提升了相位采集速率，对活细胞纳米级的活动研究具有极大的潜力。衍射相位显微光路如图 6.6 所示。

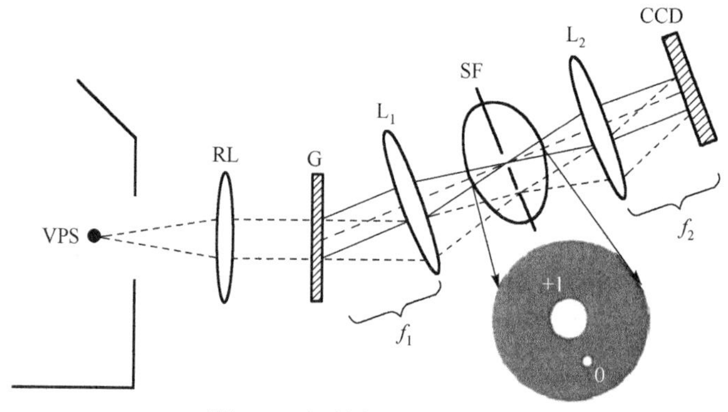

图 6.6　衍射相位显微光路

衍射相位显微系统采用 Nd:YAG 激光器作为倒置显微镜的照明光源，可以在系统输出端得到物体放大的像。然后利用中继透镜对点光源光线进行准直处理，并将显微图像传递到像平面上。置于像平面上的相位光栅可以产生包含图像全部空间信息的多级衍射。通过 4F 系统后，空间滤波器可以提取出 0 级衍射场和 1 级衍射场。将这两束光场分别作为参考光场和物光场，由 CCD 采集干涉图样。在处理干涉图样时，首先利用空间高通滤波器分离出干涉项，然后使用空间希尔伯特变换，可以提取样品的定量相位信息。装置示意图如图 6.7 所示。

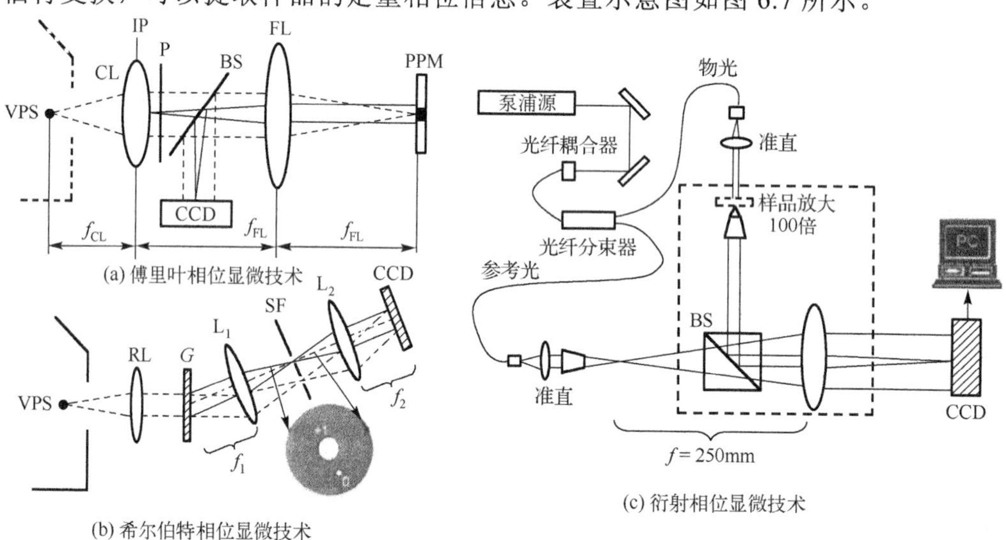

图 6.7　装置示意图

由于傅里叶相位显微技术、衍射相位显微技术和希尔伯特相位显微技术测量的是折射率的线积分与光程长度，因此会失去沿着光轴方向的结构细节，这也是这些技术最大的局限。虽然不会限制这些技术在均匀样品研究中的应用，但限制了其在复杂类型细胞研究中的应用。为了克服这些局限，业内开发出了层析相位显微技术。该技术能够从参考光相对物光频移引起的时变的干涉图像中获取定量相位图像，再利用多角度照明时获得的相位图像来重建样品折射率的三维层析图像。图 6.8 为层析相位显微技术(tomographic phase microscopy，TPM)装置的示意图。

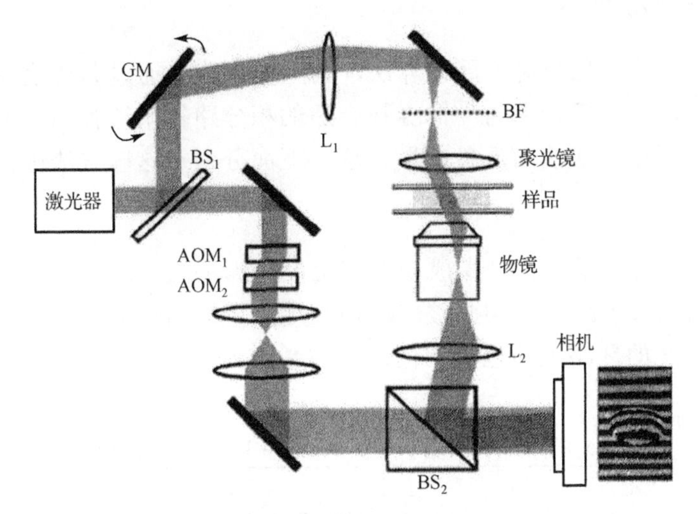

图 6.8　TPM 装置的示意图

根据定量相位的获取是否使用干涉技术，定量相位显微技术又可以分为干涉法和非干涉法。大部分的定量相位显微技术都属于干涉法。干涉相位显微技术作为一种定量相位成像方法,能够提取并定量测量生物细胞或透明组织的相位信息。干涉相位显微技术通过在干涉仪中进行主动调制，将图像传感器不能直接记录的相位信息转化为光强度信息，最后通过重构算法从获取的干涉图像中定量地反演物体的相位信息。干涉相位显微技术要求光束干涉，因此需要和数字全息技术相结合。数字全息技术能够通过记录一幅全息图快速重建被测物体的振幅和相位信息，应用于定量相位成像中，也能用于获取物体的相位信息。在获取干涉图像时，提取相位的方法主要有两大类：一类对穿过细胞的光束进行调制以获取包含相位信息的干涉图样，并使用一定的方法从干涉图样中重构相位，如上面提到的数字全息相位成像技术；另一类利用直接探测到的光强分布恢复相位，如基于光强传输方程的定量相位成像技术。

基于光强传输方程的相位成像方法由 Teague[13]于 1983 年提出，由于该方法无须任何迭代过程和复杂的实验装置，所以被广泛地应用于生物医学观测领域。光强传输方程的求解是近年来研究的重点，研究人员提出了一系列方法如格林函数法、多重网格法、泽尼克多项式展开法、快速傅里叶变换法及非离散余弦变换求解法等。

6.2　相位展开(解包裹算法)

6.2.1　路径跟踪算法

路径跟踪算法又称为局部展开算法，其主要思路是通过某些途径如设置枝切或建立质量图，并以质量图为导向寻找合适的积分路径来进行相位展开。路径跟踪算法中最典型是枝切法和质量图导向法，下面分别对这些方法进行介绍。

1. 枝切法

枝切法是一种较早的也是最成功的相位展开算法之一。由于枝切法可以很好地处理噪声所引起的跳变，因此被广泛地应用于定量相位测量中。枝切法的基本方法是通过 2×2 的环路上的包裹相位差之和是否为零来检测出残差点的。残差点定义如下：

$$r(x,y)=\left[\frac{\varphi(x+1,y)-\varphi(x,y)}{2\pi}\right]+\left[\frac{\varphi(x+1,y+1)-\varphi(x+1,y)}{2\pi}\right]$$
$$+[(\varphi(x,y+1)-\varphi(x+1,y+1))/2\pi]+[(\varphi(x,y)-\varphi(x,y+1))/2\pi] \tag{6.2}$$

若 $r(x,y)=0$，则该点为连续点；若 $r(x,y)\neq 0$，则该点为残差点；若 $r(x,y)=1$，则该点为正残差点；若 $r(x,y)=-1$，则该点为负残差点。残差点一般代表着间断的起点或终点。对它们进行适当的连线并作为积分路障，在去包裹时绕过这些路障，可以实现与路径无关的相位展开，从而避免误差的传递，得到正确的相位展开结果。图 6.9 为枝切法中的残差点。

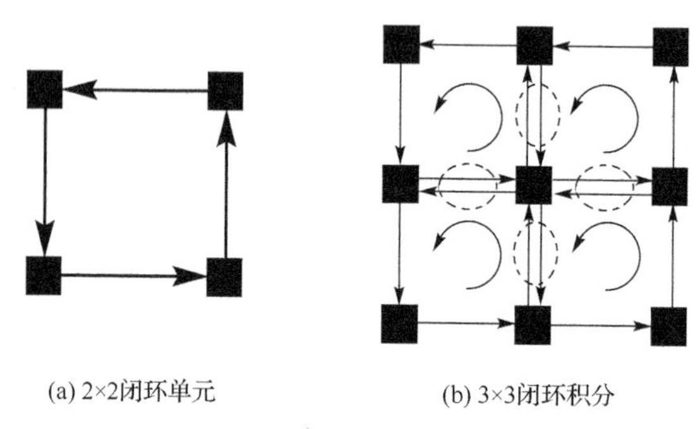

图 6.9　枝切法中的残差点

在相位展开时，根据提取的包裹相位信息可以确定残差点的正负极性和位置分布，将相邻的残差点连接起来绘制形成枝切线。为了使积分路径(枝切线)的正负残差点都是环绕相互抵消，在绘制形成枝切线的过程中必须满足枝切线上残差点的正负极性必须正好互相抵消，使枝切线上的电荷达到平衡。在设置好枝切线后，对包裹图中的所有像元逐行逐列地进行解包裹操作，最后得到真实相位信息。详细步骤如下所示。

第一步：找出残差点。利用残差点计算方法，分析采集的干涉图来确定解包裹相位图中残差点的正负极性和位置分布。

第二步：绘制枝切线。在整幅包裹图内逐行逐列地计算所有残差点，在计算得到第一个残差点后，将这个残差点作为中心，建立一个 3×3 的闭环区域。然后再计算该区域是否还有残差点，如果在该区域内计算得到其他的残差点，就把此残差点和中心残差点相连。

若两个残差点极性不同，枝切线上的电荷彼此抵消，处于平衡状态，则此次枝切线绘制完成，继续重复上述步骤并计算新的残差点，建立新的中心点来绘制枝切线；若这两个残差点极性相同，即同正或同负，则此枝切线上的正负电荷不能相互抵消，没有处于平衡状态，需要把该闭环区域的中心点换成第二个残差点，再继续计算。

在继续计算绘制枝切线时，若计算得到的残差点已经被其他枝切线连接，此时仍要连接这个残差点，同时在计算电荷时新的枝切线不计入此点电荷；若计算得到的残差点未被其他枝切线连接，此时要连接这个残差点并计算此点电荷。若在 3×3 的闭环区域内计算出了所有残差点，但是枝切线上电荷未处于平衡状态，需要扩大计算区域，同时把枝切线的初始点设置为中心点并重复上述步骤。计算区域抵达包裹图边缘时把中心点和包裹图边缘连接来平衡电荷，截断积分路径。

第三步：根据积分路径解包裹。枝切线设置完成后，绕开所有枝切线对包裹相位图进行逐行逐列积分，获得真实的相位图。

图 6.10 为枝切法的算法流程。

对于一幅包裹相位图，枝切法检测出来的残余点具有数量多的特点，因此如何连接这些残余点以正确地反映出噪声欠采样等引起的跳变是枝切法的关键。目前所采取的最优化标准是使所有枝切线连接的总长度最小，常用的算法有最近邻算法、稳定婚姻算法、模拟退火算法、最小费用匹配算法等。

枝切法的优点是运算速度快，而且在噪声点数量较少的情况下能够得到很好的效果。同时，由于是直接对包裹相位加上 2 的整数倍数，因此能够比较真实地反映原始相位。

从算法的执行过程可以看出，枝切线的设置是该类算法的关键，由于选择了最邻近残留点连接的枝切线设置策略，优点是算法执行速度可以很快，缺点是在残留点密集分布的区域，枝切线容易自我闭合，这样相位图就被分为若干个孤立的区域，会形成区域性的展开误差。

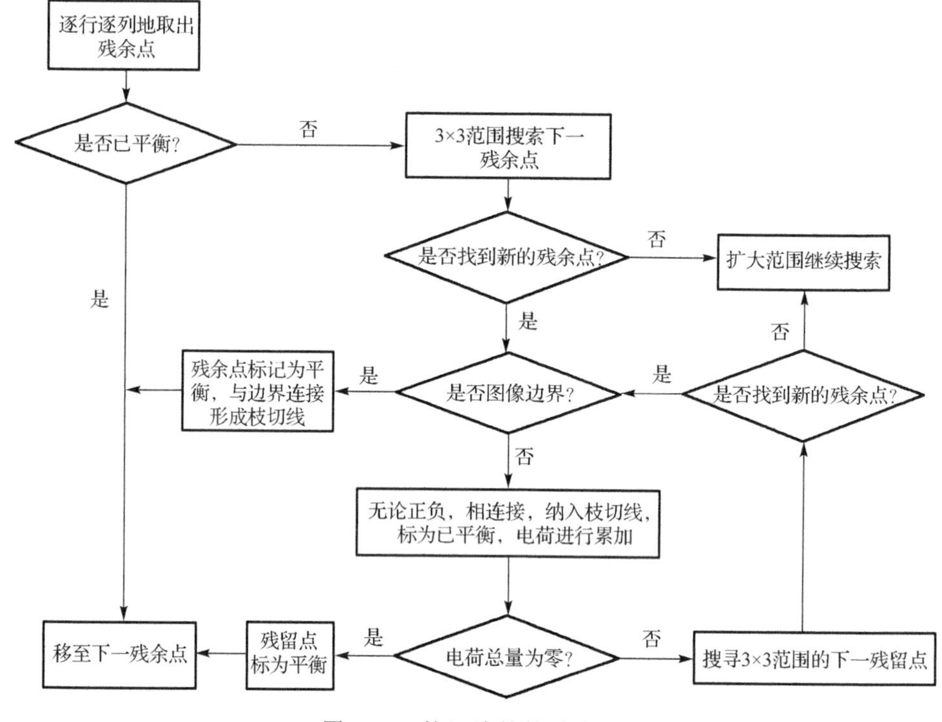

图 6.10　枝切法的算法流程

2. 质量图导向法

质量图导向法是另外一种常用的路径跟踪算法。质量图是二维相位解包裹中一个基本概念，可以定量地表示包裹相位图中每个像素数据的质量，即质量图是包裹相位图中每个像素数据的质量值的二维数据阵列。目前有许多相位解包裹算法利用质量图来完成相位解包裹，以获取准确性更高的相位展开结果。

质量图主要有两大类：第一类是从干涉图获得的质量图，如相关质量图等，第二类是从包裹相位图获得的质量图，如相位导数方差质量图。在质量图导向法中，常用来作为质量图参数的有相关函数、伪相关函数、相位偏微分函数、最大相位梯度、干涉条纹图的调制度、干涉条纹图的相对调制度等。

确定了包裹相位图的质量图之后，需要通过相位展开算法进行展开。以洪水填充算法为例。洪水填充算法的步骤如下：首先构造像素队列和二元模板。像素队列用于将待展开像素进行排队，二元模板用于标识已展开和未展开的像素点，与条纹图大小相同。为了表示相位未被展开，二元模板像素的初始值设为 0；在展开过程中已被展开的像素被设置为 1。

洪水填充算法的详细步骤如下所示。

第一步。对导向参数图的所有像素值排序，将其最大值(质量最高点)作为相位展开的起点，同时在二元模板上标记相应点为 1。将该点和 4 邻域像素放入队列中，将这些像素按参数图的值排序，将具有最大参数值的像素列于队列底部。

第二步。从队列底部取出具有最大参数值的像素，并将其相对于起始点进行相位展开。如果该点与起始点的相位差大于 2，则该点的展开相位等于其截断相位减去 2；如果该点与起始点的相位差小于 2，则该点的展开相位等于其截断相位加上 2。在完成该点的相位展开后，将二元模板上该点的相应点标记为 1。然后将该点的未展开的邻域像素放入队列中，并且按参数图的值将队列的像素重新排序。

第三步。重复上述步骤，每次都从队列底部取出具有最大参数值的像素，并根据所提取像素的相邻已展开像素相位值进行相位展开，标记二元模板该点的相应点为 1。然后将该点的未展开的邻域像素放入队列中按参数图的值将队列的像素重新排序。重复这一步骤直到队列为空，此时所有的像素点都已被展开，相位展开的过程结束。

图 6.11 为洪水填充算法展开相位的过程示意图。

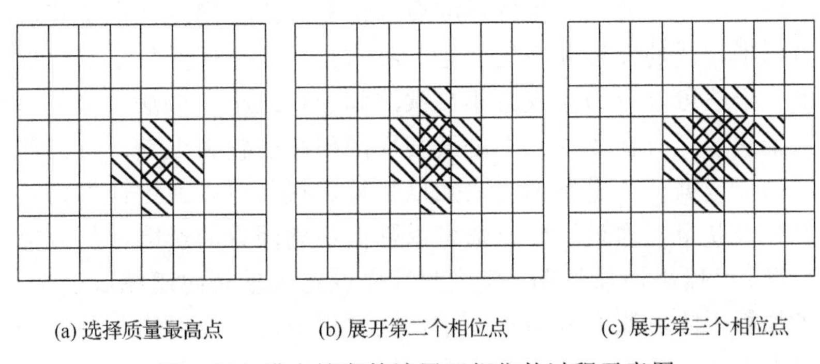

(a) 选择质量最高点　(b) 展开第二个相位点　(c) 展开第三个相位点

图 6.11　洪水填充算法展开相位的过程示意图

6.2.2　全局展开算法

全局展开算法又称为路径无关算法，是一种通过引入目标函数并附以一定的约束条件，将相位展开问题转化为求解最优化问题的算法。该类算法中最典型的是最小范数算法、最小零范数法、最小二乘法、傅里叶变换法和单元格自动算法。下面对这些算法进行介绍。

1. 最小范数算法

最小范数算法通过最小化期望相位与真实相位间相位梯度误差的最小范数，从而获得逼近真实相位分布的全局优化展开相位值，其需要满足如下公式：

$$\min\left\{\sum_{x,\ y}\left|\nabla_x\varphi(x,y)-W[\nabla_x\psi(x,y)]\right|^p+\sum_{x,\ y}\left|\nabla_y\varphi(x,y)-W[\nabla_y\psi(x,y)]\right|^p\right\} \tag{6.3}$$

式中，∇_x与∇_y分别为x方向和y方向的梯度；W为包裹算子。由于最小范数算法是去逼近实际相位面，具有很强的抗噪声作用。但是在噪声平滑的过程中，数据会发生扭曲。

2. 最小零范数法

当p=0 时，最小范数算法即为最小零范数法。p=0 意味着寻求的是展开相位梯度与包裹相位梯度不相符的点数最少。由于满足这样条件的解理论上是最理想的，因此最小零范数法在理论上是最完美的。上面提到的枝切法只是一种追求最小零范数解的方法。目前的计算方法都只是近似并不能够保证目标函数的全局最小，因此目前的相位展开的一个目标就是如何更好地逼近最小范数解。

3. 最小二乘法

最小二乘法是让待展开的相位梯度逼近包裹的相位梯度。由于其求解算法比较成熟，得到了广泛的发展和应用，是一种常见的相位展开算法。根据是否需要权重，最小二乘法可以分为无权最小二乘法和加权最小二乘法。为了消除或减少无权最小二乘法展开时在“坏点”处及其周围引起的较大误差，可以通过引入权值，对二维相位数据一一进行加权来加以弥补。权值可以通过计算条纹图像调制度的二阶差分来获得。通过设定权值可以降低不利因素的影响，从而提高展开相位的数据精度。可以采用质量图、掩模图等来设定权重从而避免低质量点的影响。由于引入了加权矩阵，原有的最小二乘算法不再适用。此时需要使用预条件共轭梯度法、皮卡迭代法或者加权重的多级网格法算法进行展开。

最小二乘相位展开法的目标函数为

$$J=\sum_{i=0}^{M-2}\sum_{j=0}^{N-1}\left|\phi_{i+1,j}-\phi_{i,j}-\Delta_{i,j}^x\right|^2+\sum_{i=0}^{M-1}\sum_{j=0}^{N-2}\left|\phi_{i,j+1}-\phi_{i,j}-\Delta_{i,j}^y\right|^2 \tag{6.4}$$

式中，$\phi_{i,j}$为相位图第i行第j列的未知元素；$\Delta_{i,j}^x$为包裹相位的包裹差分。通过使目标函数J最小，可以求出对应的$\phi_{i,\ j}$，这种方法与一般的最小二乘拟合的区别就是待求量为差分量，而不是直接求解未知量。

最小二乘法展开相位图如图 6.12 所示，由于最小二乘法本质上是曲面拟合，会填充原相位图中的无效区域，枝切法和质量图导向法具有更强的连续性，但是相位一致性更弱。检验相位一致性的方法是将已展开的相位重新包裹后，与原先的包裹图进行对比，两幅包裹图的差异越大，相位展开算法的相位一致性就越不好。

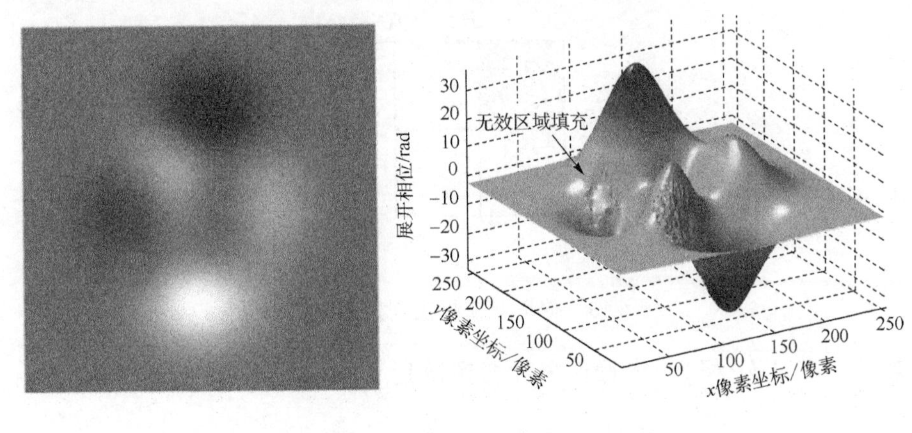

(a) 展开相位图　　　　　　　　　　　　(b) 展开相位的三维面型

(c) 展开相位再包裹图

图 6.12　最小二乘法展开相位图

4. 傅里叶变换法

傅里叶变换法是一种应用傅里叶变换进行相位解包裹的算法。由于傅里叶变换要求包裹相位具有周期性，所以在对包裹相位进行傅里叶变换相位解包裹之前，需要对包裹相位进行镜像操作。镜像对称操作实际上是以相位图像的边界为对称轴进行二次翻转，其操作如图 6.13 所示。

傅里叶变换法的最小二乘相位解包裹的步骤如下所示。

第一步，对相位包裹 $\phi_{i,j}$ 进行周期镜像变换，可以求得 $\tilde{\phi}_{i,j}$。

第二步，由 $\tilde{\phi}_{i,j}$ 求 $\tilde{\rho}_{i,j}$，公式如下：

$$\tilde{\rho}_{i,j}=\tilde{\phi}_{i+1,j}+\tilde{\phi}_{i-1,j}+\tilde{\phi}_{i,j+1}+\tilde{\phi}_{i,j-1}-4\tilde{\phi}_{i,j} \tag{6.5}$$

$$\tilde{\rho}_{i,j}=\tilde{\Delta}^{x}_{i,j}-\tilde{\Delta}^{x}_{i-1,j}+\tilde{\Delta}^{y}_{i,j}-\tilde{\Delta}^{y}_{i,j-1} \tag{6.6}$$

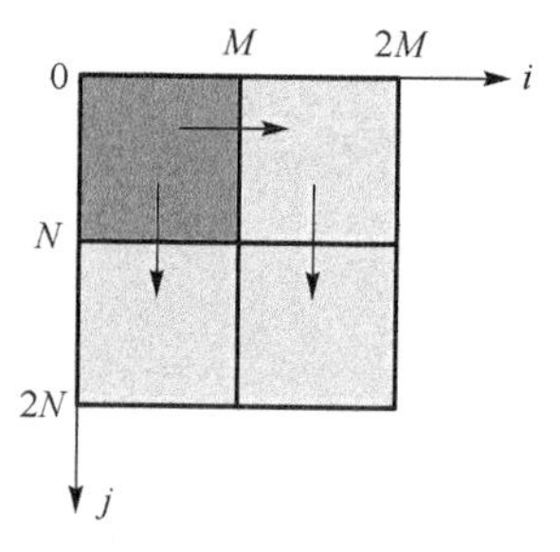

图 6.13　傅里叶变换法周期镜像操作

第三步，对 $\tilde{\phi}_{i,j}$ 和 $\tilde{\rho}_{i,j}$ 进行傅里叶变换得到 $p_{m,n}$，并求出 $\Phi_{m,n}$，公式如下：

$$\Phi_{m,n}=\frac{p_{m,n}}{2\left[\cos\left(\frac{\pi m}{M}\right)+\cos\left(\frac{\pi n}{N}\right)-2\right]} \tag{6.7}$$

第四步，对 $\Phi_{m,n}$ 进行傅里叶逆变换得到 $\tilde{\phi}_{i,j}$，进行镜像还原完成相位展开。

5. 单元格自动算法

单元格自动算法是一种简单的离散数学算法，将其应用于相位展开主要包括两个过程：局部迭代和全局迭代。单元格自动算法的基本思想是首先计算各像素与其四邻域的相位差，确定是加上 2π还是减去 2π。如此反复迭代，直至到达只有两种状态的振荡状态，最后平均这两个状态，平均的操作称为一次全局迭代。重复上述步骤直到再进行局部迭代时结果不再发生改变。则此时的结果即为相位展开结果。

单元格自动算法的缺点是计算量大，尤其是在噪声点较多时，要经过很长的时间才能达到振荡状态，有时甚至无法达到振荡状态。并且这种算法也不能解决物体本身有间断的问题；优点是具有并行性，可以用于分布式计算机系统或多任务的操作系统。

6.2.3　多波长相位展开算法

为了更好地处理测量对象的不连续性，需要进行时间相位展开，从而需要进行多幅投影。同时对物体进行动态测量，要求投影图案数量最小化。目前业内已经开发出了一些时间相位展开算法，包括编码投影图案的算法和使用不同条纹周期的附加相位图进行时间相位展开的算法等。使用不同条纹周期的附加相位图进行时间相位展开的算法比编码投影图案的算法更精确，计算方法更加简便，在物体的动态测量中有广泛的应用。

多频率和多波长的相位展开算法是两种使用附加相位图进行时间相位展开的

算法。与其他技术相比，多波长时间相位展开算法在选择投影条纹波长方面具有更高的灵活性，并且对条纹序数中的尖峰样误差的敏感度更低。

多波长投影条纹的时间相位展开基本原理是利用不同条纹周期投影出多个相位图，生成一幅新的具有扩展相位范围的合成相位图。在多波长相位展开中，需要使用两个较短的波长合成一个较长的等效波长；然而，相对于单波长相位展开而言，合成的相位图噪声较大。为了改进双波长相位处理方法，可以将拍频波长的确定相位值用作参考相位，以展开较小波长的相位。三波长和多波长时间相位展开可以进一步扩展拍频波长，以增加实际可测高度，同时降低噪声。

在条纹投影轮廓术中，低频率条纹投影产生的相位跳变较少，同时为了覆盖整个视场并获得连续的扩展相位图，需要减少对应于拍频周期所需的不同条纹频率投影图样的数量。然而，这种方法会使相位图包含大量噪声。频率越高的条纹图投影得到的相位图噪声越小，同时会产生更多阶段跳跃。为了获得精确的全连续扩展相位图，需要更多不同频率的投影条纹图。

条纹投影轮廓术每个条纹频率至少需要三幅相移图像。因此，需要使用三幅不同的相位图来应用多波长时间相位展开，传统的条纹投影轮廓术需要对九幅图像进行投影和采集，操作时间较长，无法应用于对动态物体的测量。因此，需要一种快速的时间相位展开方法，在使用较少投影条纹图样数量的同时仍然保持精确的完整连续相位图。

在数字莫尔条纹中，使用CCD采集条纹图像后，使用计算机进行相移处理。数字莫尔条纹的时间相位展开过程中可以使用更少的条纹图样，将具有不同频率的两个条纹图案分别投影到待测物体表面上，以计算具有不同波长的两个相位图，然后通过减去两个相位图来计算扩展相位图。虽然这种技术可以处理物体表面的不连续性，但计算出的扩展相位图的信噪比较低，因此，需要一种投影图案使用较少，同时可以保持准确连续相位图的时间相位展开方法。

1. 双波长时间相位展开

双波长的数字莫尔条纹时间相位展开的基本原理是将两个不同周期的条纹图案分别投影到物体表面，并通过相机采集每个投影图案的单个图像，通过计算机产生相移条纹图并叠加在采集的图像上，然后滤波去除噪声来提取包含相位信息的莫尔图像。

然后应用相移分析来计算两个包裹的相位Φ_1、Φ_2，它们的莫尔波长分别为λ_1和λ_2。莫尔波长可以由近似关系计算得到。从相位图Φ_1、Φ_2可以计算得到一个莫尔波长为λ_{12}的扩展连续相位图Φ_{12}，计算公式如下：

$$\lambda_{12}=\frac{\lambda_1\lambda_2}{|\lambda_1-\lambda_2|} \tag{6.8}$$

$$\Phi_{12}=\begin{cases}\Phi_1-\Phi_2, & \Phi_1>\Phi_2\\ \Phi_1-\Phi_2+2\pi, & \Phi_1\leqslant\Phi_2\end{cases} \tag{6.9}$$

式中，拍频波长 λ_{12} 足够大，可以覆盖物体高度的整个范围。为了降低噪声引起的相位误差，可以将相位图 Φ_{12} 作为一个参考相位图来对莫尔波长较小的相位图进行展开，计算公式如下所示：

$$\varphi(x,y)=\Phi_1+2\pi\mathrm{Round}\left(\frac{\left(\dfrac{\lambda_{12}}{\lambda_1}\right)\Phi_{12}-\Phi_1}{2\pi}\right) \tag{6.10}$$

式中，$\varphi(x,y)$ 为展开的相位图；$\dfrac{\lambda_{12}}{\lambda_1}$ 为比例系数；Round(·) 为计算最接近整数值的操作函数。展开后的相位图 $\varphi(x,y)$ 具有较高的信噪比。

2. 三波长相位展开

使用较大波长计算得到的折叠相位图相位跳变较少，但是噪声较大；较小波长的相位图相位跳变较多，但是信噪比高。当待测物体高度较大时，使用双波长时间相位展开算法中的拍频波长可能不足以覆盖整个物体的高度范围，会留下一部分相位折叠。通过增大投影条纹周期的方法来放大莫尔波长，可以使计算得到的拍频波长覆盖到整个物体的高度范围；缺点是牺牲了扩展连续相位图的信噪比，使得相位展开过程不可靠。

在获得扩展相位图时，三波长或多波长时间相位展开可以在不牺牲信噪比的前提下进一步提高拍频波长。在三波长数字莫尔时间相位展开中，将三种不同周期的条纹图案投射到物体表面上，并分别拍摄得到每种图案投影下的变形条纹图像。对获得的三幅变形条纹图样进行相移处理便可以计算得到三幅折叠相位图。

在相位展开过程中，为了生成覆盖整个待测对象高度范围的扩展连续相位图，首先需要计算三个拍频波长与三个比例系数，拍频波长、比例系数及扩展连续相位图的计算方法与 6.2.2 节相同。

将相位图 Φ_{12} 和 Φ_{23} 作为一个参考相位图来对莫尔波长较小的相位图进行展开，展开方法与 6.2.2 节相同：

$$\varphi_1(x,y)=\Phi_2+2\pi\mathrm{Round}\left(\frac{\left(\dfrac{\lambda_{12}}{\lambda_2}\right)\Phi_{12}-\Phi_2}{2\pi}\right) \tag{6.11}$$

$$\varphi_2(x,y)=\Phi_2+2\pi\mathrm{Round}\left(\frac{\left(\frac{\lambda_{23}}{\lambda_2}\right)\Phi_{23}-\Phi_2}{2\pi}\right) \tag{6.12}$$

通过 φ_1 和 φ_2 用同样的方法计算出扩展连续相位图 φ_{123}：

$$\varphi_{123}=\begin{cases}\varphi_1-\varphi_2, & \varphi_1>\varphi_2\\ \varphi_1-\varphi_2+2\pi, & \varphi_1\leqslant\varphi_2\end{cases} \tag{6.13}$$

最后使用 φ_{123} 作为参考相位图对折叠相位图 Φ_2 进行展开：

$$\varphi(x,y)=\Phi_2+2\pi\mathrm{Round}\left(\frac{\left(\frac{\lambda_{123}}{\lambda_2}\right)\varphi_{123}-\Phi_2}{2\pi}\right) \tag{6.14}$$

至此相位展开完成。

6.3 激光调频数字全息系统实现与测试

6.3.1 基本光路结构

激光调频数字全息系统的主要探测目标是细胞组织与探针等的三维形貌，其中透射式光路主要用于透过率大的目标，而反射式光路则主要用于透过率小的目标。此外，还要尽量地使系统结构紧凑、调试简单、稳定性强，本节所介绍的系统为改进马赫-曾德尔式光路的系统。

激光调频数字全息系统的光路图如图 6.14 所示，光源为半导体激光器，穿过 1/2 波片，光束经过一次反射，通过 PBS 获得两束偏振方向相互垂直的线偏振光。图 6.14 中所示偏振方向平行于系统所在平面的光束是 P 光，将其准直后作为参考光。另一束线偏振光是 S 光，将其准直后通过待测物体，经过显微光路放大后作为测量光。最终，携带目标信息的测量光和参考光经过合束棱镜耦合在一起，经过 1/4 波片。通过调整 1/4 波片的角度，可以使 P 光和 S 光变为两束旋向相反的圆偏振光进入相机靶面完成干涉成像。

光路中，1/2 波片是用来调节激光器发出的光束在垂直于平面和平行于平面两个方向上的偏振分量，从而可以调节 PBS 分束后参考光和测量光的强度比。显微物镜用于放大物体，便于成像与观测。光束的扩束和准直能滤除光束中的高频噪声，获得具有平滑高斯分布的光。

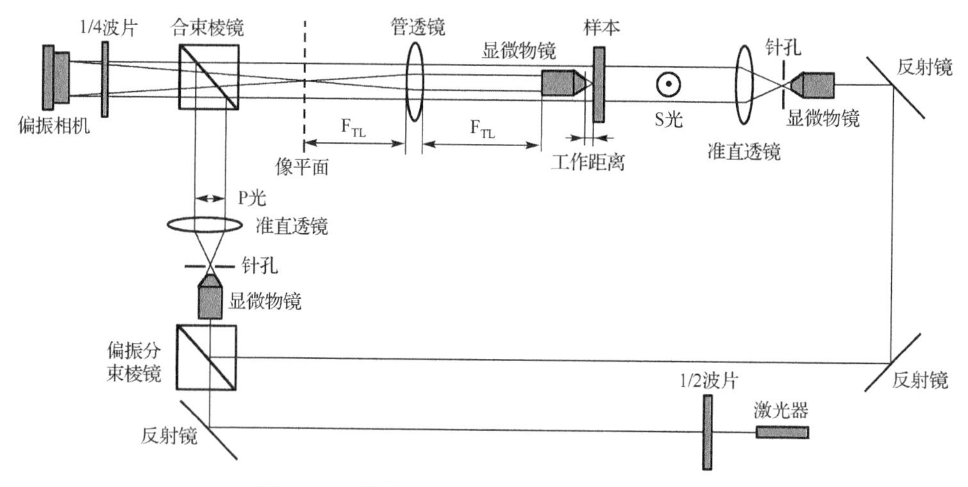

图 6.14　激光调频数字全息系统的光路图

激光调频数字全息系统所使用的相机是偏振相机，在相机芯片上还覆盖着微偏振片相移阵列和微透镜阵列，微偏振片相移阵列是由 2×2 单元周期排列的微偏振片组成的，一次曝光可以获得四幅相移相差 $\pi/2$ 的全息图，可以通过四步相移算法解得相机靶面上全息图的光场分布。

6.3.2　并行相移数字全息成像系统的搭建与测试

1. 并行相移数字全息成像系统的搭建

根据 6.3.1 节介绍的激光调频数字全息系统的光路图，在实验平台上搭建调试光路，如图 6.15 所示，是并行相移数字全息成像系统示例的实物图。调试光路时应特别注意准直透镜、精密针孔及显微物镜的调试，调试结果需要保证得到的光是拥有良好高斯分布的平行光，同时应该保证最后的耦合光路具有良好的同轴性，以防止再现图像受到偏移和伪影的影响。

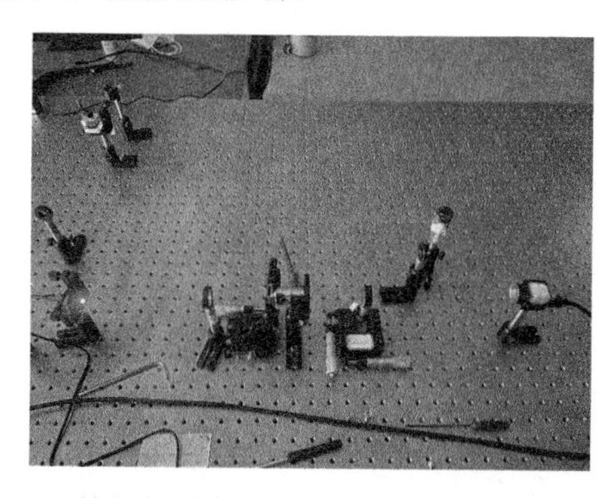

图 6.15　并行相移数字全息成像系统示例的实物图

2. 并行相移数字全息成像系统分辨率测试

为了测试并行相移数字全息成像系统对待测物的成像质量，选择光学分辨率检验板负片作为待测目标进行定量分析。光学分辨率检验板又称为分辨率力板，可以对并行相移数字全息成像系统进行定量的测量(图 6.16)。在实际检测的过程中，将再现图像中能够清晰分辨出的黑白线条的线宽和最大线对数作为并行相移数字全息成像系统分辨率的表征，其原理是瑞利判据。

图 6.16　光学分辨率检验板

对光学分辨率检验板进行观测，实验结果如图 6.17 所示。由实验的结果和过程可知，并行相移数字全息成像系统能够实现目标的定性相位测量，具有实时性、无接触等特点，重构图像较为清晰，没有受到孪生像和零级项的干扰，同时仍然有一些噪声存在。

在不同工作距离下，分辨率板信噪比变差。这是由于不同工作距离下，分辨率板在物镜和管透镜间成像位置不同。当中间像离管透镜距离较远时，发散角较大，目标的大部分光线在管透镜范围之外，产生渐晕孔径光阑，所以信噪比较差。通过使用大口径的管透镜可以提高信噪比，其尺寸应该根据物镜等发散角来调整。

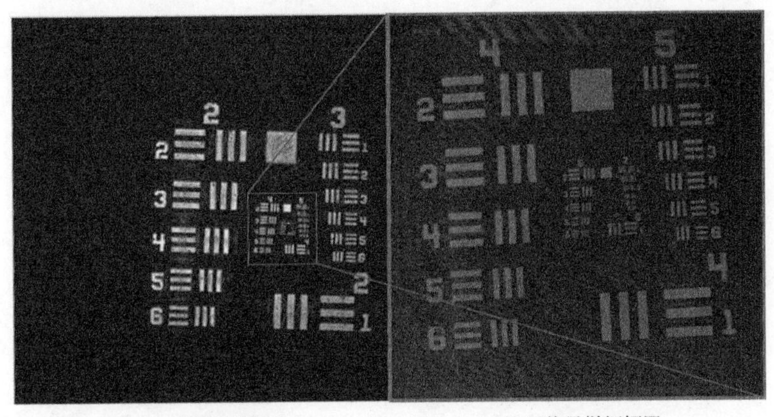

(a) 无透镜振幅图　　(b) 10倍显微振幅图

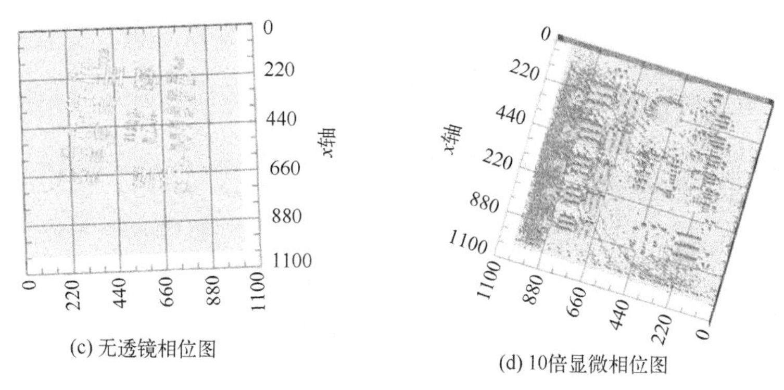

(c) 无透镜相位图　(d) 10倍显微相位图

图 6.17　重构图像

6.4　激光调频显微数字全息系统应用示例

6.4.1　光纤连接器探针形变测量

激光调频显微数字全息系统的一个主要应用是测量微小的形变。在光纤的水下连接处，由于光纤在水压影响下会受应力作用产生细微形变，这种形变会对光纤传输光的性质产生影响，要研究光纤在水下或其他应用场景受应力作用产生的形变，可以通过该系统测量光纤连接的微小形变。

激光调频显微数字全息测量微小形变光路示意图如图 6.18 所示。实验光路由反射镜、扩束透镜、针孔滤波器、准直透镜、分束镜、成像透镜组成。在测量透明物体微小形变时，将分束镜反射出透过物体的光作为测量光，而分束镜透射出

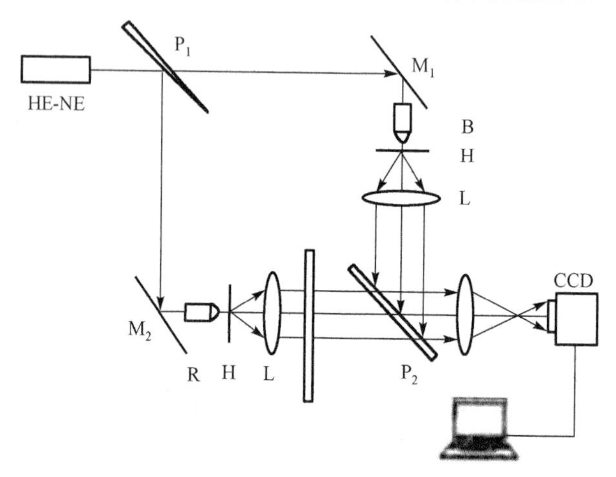

图 6.18　激光调频显微数字全息测量微小形变光路示意图

未经过目标的光束作为参考光，由 CCD 采集干涉图，重构后可以得到物体的图像。使用偏振相机利用四步相移原理进行采集与重构，可以实现实时性、无接触的测量。通过实时测量物体的形貌，可以实现微小形变的测量。

6.4.2　植物叶片气孔动态观测(散斑噪声)

为了测试激光调频显微数字全息系统对细胞的成像质量，选择植物叶片气孔细胞作为待测目标进行定量测量。选择植物为常见的绿萝植物，叶片气孔多分布在叶片背部及叶片中部，其中叶片中部较多。不同植物气孔大小不同，选择的观测对象气孔大小为 20～30μm，为微量级。通过切片制备样品进行观测。由于植物气孔通常于白天开启，晚上关闭，时间周期较长，因此选择于夜晚观测可方便地对细胞进行测量。

使用 6.4.1 节介绍的激光调频显微数字全息系统对植物叶片进行观测。所得细胞结果图如图 6.19 所示。

图 6.19　激光调频显微数字全息系统测量植物细胞结果图

可以看出数字全息相位成像能基本反映出植物细胞的形态，但是信噪比较低，且有较严重的散斑出现。采用非相干光照明的数字全息成像系统可以有效地抑制散斑噪声，但非相干光相干长度短，系统调试难度较高。

参 考 文 献

[1] Kalita R, Flanagan W, Lightley J, et al. Single-shot phase contrast microscopy using polarisation-resolved differential phase contrast[J]. Journal of Biophotonics, 2021, 14(12):

e202100144.

[2] 戴岑, 巩岩, 张昊, 等. 微分干涉差共焦显微膜层微结构缺陷探测系统[J]. 中国光学, 2018, 11(2): 255-264.

[3] 赵晖, 曾凡创, 钟丽云, 等. 基于彩色 CMOS 双波长数字全息显微术的细胞相位定量测量[J]. 激光与光电子学进展, 2015, 52(7): 94-99.

[4] 薛亮, 来建成, 王绥玙, 等. 显微干涉术在血红细胞光相位场定量测量中的应用[J]. 光学学报, 2010, 30(12): 3563-3567.

[5] 金卫凤. 生物细胞数字全息相位成像仿真理论与技术[D]. 镇江: 江苏大学, 2012.

[6] 张璐, 赵春晖, 康森柏, 等. 生物细胞定量相位测量与恢复方法研究进展[J]. 中国激光, 2018, 45(2): 124-138.

[7] Ryu D H, Nam H, Jeon J S, et al. Reagent- and actuator-free analysis of individual erythrocytes using three-dimensional quantitative phase imaging and capillary microfluidics[J]. Sensors and Actuators B: Chemical, 2021, 348(23): 130689.

[8] Xiao Y, Wei S, Xue S, et al. High-speed Fourier ptychographic microscopy for quantitative phase imaging[J]. Optics Letters, 2021, 46(19): 4785-4788.

[9] 曹朔. 数字全息显微层析术中的相位恢复与重建研究[D]. 南京: 南京大学, 2020.

[10] 顾鑫, 黄伟, 杨立梅, 等. 微流体衍射相位显微成像及其在寄生虫测量中的应用[J]. 光电工程, 2019, 46(12): 57-65.

[11] 叶琳琳, 薛艳玲, 谭海, 等. X 射线相衬显微层析及其在野山参特征结构的定量三维成像研究[J]. 光学学报, 2013, 33(12): 373-378.

[12] Popescu G, Ikeda T, Dasari R R, et al. Diffraction phase microscopy for quantifying cell structure and dynamics[J]. Optics Letters, 2006, 31(6): 775-777.

[13] Teague M R. Deterministic phase retrieval: A Green's function solution[J]. JOSA, 1983, 73(11): 1434-1441.

第 7 章　非相干数字全息成像技术

全息成像与传统成像技术类似，都是为了记录视觉场景并真实再现的一种手段。通常图像探测器只能探测到光场的光强信息而不能直接探测相位信息，而全息术是一种两步成像技术，利用光的干涉原理记录光场的振幅和相位信息，利用衍射原理重建光场波前是真正意义上的三维成像技术。全息(Hologram)来源于希腊的一个合成词，Holos 意思为全部，gramma 意思为图像、记录。全息术最早由 Gabor 为改善显微镜的分辨率而提出[1]，受限于当时光源相干性差且存在虚像与实像相互串扰等两大难题，全息术发展缓慢。直到 1960 年激光器的问世，高度相干性的光源促进了全息术在全息显示、光全息存储、全息显微和全息干涉计量等领域的发展。1962 年，美国科学家 Leith 和 Upatnieks[2]将通信领域中的载频概念引申到了空域，提出了离轴全息术，解决了同轴全息中零级项和孪生像的干扰问题。但一方面激光全息图的记录对光学系统的稳定性要求较高，重建时会产生严重的相干散斑噪声，这是相干光学系统固有的缺陷；另一方面系统采用全息干板作为记录介质，全息图的记录需要在暗室无杂散光干扰的环境下进行，极大地限制了全息术在更广阔领域的应用。

近年来，随着高分辨率数字图像传感器的问世与计算机技术的快速发展，全息图利用数字记录和再现成为可能。1967 年，Goodman 和 Lawrence[3]首次提出了数字全息术的概念。其基本思想是：采用图像传感器如 CCD 或 CMOS 代替全息干板作为记录介质来记录全息图，在计算机中通过算法模拟衍射过程，重建出物体的三维空间信息。与传统全息术相比，数字全息术具有灵敏度高、记录准确、成像速度快、可实时再现、便于后续图像处理，以及方便数据共享和储存等优势。目前，数字全息术的发展及应用越来越受到人们关注，其应用已涉及微电路检测、微小粒子检测、医学诊断、应力场测试、生物细胞观测变形、三维图像识别、振动测量、防伪、显微成像、记录物体运动状态及构件缺陷无损检测等众多领域[4-10]。

前面提到，激光全息对光学系统的稳定性要求较高，重建时会产生严重的相干散斑噪声，在非相干光源照明下记录物体的全息图可以很好地克服这一问题。非相干全息的历史最早起源于 20 世纪 60 年代中期，Mertz 和 Young[11]首次提出了非相干全息术，他们根据点源全息图与菲涅耳波带片相似这一理论[12]提出利用波带片编码记录物光场的相位和振幅信息。但该方法并没有考虑光波的波动及衍射效应，Mertz 和 Young[11]认为需要严格控制投影距离使记录平面位于 FZP 的投影区内才可行。另一种非相干全息术是采用自干涉原理实现的。自干涉原理表明：在非相干照明情况下，物体上任意两个不同的点光源都是不相干的，同一点发出的光所分成的两束光或多束光是相干的，它们可以相互干涉形成点源全息图。自干涉特性成为记录全息图并获得干涉图样的一种途径。自干涉原理在 1960 年以后逐步发展起来，出现了多种分束元件与分束技术，如迈克尔逊干涉仪分振幅法、马赫-曾德尔干涉仪分振幅法、双焦距透镜分振幅法、锥光全息法和三角全息干涉光路法等。而其他记录非相干全息图的方法如光学扫描全息术[13]和多视角投影[14]的方法都没有利用自干涉特性。非相干全息术记录了物体的强度分布，与相干全息术相比具有更高的信噪比。目前非相干全息术已经发展为许多具有不同应用的技术分支，如彩色三维成像、荧光显微、自适应光学、超分辨率成像等领域[15-24]。

7.1　非相干数字全息基本原理

数字全息术采用 CCD 等光电探测器件记录全息图。与采用感光化合物或银盐干板等记录材料的传统光学全息术相比，数字全息术在记录灵敏度和再现速度方面有很大的优势，并且可以通过数字图像处理技术对再现像进行滤波、畸变校正和相位解包裹等操作，以提高再现像的质量。在继承了数字全息术优点的同时，非相干数字全息术摒弃了对光源相干性的要求，从强度图中可以恢复非相干光源照明物体或自发光物体的三维信息，从而在非相干三维成像领域发挥了全息术的优势。

7.1.1　非相干全息图的记录

在全息记录系统中，往往需要获取两束相干性很好的物光波和参考光波。在激光出现之前，为了提高光源的时间相干性和空间相干性通常使用滤光片或针孔来对光源进行滤波。但是这一过程会降低光源的强度，需要增大 CCD 的曝光时间来记录全息图，在这种情况下系统容易受到空气扰动和机械振动等因素带来的影响。点源具有空间自相干性，非相干数字全息术正是利用这一特点实现了三维物体全息图的记录。概括来说，非相干全息图的基本思想是利用某种分束技术将物体上一个点发出的光波分成两束光，具备自干涉特性的两束光会相互干涉，被图像传感器记录即为点源全息图，点源全息图包含了该点源的强度和相位信息。再利用常规的数字全息术的处理方法即可恢复出物体的三维信息。下面对非相干照明条件下的数字全息记录过程进行分析[25]。

图 7.1 为非相干照明数字全息记录示意图。三维物体被非相干光照明，物体上一点 $O(x_s,y_s,z_s)$ 发出一束球面波并传播一定距离后到达分波平面，在某种光学元件或光路配置下该束光波被分成两束光，由于这两束光来自同一点源，因此是

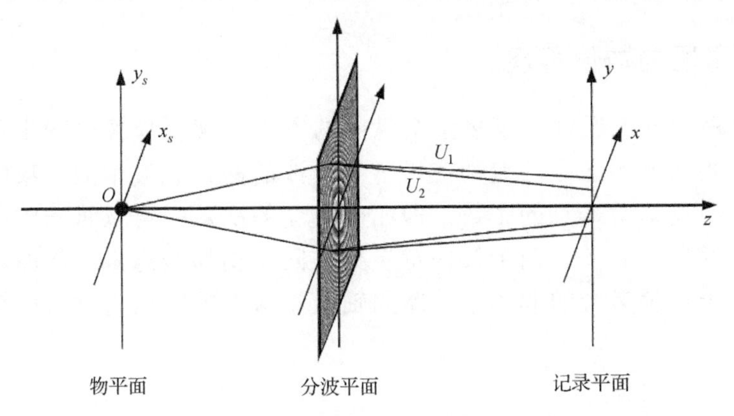

图 7.1　非相干照明数字全息记录示意图

相互干涉的。这两束光在 CCD 记录面上的复振幅分布分别为 $U_1(x-x_s,y-y_s,z_s)$ 和 $U_2(x-x_s,y-y_s,z_s)$，则记录平面上由这两束光相互干涉所形成的点源全息图的强度为

$$
\begin{aligned}
I(x-x_s,y-y_s,z_s) &= \left|U_1+U_2\right|^2 \\
&= A_{s1}^2 + A_{s2}^2 + A_{s1}A_{s2}\cos[\varphi_1(x-x_s,y-y_s,z_s)-\varphi_2(x-x_s,y-y_s,z_s)]
\end{aligned}
\tag{7.1}
$$

式中，A_{s1}、A_{s2} 分别为 U_1、U_2 的振幅，代表点源的强度信息；φ_1、φ_2 分别为 U_1、U_2 的相位，代表点源的深度信息。三维物体上任意两个点源则不具有相干性，假设物体的强度分布函数为 $g(x_s,y_s,z_s)$，则 CCD 记录的全息图 $H(x,y)$ 为所有点源全息图的非相干叠加：

$$
H(x,y)=\int \mathrm{d}z_s \iint g(x_s,y_s,z_s) I(x-x_s,y-y_s,z_s)\mathrm{d}x_s\mathrm{d}y_s \tag{7.2}
$$

CCD 具有像素单元结构，最终记录的全息图需要经过离散采样与量化过程。假设 CCD 的感光区域大小为 $L_x \times L_y$，像素数为 $M \times N$，像素间隔大小为 $\Delta x \times \Delta y$，像素感光区域大小为 $a_x \times a_y$，考虑器件的积分效应，则 CCD 实际记录的全息图形式为

$$
H'(x,y)=\left[H(x,y)\mathrm{rect}\left(\frac{x}{L_x},\frac{y}{L_y}\right)\mathrm{comb}\left(\frac{x}{\Delta x},\frac{y}{\Delta y}\right)\right]\otimes \mathrm{rect}\left(\frac{x}{a_x},\frac{y}{a_y}\right) \tag{7.3}
$$

式中，$\otimes$ 表示二维卷积，梳状函数 $\mathrm{comb}(x/\Delta x,\ y/\Delta y)$ 的表达式为

$$
\mathrm{comb}\left(\frac{x}{\Delta x},\frac{y}{\Delta y}\right)=\sum_m^M\sum_n^N \delta(x-m\Delta x, y-n\Delta y) \tag{7.4}
$$

式中，m 和 n 为整数，取值范围为 $-M/2 \leqslant m \leqslant M/2+1$ 和 $-N/2 \leqslant n \leqslant N/2+1$。

7.1.2　全息图的数值再现

同轴相移全息术通过记录多张全息图的方法实现再现像中孪生像及直流项的消除。多张全息图之间的差别在于参与干涉的两束光波中的一束的相位在定量地改变。通过记录全息的张数，即相位改变的次数，可以将同轴相移全息术具体地分为两步、三步、四步及任意步数的同轴相移全息术。下面以三步定步长相移在基于自参考光的非相干共路同轴全息术中的应用为例对同轴相移全息术进行介绍。

1. 同轴相移技术

实际操作中用来定量地改变某束光的相位的具体元件称为相移器件。相位型空间光调制器可以同时作为分束器件及相移器件使用。在分束模式中加入相移量 θ，改变后的分束模式变为

$$R_i(x_D,y_D)=\frac{1}{2}Q\left(-\frac{1}{f_1}\right)+\frac{1}{2}Q\left(-\frac{1}{f_2}\right)\exp(\mathrm{j}\theta_i),\quad i=1,2,3 \tag{7.5}$$

则最终记录的三幅相移全息图的形式为

$$I_i(x,y,z_s)=C+\frac{1}{4}Q\left[\frac{z_s^2f_1-z_s^2f_2}{(z_sf_1+df_1-z_sd)(z_sf_2+df_2-z_sd)}\right]\exp(-\mathrm{j}\theta_i)+\mathrm{c.c.},\quad i=1,2,3 \tag{7.6}$$

式中，$\theta_1=0$，$\theta_2=2\pi/3$，$\theta_3=4\pi/3$ 是三个具体的相移量。每一幅相移全息图中，第一项实常数 C 对应了再现像中的零级项；第二项中含有物点的三维信息，代表物体的再现像；第三项中同样含有物点的三维信息，但相位部分与第二项相反，是再现像的孪生像。将三幅相移全息图按照下面的公式进行运算，得到复值全息图 $U(x,y,z_s)$：

$$\begin{aligned}U(x,y,z_s)&=I_1[\exp(-\mathrm{j}\theta_3)-\exp(-\mathrm{j}\theta_2)]+I_2[\exp(-\mathrm{j}\theta_1)-\exp(-\mathrm{j}\theta_3)]+I_3[\exp(-\mathrm{j}\theta_2)-\exp(-\mathrm{j}\theta_1)]\\&=C_1Q\left[\frac{z_s^2f_1-z_s^2f_2}{(z_sf_1+df_1-z_sd)(z_sf_2+df_2-z_sd)}\right]\end{aligned} \tag{7.7}$$

式中，C_1 为一个实常数。从式(7.7)中可以看出，复值全息图中的零级项及孪生像被消除，因而再现像不再受到零级项及孪生像的干扰，成像质量相应地得到提高。为了从复值全息图中再现三维物体，需要在计算机中对其进行数值计算，模拟光波被全息图衍射后在自由空间传播的过程。下面介绍几种常用的数值再现算法。

2. 数值再现算法

本质上来讲，数字全息中的数值再现算法为计算模拟光通过全息图后的衍射

传播过程。常用的衍射传播算法有卷积法、角谱法及菲涅耳变换法三类，这里主要介绍角谱法及菲涅耳变换法。

角谱法是一种从标量衍射的角度出发，以光波的角谱传播理论作为基础的数值计算算法。本质上可以将角谱法理解为一种频域滤波算法，该算法通过对输入信号的频谱进行滤波，在频域内来模拟光波的衍射传播过程。假设一束光波的复振幅为 $u_i(x,y)$，其频域表达式为 $U_i(f_x,f_y)$。根据角谱法，该束光波经过距离 z 的自由空间衍射传播后，其复振幅在频域内的表达式 $U_o(f_x,f_y)$ 为

$$U_o(f_x,f_y)=U_i(f_x,f_y)H(f_x,f_y) \tag{7.8}$$

式中，$H(f_x,f_y)$ 为角谱法中自由空间衍射传播的传递函数：

$$H(f_x,f_y)=\exp\left[\mathrm{j}\frac{2\pi}{\lambda}z\sqrt{1-(\lambda f_x)^2-(\lambda f_y)^2}\right] \tag{7.9}$$

此外，频域坐标 (f_x,f_y) 与空间坐标 (x,y) 的对应关系为

$$f_x=\frac{x}{\lambda z},\ f_y=\frac{y}{\lambda z} \tag{7.10}$$

对于空域信号 $u_i(x,y)$，根据角谱法计算出的衍射光波 $u_o(x,y)$ 为

$$u_o(x,y)=\mathcal{F}^{-1}\{\mathcal{F}[u_i(x,y)]H(f_x,f_y)\} \tag{7.11}$$

其中 $\mathcal{F}^{-1}$ 代表二维傅里叶逆变换。从式(7.11)中可以看出，角谱法的计算过程中需要使用一次傅里叶变换和一次傅里叶逆变换，这导致角谱法可能不适合于某些对计算速度有严格要求的场合。角谱法的优势在于，衍射光波场的采样间隔和输入光波场的采样间隔相等，且计算过程中不涉及任何的近似条件，对衍射过程的模拟较为精确。此外，角谱法对衍射传播距离没有要求，可以用来计算任意距离处的衍射光场的复振幅。

菲涅耳变换法是用二次曲面近似代替球面惠更斯子波的数值算法。在使用过程中，衍射传播距离 z 需要满足菲涅耳近似条件：

$$z^3\gg\frac{\pi}{4\lambda}\left[(x-x_0)^2+(y-y_0)^2\right]^2_{\max} \tag{7.12}$$

式中，(x_0,y_0) 为输入平面；(x,y) 为观察平面。在满足上述近似条件的情况下，通过菲涅耳变换法给出的衍射光场的复振幅为

$$u_o(x,y)=\frac{1}{\mathrm{j}\lambda z}\exp\left(\mathrm{j}\frac{2\pi}{\lambda}z\right)\iint u_i(x_0,y_0)\exp\left\{\mathrm{j}\frac{\pi}{\lambda z}\left[(x-x_0)^2+(y-y_0)^2\right]\right\}\mathrm{d}x_0\mathrm{d}y_0 \tag{7.13}$$

式(7.13)给出的是卷积形式的菲涅耳变换公式，它表明在菲涅耳区内的衍射

光场等于输入光场的复振幅分布 $u_i(x_0,y_0)$ 与一个二次相位因子之间的卷积。将式 (7.13) 中的二次项展开后可以得到

$$u_o(x,y)=\frac{1}{\mathrm{j}\lambda z}\exp\left(\mathrm{j}\frac{2\pi}{\lambda}z\right)\exp\left[\mathrm{j}\frac{\pi}{\lambda z}(x^2+y^2)\right]\mathcal{F}\left\{U(x_0,y_0)\exp\left[\mathrm{j}\frac{\pi}{\lambda z}(x_0^2+y_0^2)\right]\right\}_{f_x=\frac{x}{\lambda z},\ f_y=\frac{y}{\lambda z}} \tag{7.14}$$

式(7.14)给出的是傅里叶变换形式的菲涅耳变换公式，它表明在菲涅耳区内的衍射光场的复振幅分布等于输入光场的复振幅分布 $u_i(x_0,y_0)$ 与一个二次相位因子之间的乘积的傅里叶变换。上述两种菲涅耳变换中，随着衍射距离 z 的变化，衍射光场的采样间隔 Δx 与输入光场的采样间隔 Δx_0 有如下的关系：

$$\Delta x=\frac{\lambda z}{M\Delta x_0},\quad \Delta y=\frac{\lambda z}{N\Delta y_0} \tag{7.15}$$

式中，输入光场的空间尺寸为 $M\Delta x_0\times N\Delta y_0$。与角谱法相比，通过菲涅耳变换计算出的衍射光波场的采样间隔随着衍射距离的变化发生了如式(7.15)所示的变化。此外，菲涅耳变换对衍射距离有一定的要求。但是对于傅里叶变换形式的菲涅耳变换，计算过程中只需要进行一次傅里叶变换，故在运算速度上有一定的优势。

上述的角谱法及菲涅耳变换法是数字全息术中较为常用的两种数值再现算法。在实际应用中，数值变换法不受到具体的全息记录方式的限制，但是应该根据具体的全息图类型及应用需要选择合适的数值再现算法。

7.2 非相干数字全息系统实现方式

7.2.1 基于三角干涉光路的非相干数字全息

非相干数字全息术利用点源的空间自相干特性，以 FZP 强度叠加的形式将非相干物体的三维位置信息编码至全息图的强度分布中，并通过数值算法对物体进行三维再现。如前面所述，为了尽可能地减少系统中的光程差，现有的非相干数字全息术大多采用同轴光路配置。其中，通过记录多张相移全息图的方法提取复值全息图并进行再现，消除了再现像中孪生像、零级项及直流偏置的影响。但是，相移技术的使用在很大程度上限制了非相干数字全息术的应用范围。首先，需要顺序曝光记录多张全息图，导致系统记录速度较慢；其次，PZT、波片组或空间光调制器等相移器件的调制特性变化使得系统极易受到相移误差的干扰，需要引入算法对误差进行校正，使得全息再现过程变得烦琐和费时；最后，相移器件的使用会使系统光路变得复杂且成本上升。为了解决上述局限，扩展非相干数字全

息术的应用范围，可以在记录过程中采用共路离轴的光路配置。

考虑如图 7.2 所示的基于三角干涉仪的共路离轴光路配置。空间非相干物体发出的光波被透镜 L_0 准直后，经过偏振片 P_1 调制后变为线偏振光；然后分别以顺时针(实线)和逆时针(虚线)方向通过由 PBS、透镜 L_1 和透镜 L_2 及反射镜 M_1 和反射镜 M_2 构成的三角干涉仪；按顺时针、逆时针两个传播方向通过干涉仪的光波具有不同的放大倍率；经过 PBS 合束的两束光通过偏振片 P_2 后，经过反射镜 M_3 及透镜 L_3 后在 CCD 平面干涉。这里将此种方法称为非相干傅里叶三角全息术 (incoherent Fourier triangular holography，IFTH) 技术[26]。

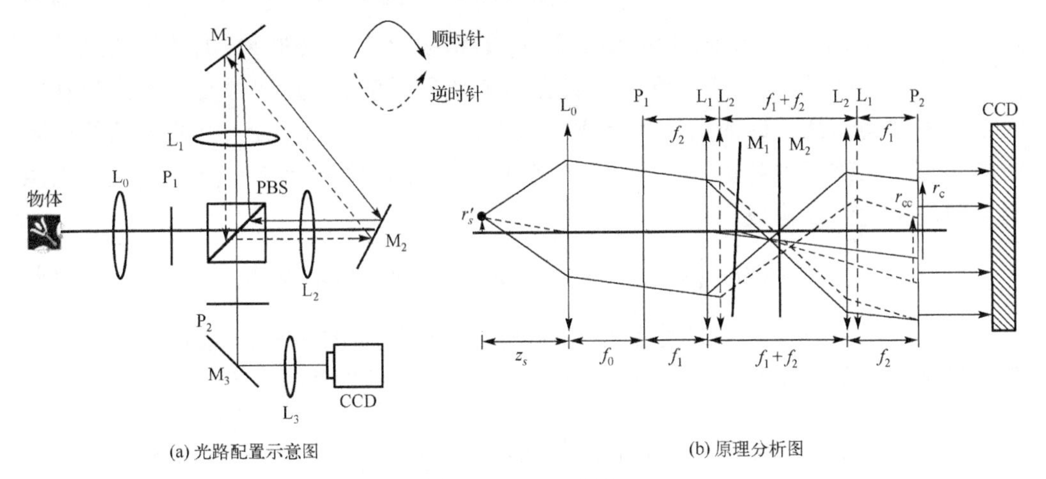

(a) 光路配置示意图　　(b) 原理分析图

图 7.2　IFTH 系统

为了简便地分析 IFTH 系统的原理，假设物体为一个空间非相干的轴外点光源。如图 7.2 中所示，该点振幅为 A_s，位置为 (x_s,y_s,z_s)，其距离透镜 L_0 的距离为 z_s。该点发出的倾斜的发散球面波在 L_0 的前表面的复振幅分布为

$$T(x,y;r_s,z_s)=\frac{A_s}{z_s}\exp\left(\frac{\mathrm{j}2\pi z_s}{\lambda}\right)\exp\left\{\frac{\mathrm{j}\pi}{\lambda z_s}\left[(x-x_s)^2+(y-y_s)^2\right]\right\}$$
$$=A_s c(r_s,z_s)Q(1/z_s)L(-r_s/z_s) \tag{7.16}$$

式中，$Q(1/z_s)=\exp[\mathrm{j}\pi z_s^{-1}\lambda^{-1}(x^2+y^2)]$；$L(-r_s/z_s)=\exp[-\mathrm{j}2\pi\lambda^{-1}z_s^{-1}(x_x x+y_y y)]$；$r_s=(x_s,y_s)$。$c(r_s,z_s)=z_s^{-1}\exp(\mathrm{j}2\pi\lambda^{-1}z_s)\exp[\mathrm{j}\pi\lambda^{-1}z_s^{-1}(x_s^2+y_s^2)]$ 为一个与物体位置有关的复常数，λ 为中心波长。经透镜 L_0 调制，在 L_0 后 f_0 距离处的三角干涉仪输入平面上，光波的复振幅分布 $u_i(x,y)$ 为

$$u_i(x,y;r_s,z_s)=T(x,y;r_s,z_s)Q(-1/f_0)\otimes Q(1/f_0)$$
$$=c'(x,y;r_s,z_s)Q\left(\frac{1}{f_s+f_0}\right)L\left[\frac{-r_sf_s}{z_s(f_s+f_0)}\right] \tag{7.17}$$

式中，$\otimes$代表二维卷积；$c'(x,y;r_s,z_s)$为复常数；$f_s = z_s f_0 / (f_0 - z_s)$。而后光波被PBS分束并分别沿着顺时针和逆时针两个相反的路径通过三角干涉仪。在输出面上，将按顺时针与逆时针通过干涉仪的光波的复振幅分布分别记为u_c和u_{cc}。则这两部分束波叠加干涉后，在输出面上产生的干涉图样的强度分布为

$$I(x,y;r_s,z_s) = |u_c + u_{cc}|^2 = A_s^2(|c_1|^2 + |c_2|^2) + \left\{ c_1 c_2^* A_s^2 Q\left[\left(\alpha^2 - \frac{1}{\alpha^2}\right)\frac{1}{f_s + f_0}\right] L\left[\left(\alpha - \frac{1}{\alpha}\right)\left(\frac{r_s f_s}{z_s(f_s + f_0)}\right)\right] L_c(r,r_s) + \text{c.c.} \right\} \tag{7.18}$$

式中，$\alpha = -f_1 / f_2$，由文献[1]可知u_c和u_{cc}的详细形式。改变M_1的倾斜角度从而控制线性相位因子$L_c(r,r_s)$的值可以实现离轴全息记录，令重建像与其孪生像和零级项实现空间分离，进而实现单次曝光成像。c.c.表示式(7.18)大括号内的第一项的复共轭。三维扩展样品$g(x_s,y_s,z_s)$的全息图$H(x,y)$由其上所有点源产生的点源全息图的强度叠加构成：

$$H(x,y) = \int \mathrm{d}z_s \iint g(x_s,y_s,z_s) I(x - x_s, y - y_s, z_s) \mathrm{d}x_s \mathrm{d}y_s \tag{7.19}$$

三角全息系统所记录的全息图中编码了构成样品的所有点源的三维位置信息。当离轴点源处在L_0的前焦面，即$z_s = f_0$时，点源全息图变为

$$I(x,y;r_s,f_0) = A_s^2\left(|c_1|^2 + |c_2|^2\right) + \left\{ c_1 c_2^* A_s^2 L\left[\left(\alpha - \frac{1}{\alpha}\right)\left(\frac{r_s}{f_0}\right)\right] L_c(r,r_s) + \text{c.c.} \right\} \tag{7.20}$$

此时线性相位因子$L(r_s)$的振幅只与点光源的强度A_s^2有关，相位仅与点源的空间位置矢量r_s有关。这一特殊形式恰好构成了点源与全息图之间的二维傅里叶变换关系。因此，此时记录的是点源的傅里叶变换全息图。直接计算全息图的二维傅里叶逆变换，便可以重建出处在L_0前焦面上的点光源的聚焦图像。同时，由于$L_c(r,r_s)$的存在，样品的重建像在空间位置上可以与其孪生像和零级项分开，实现离轴单次曝光全息成像。在三维样品的全息图H中，针对处在其他平面上的点光源，即当$z_s \neq f_0$时，可以按照如下方式对其进行重建：

$$O(x,y,z_r) = \mathcal{F}^{-1}\{H(x,y)\} \otimes Q(1/z_r) \tag{7.21}$$

式中，$\mathcal{F}^{-1}$表示二维傅里叶逆变换；z_r为重建距离。在如图7.2所示的IFTH系统中，通过L_3将输出面上的全息图成像至CCD，假设成像过程的放大倍率为1，则重建距离可以通过式(7.22)进行计算：

$$z_r = \frac{f_1^2 f_2^2}{f_1^4 - f_2^4} \cdot \frac{f_0^2}{z_s - f_0} \tag{7.22}$$

此时，系统的横向放大倍率 M_T 为

$$\left|M_T\right| = \frac{f_s \alpha}{z_s(\alpha^2+1)} \tag{7.23}$$

使用系统记录的是样品的傅里叶变换全息图，此时对全息图进行离散傅里叶变换(discrete Fourier transform，DFT)便可以快速地重建 L_0 前焦面上的样品二维结构分布。在此基础进行不同距离的数值传播，则可以重建样品内不同深度平面的二维图像。此外，通过调节 M_1 的倾角可以控制 $L_c(r,r_s)$ 的相位，进而改变重建像与孪生像和零级项之间的相对空间位置，实现单次曝光成像。

7.2.2 菲涅耳非相干相关数字全息

菲涅耳非相干相关数字全息(Fresnel incoherent correlation holography，FINCH)通过使用相位型 SLM 作为分波和相移元件的方式，实现了灵活高效的非相干全息成像。FINCH 系统的同轴共路光路配置对机械振动等环境干扰具有很强的抗干扰性。SLM 可以对入射光进行任意空间相位的调制，可在其上加载多种模式的相位分波掩模，极大地增加了系统的灵活性。为了了解 FINCH 的理论成像特性，下面将对其成像过程进行详细分析。

在如图 7.3(a)所示的 FINCH 系统中，L 是焦距为 f 的透镜，P_1 和 P_2 为偏振片，BS 为分束镜，SLM 为空间光调制器。各个光学元件之间的相对位置关系如图 7.3(b)所示。

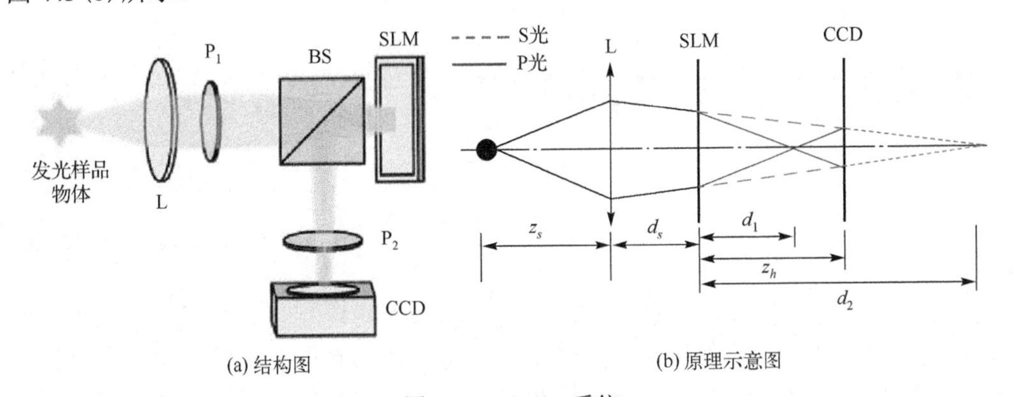

图 7.3　FINCH 系统

自发光样品物体发出的光波被 L 收集后先后经过 P_1 和 BS 并照射到 SLM 上。液晶纯相位 SLM 的调制特性使得其只对平行于某一个敏感偏振方向(图 7.3 中为 P 偏振方向)的线偏振光具有纯相位调制作用，对于垂直于敏感偏振方向的线偏振光则没有任何相位调制作用。在 FINCH 系统中，SLM 上加载一个透镜的包裹相

位作为衍射分束元件，其焦距为 f_{SLM}。若 P_1 的取向与 P 偏振方向的夹角为 45°，则入射到 SLM 上的光波中水平偏振(P 偏振)分量可以被衍射分束元件调制，而垂直偏振(S 偏振)分量不经过任何相位调制而直接被反射。因此，被 SLM 反射后的光波被分为两束，两束光波汇聚于两个不同轴向位置，距 SLM 分别为 d_1 和 d_2。这两束光波被 BS 反射后，经过 P_2 (取向与 P_1 相同)后被改变为具有相同偏振方向的两个线偏光，而后在 CCD 平面相互干涉并形成全息图。

如图 7.3 所示，假设光轴上的一个点光源，其到 L 的距离为 z_s。该点光源发出的光波经过自由空间传播，并被透镜和 SLM 等元件调制后，在 CCD 平面上形成的点源全息图的强度分布 $I(x,y)$ 的形式为

$$\begin{aligned}
I(x,y) &= \left| Q\left(\frac{1}{z_s}\right) Q\left(\frac{-1}{f}\right) \otimes Q\left(\frac{1}{d_s+z_h}\right) \mathrm{e}^{\mathrm{j}\theta} + Q\left(\frac{1}{z_s}\right) Q\left(\frac{-1}{f}\right) \otimes Q\left(\frac{1}{d_s}\right) Q\left(\frac{-1}{f_{\mathrm{SLM}}}\right) \otimes Q\left(\frac{1}{z_h}\right) \right|^2 \\
&= \left| Q\left(\frac{f-z_s}{z_s f}\right) \otimes Q\left(\frac{1}{d_s+z_h}\right) \mathrm{e}^{\mathrm{j}\theta} + Q\left(\frac{f-z_s}{z_s f}\right) \otimes Q\left(\frac{1}{d_s}\right) Q\left(\frac{-1}{f_{\mathrm{SLM}}}\right) \otimes Q\left(\frac{1}{z_h}\right) \right|^2 \\
&= \left| Q\left(\frac{1}{f_{e1}+d_s+z_h}\right) \mathrm{e}^{\mathrm{j}\theta} + Q\left(\frac{1}{f_{e1}+d_s}\right) Q\left(\frac{-1}{f_{\mathrm{SLM}}}\right) \otimes Q\left(\frac{1}{z_h}\right) \right|^2 \\
&= \left| Q\left(\frac{1}{f_{e1}+d_s+z_h}\right) \mathrm{e}^{\mathrm{j}\theta} + Q\left(\frac{f_{\mathrm{SLM}}-f_{e1}-d_s}{(f_{e1}+d_s)f_{\mathrm{SLM}}}\right) \otimes Q\left(\frac{1}{z_h}\right) \right|^2 \\
&= \left| Q\left(\frac{1}{f_{e1}+d_s+z_h}\right) \mathrm{e}^{\mathrm{j}\theta} + Q\left(\frac{1}{f_{e2}+z_h}\right) \right|^2
\end{aligned} \tag{7.24}$$

式中，θ 表示由 SLM 引入的相移值，并且

$$f_{e1} = \frac{z_s f}{f - z_s} \tag{7.25}$$

$$f_{e2} = \frac{(f_{e1}+d_s) f_{\mathrm{SLM}}}{f_{\mathrm{SLM}} - f_{e1} - d_s} \tag{7.26}$$

FINCH 系统中记录的是同轴全息图，样品的重建像和其共轭像及零级项之间存在空间交叠现象。结合相移全息技术，使用不同的 θ 值记录多幅相移全息图并将它们叠加后，可获得去除了孪生像和零级项干扰的复值全息图。在图 7.3 所示的 FINCH 系统中，点源的复值全息图 $g(x,y)$ 的形式为

$$g(x,y) = Q\left(\frac{1}{f_{e1}+d_s+z_h}\right) Q\left(\frac{-1}{f_{e2}+z_h}\right) = Q\left[\frac{f_{e2}-f_{e1}-d_s}{(f_{e1}+d_s+z_h)(f_{e2}+z_h)}\right] \tag{7.27}$$

可见，FINCH 系统中记录的轴上点光源的复值全息图中编码了其深度位置信息 z_s。此时记录的是点源的菲涅耳全息图，使用数值传播重建算法可以重构点源

的图像 $O(x,y)$：

$$O(x,y)=g(x,y)\otimes Q(1/z_r) \tag{7.28}$$

式中，重建距离 z_r 等于：

$$z_r=\frac{(f_{e1}+d_s+z_h)(f_{e2}+z_h)}{f_{e1}-f_{e2}+d_s} \tag{7.29}$$

对于扩展的三维样品，使用不同的重建距离便可以从其复值全息图中重建不同深度处的二维图像。实际应用中，可在计算机中借助 FFT 算法等，在空间频域内进行全息图重建操作：

$$O(x,y)=\mathrm{FFT}^{-1}\{\mathrm{FFT}[g(x,y)]q(u_x,u_y)\} \tag{7.30}$$

式中，u_x 和 u_y 为空频域内的空间坐标；$q(u_x,u_y)$ 为菲涅耳传播的传递函数，当重建距离满足菲涅耳近似条件时：

$$q(u_x,u_y)=\exp[-\mathrm{j}\pi\lambda z_r(u_x^2+u_y^2)] \tag{7.31}$$

假设 CCD 的像素间隔为 $\varDelta$，像素数为 $M\times M$，则空间频率域内的采样间隔 $\varDelta_u$ 为

$$\varDelta_u=\frac{1}{M\varDelta} \tag{7.32}$$

7.2.3 几何相位自干涉非相干数字全息

几何相位自干涉非相干数字全息(geometric phase self-interference incoherent digital holography，GPSIDH)系统的基本结构如图 7.4(a)所示[27-31]。参考 Rosen 和 Brooker[15]提出的 FINCH 系统的表达式来描述 GPSIDH 系统。如果点源位于物镜 L_o 前 z_o 处，则物镜前的场用发散的球面波 $C_1(\bar{r}_o)Q(z_o^{-1})L(-\bar{r}_o/z_o)$ 来描述。其中 $Q(z_o^{-1})=\exp[\mathrm{j}\pi z^{-1}\lambda^{-1}(x^2+y^2)]$ 为二次相函数，λ 为输入光源的中心波长，$L(\bar{r})=\exp[\mathrm{j}2\pi(r_x x+r_y y)/\lambda]$ 为线性相位函数。$\bar{r}_o=(x_o,y_o)$ 为目标点坐标，$C_1(\bar{r}_o)$ 为每个目标点源的复常数。从物点源发散出来的球波经过物镜，物镜的传输函数为 $Q(-f_o^{-1})$。因此，物镜后光场的复振幅为 $C_1(\bar{r}_o)Q(z_o^{-1})L(-\bar{r}_o/z_o)\times Q(-f_o^{-1})$，光场以距离 d 进一步传播到 GP 透镜(geometric phase lens)，其传输函数为 $[Q(-f_{gp}^{-1})\mathrm{e}^{\mathrm{j}\delta/2}+Q(f_{gp}^{-1})\mathrm{e}^{-\mathrm{j}\delta/2}]/2$，其中 δ 是总相移值，将在稍后进行讨论。经过 GP 透镜后，光场以 z_h 的距离传播到图像传感器，那么点目标 (x_o,y_o,z_o) 的菲涅耳全息图的强度为

$$I_h(x_h,y_h;x_o,y_o,z_o)=\left|C_2(\bar{r}_o)Q\left(\frac{1}{z_o}\right)L\left(-\frac{\bar{r}_o}{z_o}\right)\cdot Q\left(-\frac{1}{f_o}\right)\otimes Q\left(\frac{1}{d}\right)\cdot\left[Q\left(-\frac{1}{f_{gp}}\right)\mathrm{e}^{\mathrm{j}\delta/2}\right.\right.$$
$$\left.\left.+Q\left(\frac{1}{f_{gp}}\right)\mathrm{e}^{-\mathrm{j}\delta/2}\right]\otimes Q\left(\frac{1}{z_h}\right)\right|^2 \tag{7.33}$$

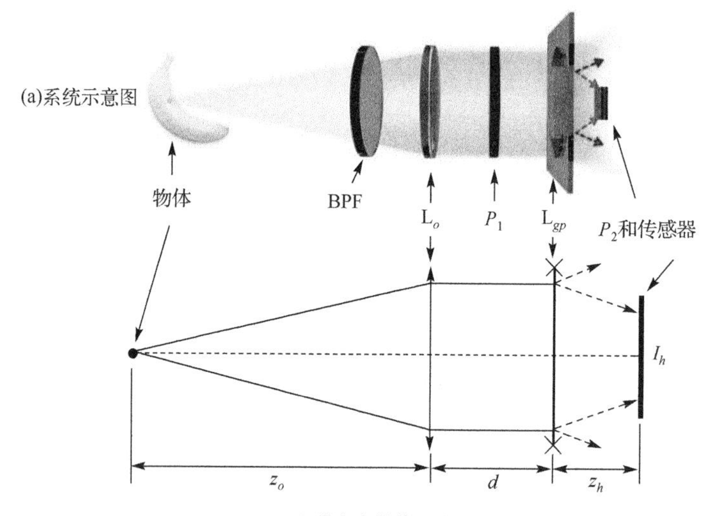

图 7.4　GPSIDH 系统示意图

GP 透镜后汇聚的光线和发散的光线分别由 GP 透镜的正焦距与负焦距调制。

BPF 为带通滤波器(band-pass filter，必要时使用)； L_o 焦距为 f_o； L_{gp} 焦距为 $\pm f_{gp}$

式中， $C_2(\overline{r}_o)$ 为复常数； $\otimes$ 表示卷积。原球面波 $C(\overline{r}_o)Q(z_1^{-1})L(\overline{A})$ 传播距离 z_2 后为 $C(\overline{r}_o)Q[(z_1+z_2)^{-1}]L[\overline{A}z_1/(z_1+z_2)]$，所以

$$I_h(x_h,y_h;x_o,y_o,z_o)=C_3+C_4(\overline{r}_o)Q(-z_{\text{rec}}^{-1})L\left(\frac{M_p}{z_{\text{rec}}}\overline{r}_o\right)\text{e}^{\text{j}\delta}+C_4'(\overline{r}_o)Q(z_{\text{rec}}^{-1})L\left(-\frac{M_n}{z_{\text{rec}}}\overline{r}_o\right)\text{e}^{-\text{j}\delta} \tag{7.34}$$

式中， z_{rec} 为重建距离； M_p 与 M_n 与由焦距分别为由 $\pm f_{gp}$ 的正透镜和负透镜引起的图像放大系数； C_3、C_4、C_4' 为常数。参数 z_{rec} 和 $M_{p,n}$ 由以下公式计算：

$$z_{\text{rec}}=\frac{1}{z_h-z_n}-\frac{1}{z_h-z_p} \tag{7.35}$$

$$M_{p,n}=\frac{z_i}{z_o}\frac{z_{p,n}}{d-z_i} \tag{7.36}$$

式中，z_o 和 z_i 满足 $z_o^{-1}+z_i^{-1}=f_o^{-1}$， z_p 和 z_n 分别为由 GP 透镜的正焦距和负焦距引起的二次成像距离。这些成像距离也由薄透镜关系导出，即 $(d-z_i)^{-1}+z_p^{-1}=f_{gp}^{-1}$ 和 $(d-z_i)^{-1}+z_n^{-1}=-f_{gp}^{-1}$。全息图可以表示为

$$H(x_h,y_h)=\iiint I_o(x_o,y_o,z_o)I_h(x_h,y_h;x_o,y_o,z_o)\text{d}x_o\text{d}y_o\text{d}z_o \tag{7.37}$$

为了分离直流项和孪生像，从记录的强度图像中正确地提取出复杂的全息图，采用了相移法。传统的分时移相方法很难实时获得清晰的全息图，如果物体的移

动速度超过整个相移过程的时间周期，则获取和重建的全息图像将会模糊或什么都看不到。为了简单地解决这一问题，将原有系统的第二偏光片和通用图像传感器替换为偏振图像传感器，即在每个传感器像素上安装微偏光片，这样可以实现单镜头实时相移数字全息，这种空间分割相移方法称为并行相移，广泛地应用于各种数字全息系统中。Tahara 等[32]将并行相移方法成功地应用于 FINCH 系统。

偏振相机的结构示意图及并行移相方法如图 7.5 所示，微偏振器阵列连接在像素阵列上，相邻四个偏振分量角度分别为 0°、45°、90°、135°。从偏振图像传感器获得原始图像文件后，采用适当的采样方法提取四幅相移图像，复合成复值全息图(complex-valued hologram，CH)：

$$\mathrm{CH}(p,q)=[H_3(p,q)-H_1(p,q)]-\mathrm{j}[H_4(p,q)-H_2(p,q)] \tag{7.38}$$

式中，$H_{1,2,3,4}$ 对应 $\delta=0°$、$90°$、$180°$、$270°$ 四幅相移图像。p 和 q 为二维数组数据的像素索引。然后，利用传统的菲涅耳反向传播方法进行重构即可。

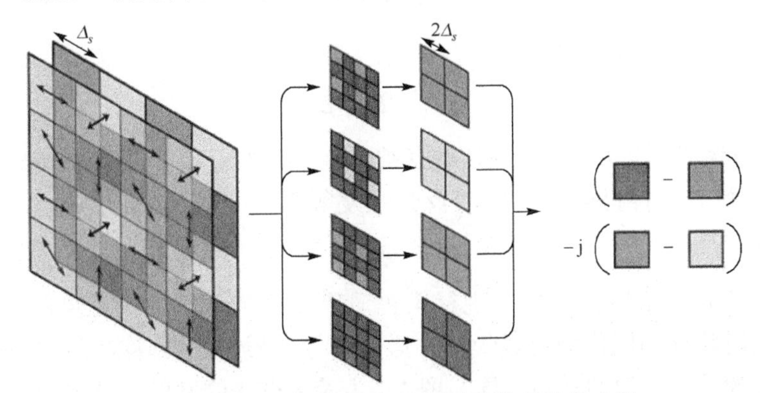

图 7.5 偏振相机的结构示意图及并行移相方法

7.3 荧光数字全息显微成像

荧光是有机或无机样品吸收并随后发射光波的物理现象，由于荧光具有高灵敏、多选择、低背景和高对比度的特性，广泛地应用在材料学和医学成像领域。非相干数字全息技术可以实现非相干光源的全息记录和再现，为荧光数字全息技术提供了可能。荧光数字全息是将物体发出的荧光作为光源，利用荧光点源的自干涉特点实现点源全息图的记录，所有点源全息图的非相干叠加实现全息图的记录，随后在计算机中进行衍射传播再现得到物体。

7.3.1 荧光辐射基本过程和显微成像

荧光的产生过程是光与物质相互作用的过程，对样品用荧光染料进行染色后，荧光染料吸收特定波长的激发光，处在基态的光子吸收 $h\nu_1$ 的能量会跃迁到更高能量的激发态能级。由于处于激发态的光子不稳定，从激发态能级重新回到基态，发射能量为 $h\nu_2$ 的光子，产生斯托克斯频移。由于存在斯托克斯频移，发射的荧光光子的能量总是低于激发光光子的能量，也就是发射波长大于激发波长。荧光产生能级图如图 7.6 所示[33]。

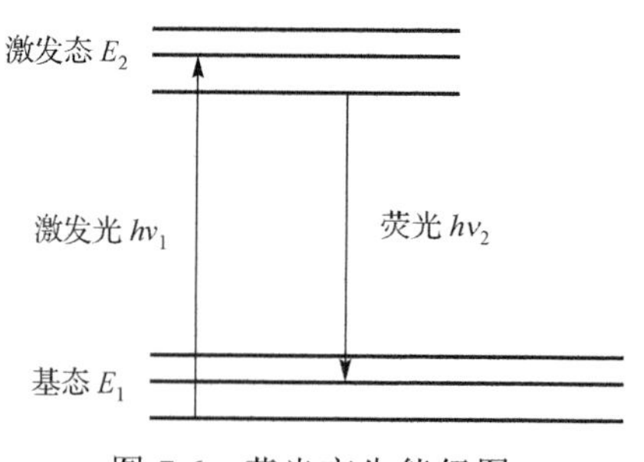

图 7.6　荧光产生能级图

产生的荧光光子能量为

$$h\nu_2 = E_2 - E_1 \tag{7.39}$$

式中，$h\nu_2$ 为荧光光子能量（h 为普朗克常量，ν 为光子频率）；E_2 为激发态能量；E_1 为基态能量。在样品表面发出的荧光强度等于：

$$E = nh\nu_2 \tag{7.40}$$

式中，n 为荧光光子数。对样品进行染色时需要适当地选取荧光染料的浓度。染料浓度过高时将增加图像的背景噪声，影响图像的质量；染料浓度过低时难以呈现出所要观察的荧光标记的样品结构。图 7.7 为荧光分子的发射和吸收光谱示意图。

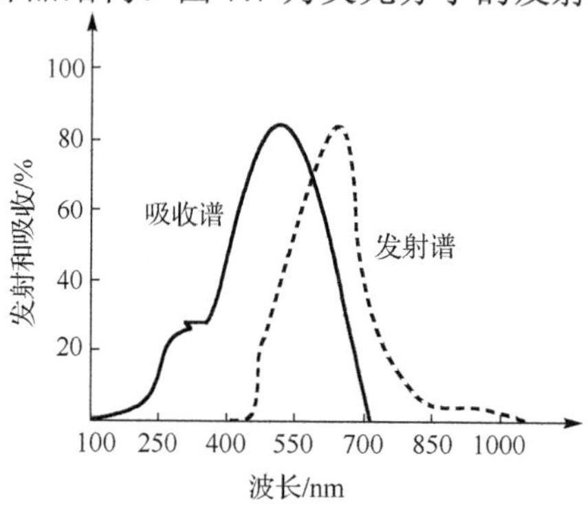

图 7.7　荧光分子的发射和吸收光谱示意图

从图 7.7 中可见，只有中心波长在某个特定的波长范围内才能高效地激发样品荧光。所以荧光成像系统中一般需要激发滤波器(excitation filter)与荧光滤波器

(emission filter)以提高激发效率和滤除激发光。图 7.8 给出了荧光显微成像系统的结构示意图。激发光通过激发光滤波器，滤出特定波长的激发光。被激发出的荧光与激发光一起通过二向色镜(dichroic mirror, DM)实现激发光和荧光的分离。根据荧光染料的类别，需要选取合适的激发光波长与荧光滤波片组，以保证 CCD 只接收到荧光信号，从而在系统中获得高信噪比、低背景噪声的荧光图像。

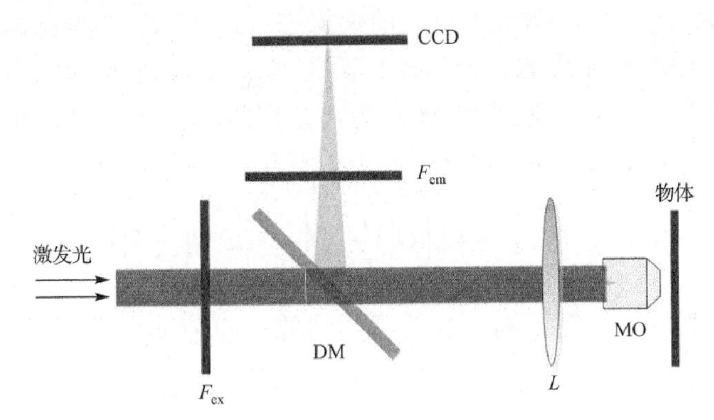

图 7.8　荧光显微成像系统的结构示意图

7.3.2　荧光数字全息成像基本原理

荧光数字全息是系统光源为样品所发出的荧光，利用荧光样品上同一点发出的光波被分束后具有空间自相干的特性，实现点源全息图的记录，将所有点源全息图非相干叠加构成荧光物体的全息图，再通过数值重建算法实现物体的三维重建。图 7.9 为荧光数字全息成像的原理图。

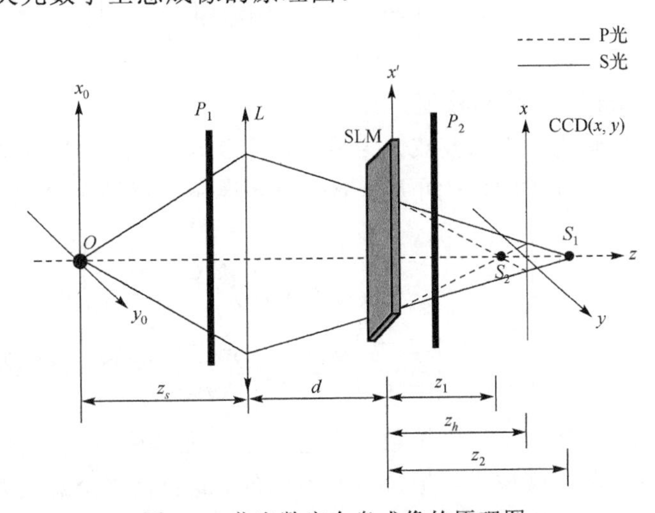

图 7.9　荧光数字全息成像的原理图

如图 7.9 所示，z 表示光轴方向，O 表示一个荧光点源，荧光点源坐标平面为（x_0,y_0），全息图记录平面为（x,y），SLM 作为偏振敏感元件，当入射光偏振态为 P 偏振时，SLM 对入射光能够起调制作用，当入射光偏振态为 S 偏振时，SLM 对入射光不起调制作用。荧光点源 O 发射的光波经过透镜 L 后传播到 SLM 表面，其中 P 偏振的光波经过调制成像到 S_2，未经调制的光波 s 偏振成像到 S_1。在 SLM 前后加入偏振片 P_1、P_2，调节入射光的偏振态，P_2 和 P_1 的偏振态平行。透镜 L 的焦距为 f_L，SLM 上加载的相位掩模焦距为 f_{SLM}，O 到 L 的距离为 z_s，透镜 L 到 SLM 的距离为 d，S_1、S_2 到 SLM 的距离分别为 z_2、z_1。其发出的光波经过空间的自由传播到达 SLM 前表面时：

$$U_1(x',y')=U_0\left[Q\left(\frac{1}{z_s}\right)Q\left(\frac{-1}{f_L}\right)\otimes Q\left(\frac{1}{d}\right)\right] \tag{7.41}$$

式中，U_0 为荧光物体的复振幅；$\otimes$ 为卷积运算；Q 为菲涅耳衍射的传播因子：

$$Q(b)=\exp[\mathrm{j}\pi b(x^2+y^2)/\lambda] \tag{7.42}$$

光波通过偏振片，使入射到 SLM 的光束偏振 45° 入射。P 偏振的光波经过 SLM 的调制，经过衍射传播到达 CCD 平面，其复振幅分布为

$$U_2'(x,y)=U_0\left[Q\left(\frac{1}{z_s}\right)Q\left(\frac{-1}{f_L}\right)\otimes Q\left(\frac{1}{d}\right)Q\left(\frac{-1}{f_{\text{SLM}}}\right)\exp(\mathrm{j}\varphi_i)\otimes Q\left(\frac{1}{z_h}\right)\right] \tag{7.43}$$

s 偏振的光波未经过 SLM 的调制，经过衍射传播到达 CCD 平面，其复振幅分布为

$$U_2(x,y)=U_0\left[Q\left(\frac{1}{z_s}\right)Q\left(\frac{-1}{f_L}\right)\otimes Q\left(\frac{1}{d+z_h}\right)\right] \tag{7.44}$$

式中，φ_i 为由 SLM 引入的相移值。

最终，荧光点源发出的光波被分为两束，通过 SLM 后的偏振片，调节 P 偏振光。使其相互干涉，在 CCD 表面干涉形成荧光样品的点源全息图：

$$I=\left|U_2+U_2'\right|^2=I_0\left|\begin{array}{c}Q\left(\frac{1}{z_s}\right)Q\left(\frac{-1}{f_L}\right)\otimes Q\left(\frac{1}{d+z_h}\right)\\+Q\left(\frac{1}{z_s}\right)Q\left(\frac{-1}{f_L}\right)\otimes Q\left(\frac{1}{d}\right)Q\left(\frac{-1}{f_{\text{SLM}}}\right)\exp(\mathrm{j}\varphi_i)\otimes Q\left(\frac{1}{z_h}\right)\end{array}\right|^2 \tag{7.45}$$

由于 I 记录的是同轴全息图，同轴数字全息图中存在孪生像及零级项对重建像的影响，所以需要结合相移技术，记录多幅不同的 i 值的相移全息图并将它们叠加，可得到最终的复值全息图。将 SLM 作为相移器，i 分别取 0、$\pi/2$、π、$3\pi/2$，

最终得到复值全息图：

$$I = I_1 - I_3 - \mathrm{j}(I_2 - I_4) \tag{7.46}$$

采用角谱法进行数值再现，角谱法基于光波的角谱传播理论，在频域内对全息图进行处理，角谱传播距离 z_r 之后像为

$$O = \mathcal{F}^{-1}\{\mathcal{F}[I(x,y)]H(f_x,f_y)\} \tag{7.47}$$

式中

$$H(f_x,f_y) = \exp\left[\mathrm{j}2\pi z_r\sqrt{1-(\lambda f_x)^2-(\lambda f_y)^2}\,/\,\lambda\right] \tag{7.48}$$

$\mathcal{F}$ 表示傅里叶变换；$\mathcal{F}^{-1}$ 表示傅里叶逆变换；$H(f_x,f_y)$ 为自由空间的衍射传递函数；λ 为光波长；(f_x,f_y) 为频域坐标，与空域坐标 (x,y) 之间的关系为

$$f_x = \frac{x}{\lambda z_r},\ f_y = \frac{y}{\lambda z_r} \tag{7.49}$$

重建距离 z_r：

$$z_r = \pm\frac{{z_1}^2{z_2}^2 - z_1 z_2(z_1+z_2)^2}{({z_1}^2-{z_2}^2)(z_1+z_2)} \tag{7.50}$$

7.3.3　荧光数字全息三维成像特性

荧光物体可以看作由无数的荧光点组成，每一个荧光点都会形成对应的点源全息图。在物空间不同深度的物点都会被记录下来，通过数值重建即可实现三维成像。荧光数字全息图再现成像过程分析示意图如图 7.10 所示。

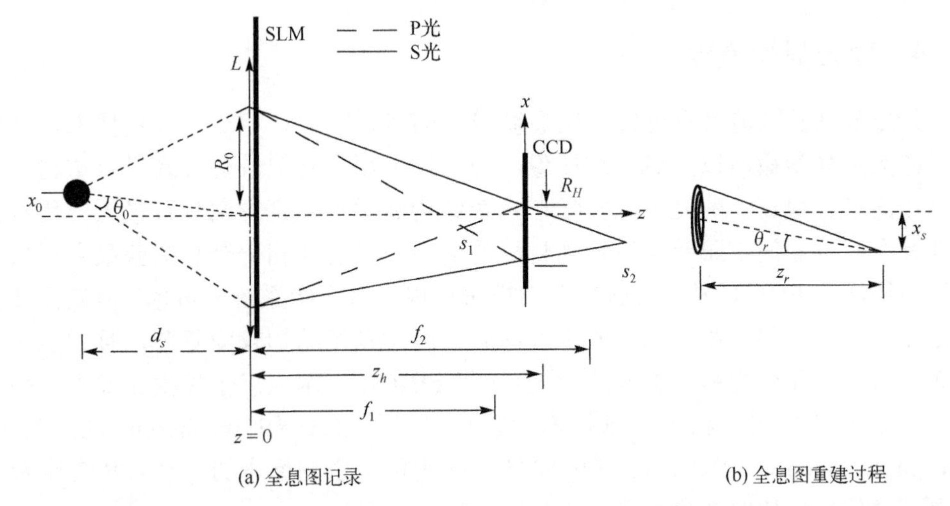

图 7.10　荧光数字全息图再现成像过程分析示意图

假设一轴外物点，光波的复振幅为 1，则 CCD 上记录的全息图的强度分布为

$$I(x,y)=\left|L\left[-\frac{x_s f_1}{z_s(z_h-f_1)}\right]Q\left(\frac{1}{z_h-f_1}\right)+L\left[-\frac{x_s f_2}{z_s(z_h-f_2)}\right]Q\left(\frac{1}{z_h-f_2}\right)\mathrm{e}^{\mathrm{j}\theta}\right|^2 \quad (7.51)$$

式中，$L(b)=\exp\left[\mathrm{j}\frac{2\pi}{\lambda}(b_x x+b_y y)\right]$表示线性相位因子（$b$ 表示任意变量），并且有

$$f_1=\frac{d_s f_L}{d_s-f_L},\quad f_2=\frac{d_s f_{\mathrm{SLM}} f_L}{d_s f_{\mathrm{SLM}}-f_{\mathrm{SLM}} f_L-d_s f_L} \quad (7.52)$$

当 CCD 上两光束的重叠区域面积最大时，此位置是全息图的最优记录位置，全息记录位置 z_h 为

$$z_h=\frac{2f_1 f_2}{f_1+f_2} \quad (7.53)$$

进行相移操作后，得到的点源复值全息图为

$$g(x,y)=L\left[\frac{d_s z_h(f_2-f_1)}{d_s(z_h-f_1)(z_h-f_2)}\right]Q\left[\frac{f_1-f_2}{(z_h-f_1)(z_h-f_2)}\right] \quad (7.54)$$

再现部分是在计算机中进行的，模拟平面波照明全息图后光波在自由空间中传播的过程，其示意图如图 7.10 所示。重建距离 z_r:

$$z_r=\frac{(z_h-f_1)(z_h-f_2)}{f_2-f_1} \quad (7.55)$$

重建后得到物点的再现像，该再现像作为荧光数字全息成像系统的点扩散函数（point spread function，PSF），PSF 的横向与轴向半高全宽作为系统的横向和轴向分辨率。

7.3.4 荧光显微原理

荧光全息显微镜具有进行三维显微成像的潜在能力，相比共聚焦技术，其无须采样大量光学截面以生成三维图像，而通过采用全息记录的方式进行重构，因此更加简单、快速。荧光全息技术在系统结构和运行速度方面具有极大的优势，且具有在三维空间中跟踪快速移动目标的潜力。目前非相干全息图获取主要采用光学扫描法与 FINCH 法。虽然光学扫描法实现了微米级系统分辨率，但其需要在荧光样品上扫描相干激光产生的干涉图案，因此系统结构较为复杂，且只能应用于低数值孔径显微物镜。Rosen[34,35]首次将 FINCH 技术应用于显微成像中，提出了基于菲涅耳非相干相关全息技术的静止显微镜（Fresnel incoherent correlation holography scope，FINCHSCOPE）系统，并实现了生物标本的高分辨率三维荧光图像，成像结果如图 7.11 所示。

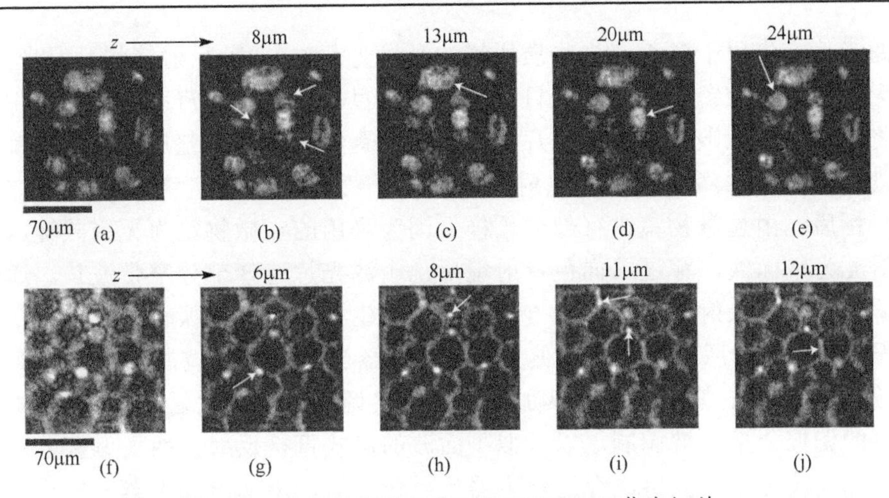

图 7.11　花粉粒和铃兰的 FINCHSCOPE 荧光切片

荧光全息显微镜原理在 FINCH 基本原理上做了改进，以避免通过 SLM 生成调制相位时，各像素随机选取带来的散斑噪声对重构图像分辨率的降低，其光路图如图 7.12 所示。

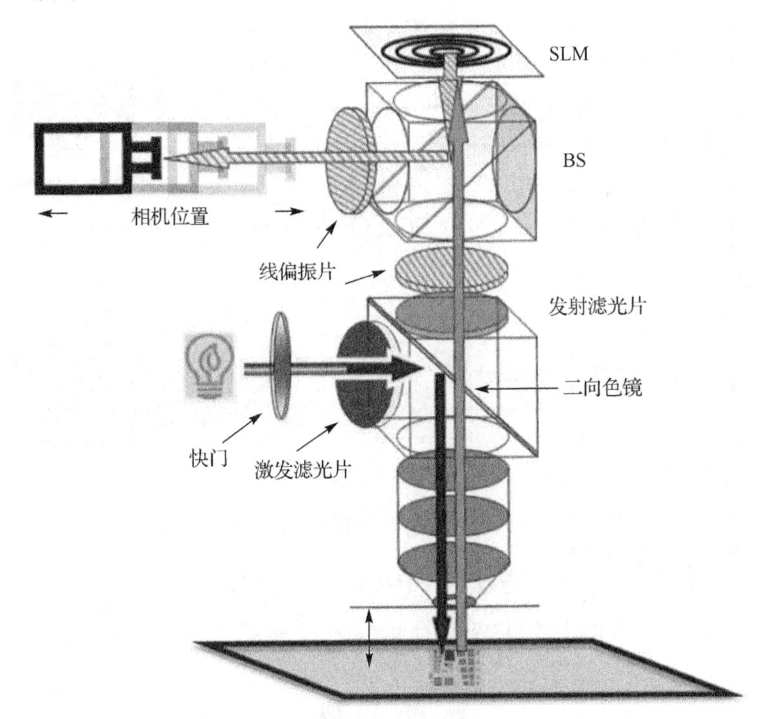

图 7.12　非相干全息显微成像光路图

非相干光经过一个快门装置，控制曝光时间以最小化光漂白，经不同波长的窄带滤光片产生用于各种荧光物质所需的激发光源。二向色反射镜将激发光反射，进入无限共轭显微镜以照明荧光目标。被观测目标可以是分辨率板或各种生物标本，将其放在荧光塑料的支撑玻片上，玻片位置经过仔细调整放在显微物镜的焦平面处。荧光塑料经激发光源照射产生非相干荧光照明分辨率板(USAF1951)等观测目标后，由显微物镜进行部分采样。因为采用的显微物镜为无穷共轭，所以其出射光为平面波，穿过二向色反射镜后，由滤光片选择部分窄带波长。通过线性起偏器，调整入射平面波偏振方向，分别产生与 SLM 偏振轴一致和正交的两个偏振分量。起偏后的平面波线偏光透过合束器到达空间光调制器 SLM，其中与 SLM 偏振轴重合的偏振分量被其加载相位模式调制后进行发射，而与 SLM 偏振轴垂直的偏振分量未被调制，以近似平面波的形式直接反射。两束偏振方向互相垂直的球面波与平面波再次经过合束器反射传播后，由输出起偏器产生相同的偏振分量，最终在 CCD 相机处干涉叠加产生全息图。相比 FINCH 的基本原理，荧光全息显微利用了 SLM 的偏振特性产生平面与球面反射波，避免了通过 SLM 实现相位调制内随机像素分布产生的散斑噪声对重构图像分辨率的影响，二者对比如图 7.13 所示。此外，相较于斜入射式光路，光束传播方向垂直于 SLM，避免了二者间的夹角导致的光学畸变或分辨率损耗。

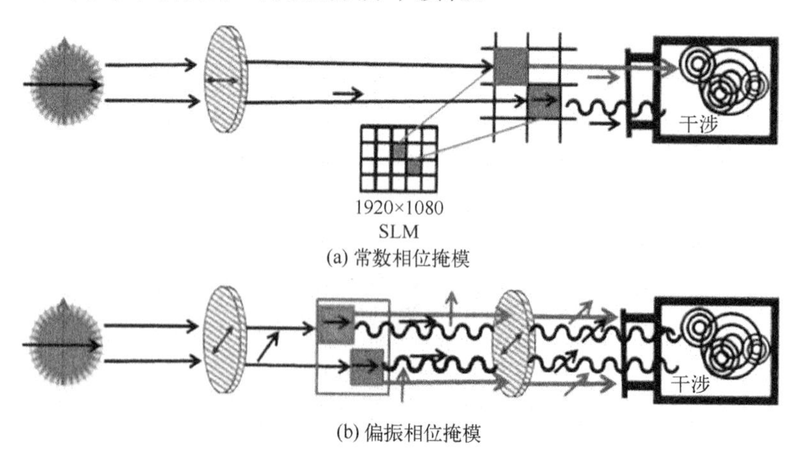

(a) 常数相位掩模

(b) 偏振相位掩模

图 7.13　常数相位掩模与偏振相位掩模对比

荧光全息显微镜理论分析方法与 FINCH 基本原理相同，经由三步分步相移采集的不同全息图像可以由 Labview 软件进行处理后进一步重构出目标图像。

参 考 文 献

[1] Gabor D. A new microscopic principle[J]. Nature, 1948, 161(18): 777-778.

[2] Leith E N, Upatnieks J. Reconstructed wavefronts and communication theory[J]. JOSA, 1962, 52(10): 1123-1130.

[3] Goodman J W, Lawrence R W. Digital image formation from electronically detected holograms[J]. Applied Physics Letters, 1967, 11(3): 77-79.

[4] 吴迎春, 吴学成, 岑可法. 数字全息测量颗粒场研究进展[J]. 中国激光, 2014 (6): 1-11.

[5] 谷婷婷, 黄素娟, 闫成, 等. 基于数字全息图的光纤折射率测量研究[J]. 物理学报, 2015(6): 10.

[6] Chen J S, Smithwick Q Y J, Chu D P. Coarse integral holography approach for real 3D color video displays[J]. Optics Express, 2016, 24(6): 6705-6718.

[7] 王华英, 刘飞飞, 廖薇, 等. 优化的数字全息显微成像系统[J]. 物理学报, 2013(5): 9.

[8] 范俊叶, 尹博超, 王文生. 双曝光数字全息三维变形测试[J]. 红外与激光工程, 2014, 43(5): 1582-1586.

[9] Brunn A, Aspert N, Cuche E, et al. High speed 3D surface inspection with digital holography[C]. 8th International Symposium on Precision Engineering Measurement and Instrumentation, Chengdu, 2013, 8759: 87593Q-87593Q-7.

[10] 罗婷, 王大勇, 张亦卓, 等. 指纹采集的数字全息成像方法研究[J]. 光电子·激光, 2012, 23(5): 966-971.

[11] Mertz L, Young N O. Fresnel transformation of images (Fresnel coding and decoding of images)[J]. Optical Instruments and Techniques, 1962: 305.

[12] Rogers G L. Gabor diffraction microscopy: The hologram as a generalized zone-plate[J]. Nature, 1950, 166(4214): 237.

[13] Schilling B W, Poon T C, Indebetouw G, et al. Three-dimensional holographic fluorescence microscopy[J]. Optics Letters, 1997, 22(19): 1506-1508.

[14] Shaked N T, Katz B, Rosen J. Review of three-dimensional holographic imaging by multiple-viewpoint-projection based methods[J]. Applied Optics, 2009, 48(34): H120-H136.

[15] Rosen J, Brooker G. Fluorescence incoherent color holography[J]. Optics Express, 2007, 15(5): 2244-2250.

[16] Rosen J, Brooker G. Non-scanning motionless fluorescence three-dimensional holographic microscopy[J]. Nature Photonics, 2008, 2(3): 190-195.

[17] Jang C, Kim J, Clark D C, et al. Holographic fluorescence microscopy with incoherent digital holographic adaptive optics[J]. Journal of Biomedical Optics, 2015, 20(11): 111204.

[18] Brooker G, Siegel N, Wang V, et al. Optimal resolution in Fresnel incoherent correlation holographic fluorescence microscopy[J]. Optics Express, 2011, 19(6): 5047-5062.

[19] Kim M K. Adaptive optics by incoherent digital holography[J]. Optics Letters, 2012, 37(13):

2694-2696.

[20] Kim M K. Incoherent digital holographic adaptive optics[J]. Applied Optics, 2013, 52(1): A117-A130.

[21] Kashter Y, Vijayakumar A, Miyamoto Y, et al. Enhanced super resolution using Fresnel incoherent correlation holography with structured illumination[J]. Optics Letters, 2016, 41(7): 1558-1561.

[22] Kashter Y, Rosen J. Enhanced-resolution using modified configuration of Fresnel incoherent holographic recorder with synthetic aperture[J]. Optics Express, 2014, 22(17): 20551-20565.

[23] Katz B, Rosen J. Could SAFE concept be applied for designing a new synthetic aperture telescope?[J]. Optics Express, 2011, 19(6): 4924-4936.

[24] Katz B, Rosen J. Super-resolution in incoherent optical imaging using synthetic aperture with Fresnel elements[J]. Optics Express, 2010, 18(2): 962-972.

[25] 何九如. 基于空间光调制器的非相干数字全息分辨率研究[D]. 郑州: 郑州大学, 2019.

[26] 满天龙. 自适应非相干数字全息快速三维成像[D]. 北京: 北京工业大学, 2018.

[27] Jackin B J, Narayanamurthy C S, Yatagai T. Geometric phase shifting digital holography[J]. Optics Letters, 2016, 41(11): 2648-2651.

[28] Choi K H, Yim J, Yoo S, et al. Self-interference digital holography with a geometric-phase hologram lens[J]. Optics Letters, 2017, 42(19): 3940-3943.

[29] Choi K, Yim J, Min S W. Achromatic phase shifting self-interference incoherent digital holography using linear polarizer and geometric phase lens[J]. Optics Express, 2018, 26(13): 16212-16225.

[30] Choi K H, Joo K I, Lee T H, et al. Compact self-interference incoherent digital holographic camera system with real-time operation[J]. Optics Express, 2019, 27(4): 4818-4833.

[31] Choi K, Hong K, Park J, et al. Michelson-interferometric-configuration-based incoherent digital holography with a geometric phase shifter[J]. Applied Optics, 2020, 59(7): 1948-1953.

[32] Tahara T, Kanno T, Arai Y, et al. Single-shot phase-shifting incoherent digital holography[J]. Journal of Optics, 2017, 19(6): 065705.

[33] 宋舒杰. 结构光照明的荧光数字全息层析成像研究[D]. 北京: 北京工业大学, 2019.

[34] Rosen J, Brooker G, Indebetouw G, et al. A review of incoherent digital Fresnel holography[J]. Journal of Holography and Speckle, 2009, 5(2): 124-140.

[35] Rosen J, Vijayakumar A, Kumar M, et al. Recent advances in self-interference incoherent digital holography[J]. Advances in Optics and Photonics, 2019, 11(1): 1-66.

第 8 章　深度学习在数字全息技术中的应用

随着图形处理技术的突破，深度学习技术也逐步应用于光学干涉条纹的处理及相位重建。例如，将深度学习应用于条纹模式分析可以提高相位解调的准确性，应用于相位解包裹可以优化抗噪性能[1,2]，基于深度学习的端到端神经网络eHoloNet[3]可以从单幅同轴数字全息图直接重建出物光波信息，提高了同轴数字全息技术的实际应用能力。激光光源的高相干性导致采集的数字全息图会受到散斑噪声的不良影响，散斑噪声会损坏图像的有效细节，降低图像信噪比，进而影响全息图的重建质量。本章主要利用深度学习技术消除光学系统采集的数字全息图中的散斑噪声，以获得高质量的全息图。

8.1　数字全息频谱卷积神经网络降噪方法和原理

传统光学降噪方法[4-7]是利用连续旋转照明光产生多重全息图，由此产生的一系列全息重建强度图中存在不同的散斑噪声，可以通过对重建强度图进行适当的平均来降低散斑噪声。传统光学降噪方法需要较为严格的全息图采集过程，不利于数字全息技术动态特性的体现。另外，图像处理方法也可以应用于全息降噪，如全变差正则化[8]、随机重采样掩模[9,10]、三维块匹配(block matching and 3D filtering, BM3D)[11]、傅里叶窗滤波(windowed Fourier filtering, WFF)[12]等。虽然图像处理方法在全息图降噪方面效率高且不需要复杂的实验条件，但处理后全息图的有效细节损失较为严重。而卷积神经网络具备较强的计算能力及图像特征捕捉能力，在降噪、超分辨率、去模糊和修复任务等低级视觉上的应用中取得了良好的效果。

全息图中的干涉条纹较为复杂，传统神经网络[13-17]难以提取其中的有效信息，因此本节在 Zhang 等[18]的残差学习及批标准化卷积神经网络(residual learning of deep convolutional neural networks, DNCNN)算法的基础上，提出了频谱卷积神经网络(spectral convolutional neural networks, SCNN)结构，即将空间域中的全息图通过二维快速傅里叶变换转换为频率域中的频谱图进行噪声处理。基于频谱卷积神经网络结构，仅需要单幅全息图，就可以处理不同等级散斑噪声光学系统采集的全息图，具有良好的应用价值。

8.1.1 全息图中散斑噪声模型

激光在被测物体表面反射形成一系列散射子波，其较强的子波相干性容易产生光波相干叠加，形成散斑噪声[19-25]：

$$g(n,m)=f(n,m)u(n,m)+v(n,m) \tag{8.1}$$

式中，(n,m)为图像中的坐标位置，n为横坐标，m为纵坐标；$f(n,m)$为原始无污染的图像在坐标(n,m)处的数值，是理想状态下希望重建的图像；$u(n,m)$为与原始图像分布相互独立的乘性噪声分量；$v(n,m)$为与原始图像分布相互独立的加性噪声分量；$g(n,m)$为原始图像$f(n,m)$受到散斑噪声污染的图像。由于散斑噪声由乘性噪声分量与加性噪声分量组成，光学全息降噪方法和传统图像降噪方法均很难有效地对其进行抑制。此外，散斑噪声随着被测物体表面的变化而变化，要估计全息图的散斑噪声分量存在一定困难，使全息图重建变得更加复杂。因此可以建立一个频谱卷积神经网络模型，通过训练卷积内核来捕获单张全息图中的噪声成分，这样在解决散斑噪声问题的同时也能保留全息图的细节信息。下面结合上海大学 Zhou 等[26]在深度学习与全息成像相结合方面的探索，对深度学习在数字全息技术领域应用的几个方面进行阐述。

8.1.2 频谱卷积神经网络

卷积核本质上是一个二维函数，有对应的频谱函数，可以看成在低通滤波器中频率接近原点的幅值很大(频率低的通过)、越往两边越小(频率高的过滤)的滤波器。全息图中，低频分量代表着全息图中亮度或灰度值变化缓慢的区域，描述了全息图的主要部分；高频分量对应着全息图变化剧烈的部分，即全息图的边缘或散斑噪声及有效的条纹细节部分，但在空间域中传统降噪方法难以去除无效的高频分量，也很难保存有效的条纹细节信息。另外，全息图的频谱图实际还包含着直流项、±1 级像的频谱信息，这是与常规频谱图的不同之处。全息图经过二维快速傅里叶变换后会形成与图像等大的复数矩阵，取其幅值形成幅度谱，取其相位形成相位谱。通过将空间域中的全息图转换为频率域中的频谱图可以加强卷积神经网络对于图像不同频率特征的提取，有效低频可以快速提取，无效高频可以有效去除。

针对上述问题，本节基于快速灵活卷积神经网络(fast and flexible denoising convolutional neural network，FFDNET)[18]算法设计了频谱卷积神经网络结构，如图 8.1 所示。

频谱卷积神经网络结构由三部分组成。

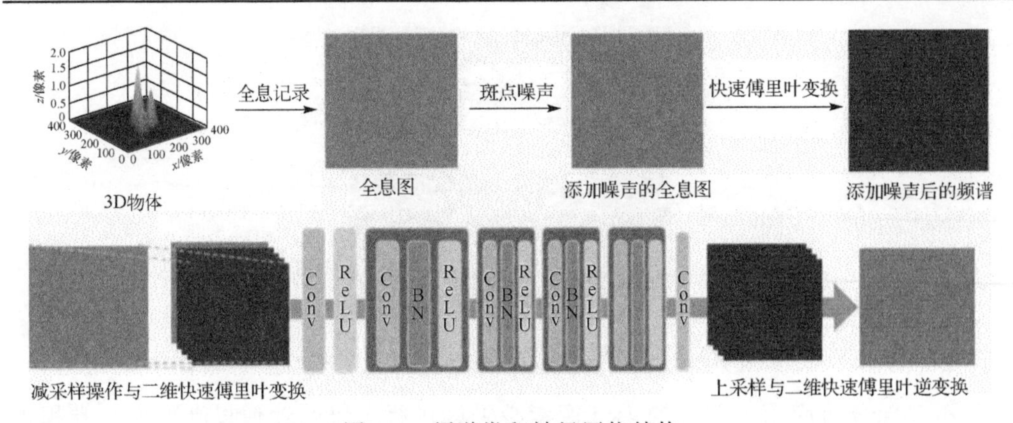

图 8.1　频谱卷积神经网络结构

第一部分是一个减采样操作与二维快速傅里叶变换，图 8.2 为经过减采样后的频谱图前后对比，将一张含有噪声的全息图 $g(n,m)$ 重构为四张减采样的频谱子图像，其中输入的含有散斑噪声的全息图频谱像素尺寸原来为 $W \times I \times C$，通过减采样 4×4 像素插值操作后得到四张频谱子图像，像素尺寸为 $\frac{W}{2} \times \frac{I}{2} \times 4C$，频谱子图像可以有效地提高网络卷积效率、降低内存负担，从而使网络深度适中。同时将可调节的噪声等级映射 M，以及联合减采样的四张频谱子图像一起输入到卷积神经网络，可以通过将训练集所需的不同等级的噪声估计值模拟生成具有与频谱子图像相同的分辨率来获取噪声等级映射 M，图 8.3 为噪声等级为 25 的噪声等级映射 M，图中数据单位为像素。

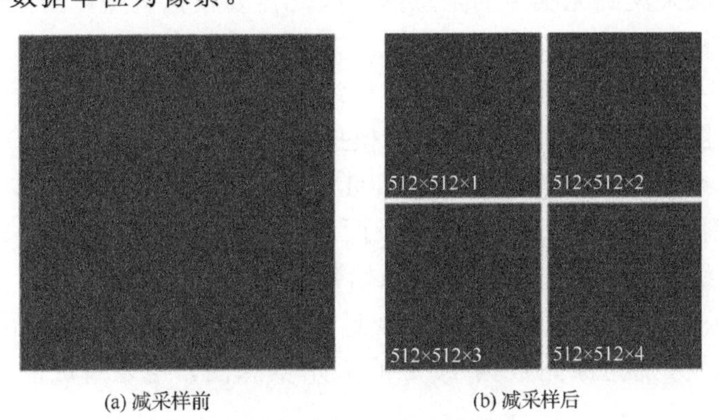

(a) 减采样前　(b) 减采样后

图 8.2　减采样前后频谱图

第二部分由一系列的 3×3 卷积层组成。卷积层的第一层由卷积层(Conv)和线性整流函数(ReLU)[19]组成，中间层由卷积层(Conv)、线性整流函数(ReLU)和批标准化(batch normalization，BN)[20]组成，最后一层由卷积层(Conv)构建。为保证图像大小不变，每次卷积后都使用零填充操作。

图 8.3　噪声等级为 25 的噪声等级映射 M

第三部分对应第一部分的 4×4 像素减采样进行二维快速傅里叶变换，卷积神经网络输出像素尺寸为 $\frac{W}{2}\times\frac{I}{2}\times(4C+1)$ 的频谱图，通过上采样与二维快速傅里叶逆变换转换成像素尺寸为 $W\times I\times C$ 的全息图。考虑到网络的复杂度和运算性能的平衡，这里将卷积层层数设置为 15，特征映射通道数设置为 64。

8.1.3　训练数据集制作

充足的数据集对神经网络的训练至关重要，能有效地提高实验效率与网络特征提取准确度。目前深度学习中较为流行的图像降噪数据集有 RENOIR[21]、Nam[22]、DNDI[23]、PolyU[24]、SIDD[25]等，但由于全息图是由精细干涉条纹组成的，没有相关数据集可用，网络训练需要有噪声全息图和对应的无噪声全息图，实验条件下无法采集到无噪声的全息图，因此需要模拟有噪声的全息图及对应的无噪声全息图进行训练。

基于上述需求模拟了一个由三峰结构组成的原始相位，由此获得原始全息图及其噪声全息图，构成所需的数据集。模拟过程中，记录距离为 600mm，像素尺寸为 4.65μm，全息图尺寸为 400 像素×400 像素，参考光波为平面波，主峰及两边侧峰的最大相位值均不大于 π，主峰及两边侧峰的相位值随机改变，得到 2000 张神经网络训练所需的全息图，构成原始数据集[26]。

模拟生成的原始物光波的原始全息图和含噪声全息图如图 8.4 所示。图 8.4(a)和(b)分别为原始数据 1、2 的原始全息图，与之对应的噪声全息图数据样本[18]为

$$y=R(x)+N(0,\sigma_a^2) \tag{8.2}$$

式中，$R(\cdot)$ 为有尺寸参数的瑞利分布；$N(\cdot)$ 为由均值、标准差决定的高斯分布；x 为原始图像；y 为产生的噪声图像。这里依据不同标准差 σ 所决定的不同等级噪声，将噪声等级设置为[0，75]。

图 8.4(c)与(d)分别为原始数据 1、2 的噪声全息图，图中虚线框部分是原图中即将被放大的内容，实线框表示虚线框放大后的内容，下面的图都是类似的含义。

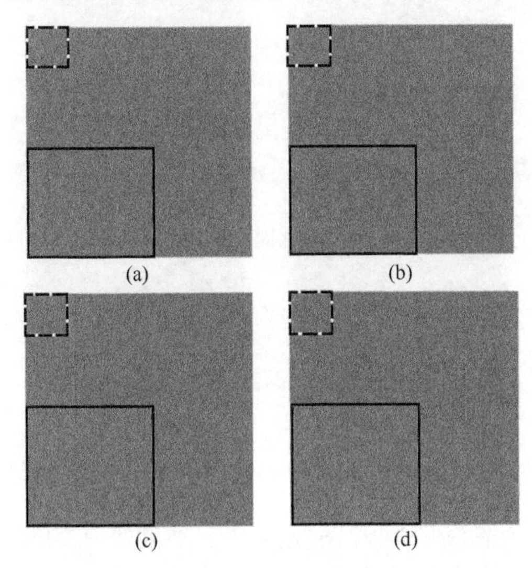

图 8.4　模拟生成的原始物光波的原始全息图和含噪声全息图

8.2　数字全息频谱卷积神经网络降噪实验

8.2.1　模拟全息图降噪分析实验

准备好数据集，将神经网络训练的噪声等级设置为[0，75]，批处理参数设置为 128，开始学习率设置为 0.0001，学习率每批次训练后递减 0.8，循环次数设置为 20。在含有 2000 张模拟全息图的原始数据集中，训练样本数设置为 1200，样本数设置为 800，最后的测试部分以真实数字全息实验所采集的全息图作为测试样本。所有的代码都使用 Python 及 PyTorch 编写，实验在一台配置 Intel 至强处理器 ESG2630 v3 2.4GHz、GeForce GTX 1080Ti 显卡(显存为 12GB)、内存为 128GB 的服务器上运行。

将 SCNN 与几种常用降噪算法(即 BM3BD[11]、DNCNN[15]、FFDNET[18])进行对比，实验结果如图 8.5 所示。从图 8.5 中细节部分实线框中可以看出，与其他方法相比，训练后的频谱卷积神经网络能够捕捉全息图无效噪声分量，并保留目标图像的有效细节，且只需要一幅全息图，而其他的传统光学降噪方法[4-7]需要多幅全息图才能实现降噪。使用 BM3D 算法的全息图平滑过多，造成有效干涉条纹信息的损失。FFDNET 算法作用的全息图部分有效信息的损失也较为严重。

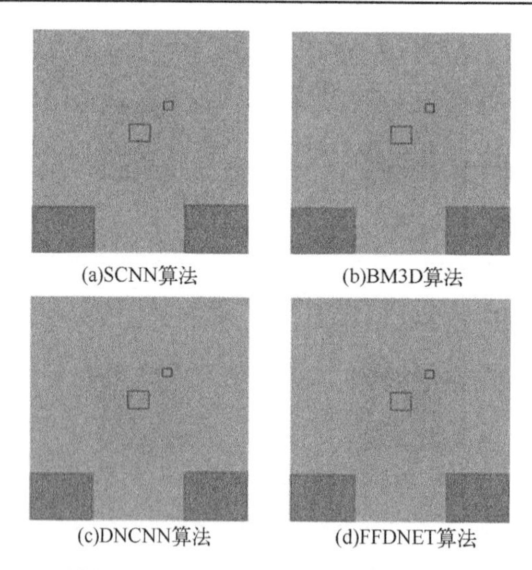

图 8.5　模拟全息图及基于不同算法原理的降噪过程

图 8.6 为含噪声全息图的频谱图及其基于不同算法的降噪结果。可以看出，SCNN 算法降噪频谱图中有效信息受散斑噪声影响较小，最大限度地保留了 ±1 像信息；BM3D 算法与 FFDNET 算法降噪频谱图中，噪声覆盖住了 ±1 级像中的有效信息，没有最大限度地提取频谱图中的有效信息，全息重建效果受到了影响。

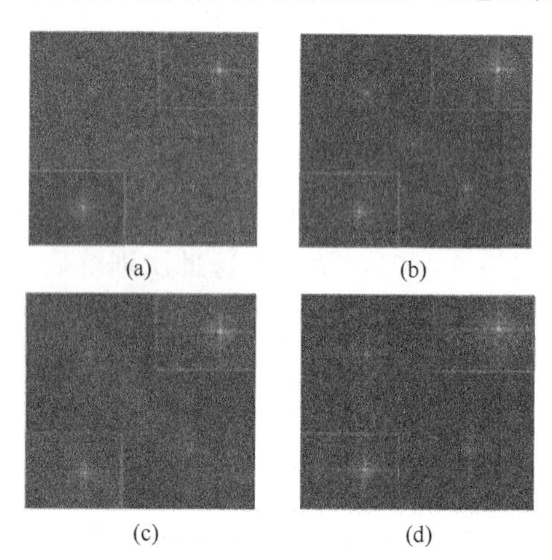

图 8.6　含噪声全息图的频谱图及基于不同算法的降噪结果

信噪比(peak signal to noise ratio, PSNR)经常用作图像降噪等领域中信号重建质量的评价参数，通过计算原始图像与其噪声近似图像的均方误差，基于对应像素点间的误差，即基于误差敏感的图像质量来评价图像，峰值信噪比越高说明其算法降噪效果越好。表 8.1 为 BM3D 算法[11]、DNCNN 算法[15]、FFDNET 算法[18]、

SCNN 算法作用于[0，50]不同噪声等级的模拟全息图的峰值信噪比测试结果。可知在不同等级噪声下，SCNN 算法降噪效果为最佳，BM3D 算法降噪效果次之。

表 8.1　不同降噪算法作用于不同噪声等级的模拟全息图的峰值信噪比测试结果

算法	噪声等级							
	15	20	25	30	35	40	45	50
DCNN-S-15	38.0419	29.0921	24.0274	21.0641	19.0188	17.4534	16.1738	15.1226
DCNN-S-25	35.6689	35.7439	35.1365	28.2013	23.2324	20.3025	18.2987	16.7974
DCNN-S-50	30.8815	31.0527	31.1167	31.3427	31.4751	31.5182	31.2845	30.4360
DCNN-B	36.8853	35.5332	34.3877	33.3566	32.4616	31.6917	30.8901	30.2063
BM3D	40.5191	39.0126	37.9082	36.8938	35.9814	35.7157	35.1951	34.4525
FFDNET	37.2938	36.2574	35.4788	34.7911	34.1024	33.4815	32.8233	32.2742
SCNN	49.5912	48.7532	48.1235	47.1137	46.5874	45.8516	45.1475	44.4121

对图 8.5 中的四幅全息图依次进行数值重建，获得的相位分布如图 8.7 所示。与图 8.7(a)所示的原始噪声全息图重建相位相比，图 8.7(d)所示的基于 SCNN 算法的重建相位效果最好。

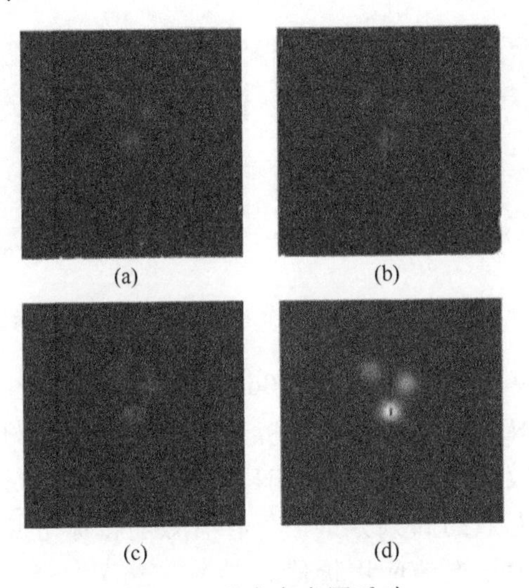

图 8.7　噪声全息图重建

8.2.2　实验全息图降噪分析实验

频谱卷积神经网络在作用于模拟全息图降噪方面具有良好的表现，为了验证其有效性，现将实验中采集的数字全息图输入网络。数字全息图由马赫-曾德尔全息干涉实验系统获得[26]，采用红色激光器，光源波长为 632.8nm，相机像素尺寸为 2.2μm，相机像素为 2592 像素×1944 像素，通过不同的降噪算法，得到如图 8.8 所示的实验结果。从图 8.8 中可以看出，虽然 BM3D 算法可以有效地去除噪声，但从结果中的细节部分(黑色实线框中)看，图像平滑过于严重，这对全息图中的有效条纹十分不利；FFDNET 算法降噪全息图的细节部分丢失较为严重，有效的干涉条纹出现部分缺失的现象；SCNN 算法降噪全息图的干涉条纹细节保留较好，且能有效地去除散斑噪声。

因此，SCNN 算法适用于真实全息实验中的散斑噪声全息图，而传统降噪算法只适合于模拟全息图及其数值重建后的噪声相位分布。SCNN 算法的优势还在于可以去除不同等级噪声的全息图，且能保留全息图中的有效干涉条纹。实验采集全息图及基于不同算法的降噪结果如图 8.8 所示。

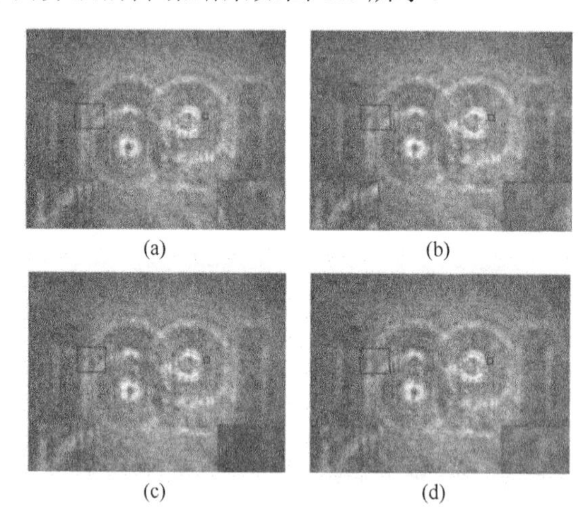

图 8.8　实验采集全息图及基于不同算法的降噪结果

图 8.9 为不同降噪算法作用于 0～50dB 噪声等级采集全息图的峰值信噪比的测试结果。可见 DNCNN-S-15 算法在低噪声等级下效果较好，而 BM3D 算法在不同噪声阶段效果均比较突出，但与 SCNN 算法相比存在一定差距。SCNN 算法可以去除实际全息图中无效的高频分量，保存有效的低频分量，对实际数字全息实验系统的降噪有着较为重要的应用价值。

同样对图 8.8 中四幅不同的全息图依次进行数值重建，获得的重建相位如图 8.10(a)～(d) 所示。为更有效地对比不同算法的降噪结果，分别提取图 8.10(a)～(d)中的虚线处截线，结果如图 8.10(e)～(h)所示，可见依然是 SCNN 算法降噪后的全息图能获得更好的相位重建结果。

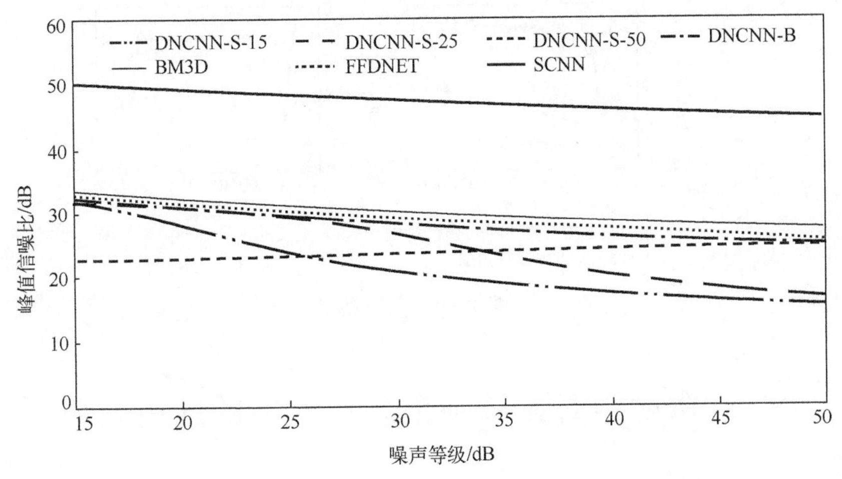

图 8.9　不同降噪算法作用于 0～50dB 噪声等级采集全息图的峰值信噪比的测试结果

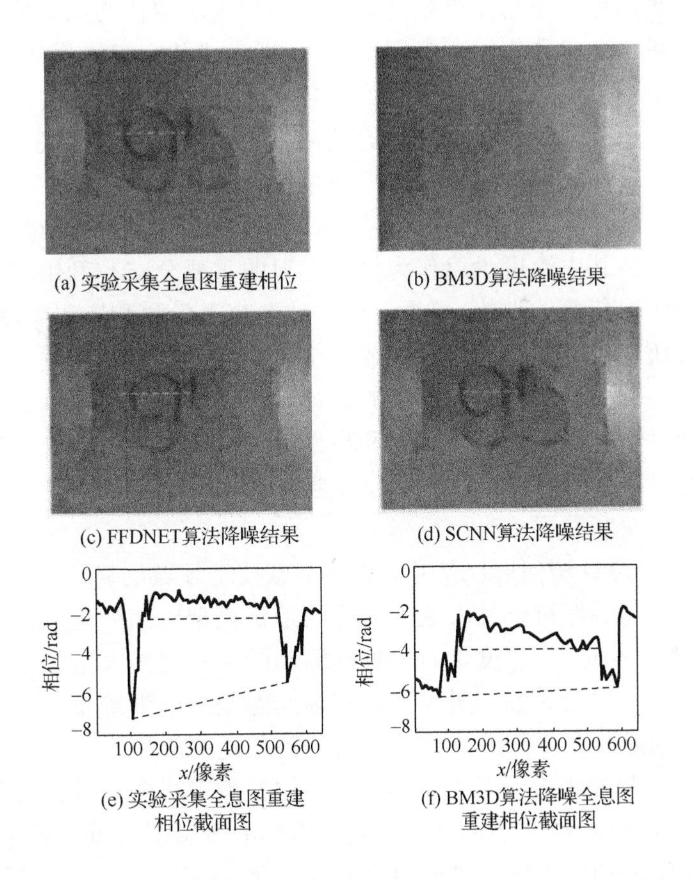

(a) 实验采集全息图重建相位

(b) BM3D算法降噪结果

(c) FFDNET算法降噪结果

(d) SCNN算法降噪结果

(e) 实验采集全息图重建相位截面图

(f) BM3D算法降噪全息图重建相位截面图

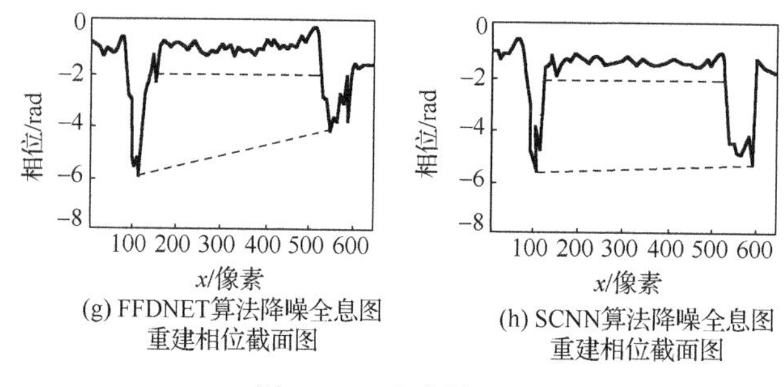

(g) FFDNET算法降噪全息图重建相位截面图　　(h) SCNN算法降噪全息图重建相位截面图

图 8.10　重建图

8.3　深度学习在数字全息技术中的应用趋势

本章提出了一种基于 SCNN 的数字全息图散斑降噪方法。该方法能满足实际光学系统采集的数字全息图降噪需求。将噪声水平图作为网络输入，由散斑噪声全息图与无噪声全息图组成全息数据集，利用生成的全息数据集对网络进行训练。数据集中模拟的全息图与采集的实验全息图测试结果表明该方法能够很好地兼顾降噪性能与图像有效干涉条纹细节的保持，相比传统光学降噪方法和图像处理方法，该方法具有良好的降噪及有效保留条纹细节信息的能力。

实际上，机器学习技术以其优越的归纳学习性能成为智能数据处理和分析技术的创新之源，其中深度学习作为机器学习的重要分支，利用深层的神经网络结构完成复杂学习任务的训练，更是促进了许多交叉学科和应用领域的进一步发展。当前，已有研究人员对深度学习在数字全息技术领域的应用进行了探索，主要涉及噪声处理(重建质量)、聚焦距离的估计、相位重建与误差抑制(重建精度)等核心问题。深度学习所展现的低成本和高性能的特性，对数字全息技术的快速发展具有显著的推进作用。但应用于数字全息领域的研究还处于初步探索阶段，一些问题仍有待解决和发展:

(1)深度学习算法问题。应用于数字全息技术领域的算法还不够成熟，模型泛化能力较差，需要探讨一种表达能力强的最优模型以高效地解决实际测量问题。

(2)训练样本问题。深度学习以数据驱动的方式通过大量标注的数据集进行拟合和模型优化，然而大部分所涉及的实际问题是缺乏训练集，导致深度学习与数字全息技术的融合在实际测量中并没有得到广泛的应用。

(3)复杂、极端情况下的测量问题。当前的探索和研究仅仅局限于处理特定情况下简单的测量问题，若针对多层、交叉物体的全息层析重建等系列复杂的情况，深度学习的发展和应用还需进一步完善与细化。

对于在测量中无法获取训练样本标记的情况，深度学习的无监督学习将会是解决此实际测量问题的重要研究方向。将无监督学习与数字全息技术深度融合，并建立具有强大的泛化性能的模型，且能够有效地处理复杂的测量问题，如严重噪声干扰的预测、重建等，将大大提升深度学习在数字全息技术领域应用的深度和广度。

参考文献

[1] Feng S J, Chen Q, Gu G H, et al. Fringe pattern analysis using deep learning[J]. Advanced Photonics, 2019, 1(2): 7.

[2] Wang K Q, Li Y, Kemao Q, et al. One-step robust deep learning phase unwrapping[J]. Optics Express, 2019, 27(10): 15100-15115.

[3] Wang H, Lyu M, Situ G H, et al. eHoloNet: A learning-based end-to-end approach for in-line digital holographic reconstruction[J]. Optics Express, 2018, 26(18): 22603-22614.

[4] Herrera-Ramirez J A, Hincapie-Zuluaga D A, Garcia-Sucerquia J. Speckle noise reduction in digital holography by slightly rotating the object[J]. Optical Engineering, 2016, 55(12): 121714.

[5] Kang X. An effective method for reducing speckle noise in digital holography[J]. Chinese Optics Letters, 2008, 6(2): 100-103.

[6] Quan C Q, Kang X, Tay C J. Speckle noise reduction in digital holography by multiple holograms[J]. Optical Engineering, 2007, 46(11): 115801.

[7] Veronesi W A, Maynard J D. Digital holographic reconstruction of sources with arbitrarily shaped surfaces[J]. The Journal of the Acoustical Society of America, 1989, 85(2): 588-598.

[8] Gong G H, Zhang H M, Yao M Y. Speckle noise reduction algorithm with total variation regularization in optical coherence tomography[J]. Optics Express, 2015, 23(19): 24699-24712.

[9] Bianco V, Paturzo M, Memmolo P, et al. Random resampling masks: A non-Bayesian one shot strategy for noise reduction in digital holography[J]. Optics Letters, 2013, 38(5): 619-621.

[10] Fukuoka T, Mori Y, Nomura T. Speckle reduction by spatial-domain mask in digital holography[J]. Journal of Display Technology, 2015, 12(4): 315-322.

[11] Dabov K, Foi A, Katkovnik V, et al. Image restoration by sparse 3D transform-domain collaborative filtering[J]. IEEE Transactions on Image Processing, 2007, 16(8): 2080-2095.

[12] Qian K, Wang H X, Gao W, et al. Phase extraction from arbitrary phase shifted fringe patterns with noise suppression[J]. Optics and Lasers in Engineering, 2010, 48(6): 684-689.

[13] 姚丹, 郑凯元, 刘梓迪, 等. 用于近红外宽带腔增强吸收光谱的小波去噪[J]. 光学学报, 2019, 39(9): 8.

[14] 程知, 何枫, 张巳龙, 等. 趋势项调制的小波-经验模态分解联合方法用于大气相干长度廓线去噪[J]. 光学学报, 2017, 37(12): 12.

[15] Zhang K, Zu W M, Chen Y I, et al. Beyond a Gaussian denoiser: Residual learning of deep CNN for image denoising[J]. IEEE Transactions on Image Processing, 2017, 26(7): 3142-3155.

[16] Xie J Y, Xu L L, Chen E H. Image denoising and inpainting with deep neural networks[C]. Proceedings of the 25th International Conference on Neural Information Processing Systems, Siem Reap, 2012: 341-349.

[17] Jeon W, Jeong W, Son K, et al. Speckle noise reduction for digital holographic images using multi-scale convolutional neural networks[J]. Optics Letter, 2018, 43(17): 4240-4243.

[18] Zhang K, Zuo W M, Zhang L. FFDNet: Toward a fast and flexible solution for CNN-based image denoising[J]. IEEE Transactions on Image Processing, 2018, 27(9): 4608-4622.

[19] Nair V, Hinton G E. Rectified liner units improve restricted Boltzmann machines[C]. Proceedings of the 27th International Conference on International Conference on Machine Learning, Haifa, 2010: 807-814.

[20] Ioffe S, Szegedy C. Batch normalization: Accelerating deep network training by reducing internal covariate shift[C]. arXiv: Learning. https: //arxiv. org/abs/1502. 03167. [2015-05-02].

[21] Anaya J, Barbu A. RENOIR- A dataset for real low-light image noise reduction[J]. Journal of Visual Communication and Image Representation, 2018, 51(2): 144-154.

[22] Nam S, Hwang Y, Matsushita Y, et al. A holistic approach to cross-channel image noise modeling and its application to image denoising[C]. IEEE Conference on Computer Vision and Pattern Recognition, Las Vegas, 2016: 1683-1691.

[23] Plotz T, Roth S. Benchmarking denoising algorithms with real photographs[C]. IEEE Conference on Computer Vision and Pattern Recognition, Honolulu, 2017: 2750-2759.

[24] Xu J, Li H, Liang Z T, et al. Real-world noisy image denoising: A new benchmark[J/OL]. arXiv: Computer Vision and Pattern Recognition. https: /xiv. rg/abs/1804. 02603v1. [2018-05-03].

[25] Abdelhamed A, Lin S, Brown M S, et al. A high-quality denoising dataset for smartphone cameras[C]. IEEE Conference on Computer Vision and Pattern Recognition, Salt Lake City, 2018: 1692-1700.

[26] Zhou W J, Guan X F, Liu F F, et al. Phase retrieval based on transport of intensity and digital holography[J]. Applied Optics, 2018, 57(1): A229-A234.